中国建设教育发展年度报告（2019）

中国建设教育协会　组织编写

刘　杰　王要武　主　　编

中国建筑工业出版社

图书在版编目（CIP）数据

中国建设教育发展年度报告.2019/ 刘杰，王要武主编.— 北京：中国建筑工业出版社，2020.7

ISBN 978-7-112-25139-1

Ⅰ.①中… Ⅱ.①刘… ②王… Ⅲ.①建筑学—教育事业—研究报告—中国—2019 Ⅳ.① TU-4

中国版本图书馆 CIP 数据核字（2020）第 078492 号

责任编辑：赵云波
责任校对：焦　乐

中国建设教育发展年度报告（2019）
中国建设教育协会　组织编写
刘　杰　王要武　主　　编

*

中国建筑工业出版社出版、发行（北京海淀三里河路 9 号）
各地新华书店、建筑书店经销
北京点击世代文化传媒有限公司制版
北京市密东印刷有限公司印刷

*

开本：787×960 毫米　1/16　印张：19½　字数：371 千字
2020 年 7 月第一版　2020 年 7 月第一次印刷
定价：58.00 元
ISBN 978-7-112-25139-1
（35918）

本书编审委员会

主 任 委 员：刘　杰
副主任委员：何志方　路　明　司　徽　王凤君　王要武
　　　　　　李竹成　沈元勤　杨瑾峰　杨彦奎
委　　　员：高延伟　于　洋　程　鸿　李　平　李　奇
　　　　　　李爱群　胡兴福　赵　研　杨秀方　罗小毛
　　　　　　郭景阳　崔恩杰　王　平　李晓东

编写组

主　　编：刘　杰　王要武
副 主 编：王凤君　李竹成　于　洋　程　鸿
参　　编：高延伟　胡秀梅　田　歌　张　晨　赵　昭　李　平
　　　　　李　奇　李爱群　胡兴福　赵　研　杨秀方　罗小毛
　　　　　郭景阳　崔恩杰　王　平　倪　欣　唐　琦　王　炜
　　　　　童　昕　周　晖　何智明　崔安坤　梁　健　左江涛
　　　　　陈晓燕　朱国锋　李晓东　傅　钰　谷　珊　邢　正
　　　　　钱　程

序

FOREWORD

由中国建设教育协会组织编写，刘杰、王要武同志主编的《中国建设教育年度发展报告（2019）》与广大读者见面了。它伴随着住房城乡建设领域改革发展的步伐，从无到有，应运而生，是我国首次发布的建设教育年度发展报告。本书从策划、调研、收集资料与数据，到研究分析、组织编写，全体参编人员集思广益、精心梳理，付出了极大的努力。我向为本书的成功出版作出贡献的同志们表示由衷的感谢。

“十二五”期间，我国住房城乡建设领域各级各类教育培训事业取得了长足的发展，为加快发展方式转变、促进科学技术进步、实现体制机制创新做出了重要贡献。普通高等建设教育以狠抓本科教育质量为重心，以专业教育评估为抓手，深化教育教学改革，学科专业建设和整体办学水平有了明显提高；高等建设职业教育的办学规模快速发展，专业结构更趋合理，办学定位更加明确，校企合作不断深入，毕业生普遍受到行业企业的欢迎；中等建设职业教育坚持面向生产一线培养技能型人才，以企业需求为切入点，强化校内外实操实训、师傅带徒、顶岗实习，有效地增强了学生的职业能力；建设行业从业人员的继续教育和职业培训也取得了很大进展，各省市各地区相关部门和企事业单位为适应行业改革发展的需要普遍加大了教育培训力度，创新了培训管理制度和培训模式，提高了培训质量，职工队伍素质得到了全面提升。然而，我们也必须冷静自省，充分认识我国建设教育存在的短板和不足；在国家实施创新驱动发展战略的新形势下，需要有更强的紧迫感和危机感。本报告在认真分析我国建设教育发展状况的基础上，紧密结合我国教育发展和建设行业发展的实际，科学地分析了建设教育的发展趋势以及所面临的问题，提出了对策建议，这对于广大建设教育工作者具有很强的学习借鉴意义。报告中提供的大量数据和案例，既有助于开展建设教育的学术研究，也对各级建设教育主管部门指导行业教育具有参考价值。

“十三五”时期是我国全面建成小康社会的关键时期，也是我国住房城乡建设事业发展的重要战略机遇期。随着我国经济进入新常态，实施创新驱动发展战略，加快转方式、调结构，要求我们必须进一步加快建设教育改革发展的步伐，增强建设教育对行业发展的服务贡献能力，促进经济增长从主要依靠劳动力成本优势向劳动力价值创造优势转变。我们要毫不动摇地贯彻实施人才发展战略，切实加强人才队伍建设。在教育培训工作中，我们要把促进人的全面发展作为根本目的，坚持立德树人，全面贯彻党的教育方针。各级各类院校要更加注重教育内涵发展和品质提升，要面向行业和市场需求，主动调整专业结构和资源配置，加强实践教学环节，突出创业创新教育，着力培养高素质、创新型、应用型人才。要加快住房城乡建设领域现代职业教育体系建设，始终坚持以服务行业发展为宗旨，以促进就业为导向，培养更多的高素质劳动者和技术技能型人才。各类成人教育和培训机构，要牢固树立终身教育理念，更加贴近行业实际需要，紧盯新技术、新标准、新规范以及行业改革发展的新举措、新任务，充分运用现代教育培训技术和手段，高质量、高效率地开展教育培训服务。

期待本书能够得到广大读者的关注和欢迎，在分享本书提供的宝贵经验和研究成果的同时，也对其中尚存的不足提出中肯的批评和建议，以利于编写人员认真采纳与研究，使下一个年度报告更趋完美，让读者更加受益，对建设行业教育培训工作发挥更好的引领作用。希望通过大家的共同努力，进一步推动我国建设教育各项改革的不断深入，为住房城乡建设领域培养更多高素质的人才，支撑住房城乡建设领域的转型升级，为全面实现国家“十三五”规划纲要提出的奋斗目标作出我们应有的贡献。

前 言

PREFACE

为了紧密结合住房城乡建设事业改革发展的重要进展和对人才队伍建设提出的要求，客观、全面地反映中国建设教育的发展状况，中国建设教育协会从2015年开始，计划每年编制一本反映上一年度中国建设教育发展状况的分析研究报告。本书即为中国建设教育发展年度报告的2019年度版。

本书共分5章。

第1章从建设类专业普通高等教育、高等建设职业教育、中等建设职业教育3个方面，分析了2018年学校教育的发展状况。具体包括：从教育概况、分学科专业学生培养情况、分地区教育情况等多个视角，分析了2018年学校建设教育的发展状况，剖析了学校建设教育发展面临的问题，提出了促进学校建设教育发展的对策建议。

第2章从建设行业执业人员、建设行业专业技术人员、建设行业技能人员、职业分类与职业技能标准4个方面，分析了2018年继续教育、职业培训、职业分类和职业技能标准建设的状况。具体包括：从人员概况、考试与注册、继续教育等角度，分析了建设行业执业人员继续教育与培训的总体状况，剖析了建设行业执业人员继续教育与培训存在的问题，提出了促进其继续教育与培训发展的对策建议；从人员培训、考核评价、继续教育等角度，分析了建设行业专业技术人员继续教育与培训的总体状况，剖析了建设行业专业技术人员继续教育与培训存在的问题，提出了促进其继续教育与培训发展的对策建议；从技能培训、技能考核、技能竞赛和培训考核管理等角度，分析了建设行业技能人员培训的总体状况，剖析了建设行业技能人员培训面临的问题，提出了促进其培训发展的对策建议；分析了建设行业从业人员职业分类的总体状况，剖析了建设行业从业人员职业分类中存在的问题，提出了完善建设行业从业人员职业分类的对策建议；分析了建设行业从业人员职业技能标准建设与发展的总体状况，剖析了建设行业从业人员职业技能标准建设与发展中存在的问题，提出了完善建设行业从业人员职业技能标准建设的对策建议。

第3章选取了若干不同类型的学校、企业进行了案例分析。学校教育方面，包括了一所普通高等学校、两所高等职业技术学校和一所技师学院的典型案例分析；继续教育与职业培训方面，包括了三家企业的典型案例分析和建设机械职业教育服务信息化平台建设案例分析。

第 4 章根据中国建设教育协会及其各专业委员会提供的年会交流材料、研究报告，相关杂志发表的教育研究类论文，总结出学校治理、内涵式发展、转型与创新发展、立德树人与课程思政、新工科背景下的专业建设、创新创业教育、校企合作与产教融合、服务行业和地方、农民工培训等 9 个方面的 38 类突出问题和热点问题进行研讨。

第 5 章汇编了 2018 年中共中央、国务院、教育部、住房和城乡建设部颁发的与建设教育密切相关的政策、文件；总结了 2018 年中国建设教育发展大事记，包括住房城乡建设领域教育发展大事记和中国建设教育协会大事记。

本报告是系统分析中国建设教育发展状况的系列著作，对于全面了解中国建设教育的发展状况、学习借鉴促进建设教育发展的先进经验、开展建设教育学术研究，具有重要的借鉴价值。可供广大高等院校、中等职业技术学校从事建设教育的教学、科研和管理人员、政府部门和建筑业企业从事建设继续教育和岗位培训管理工作的人员阅读参考。

本书在制定编写方案、收集相关数据和书稿编写及审稿的过程中，得到了住房和城乡建设部主管领导、住房和城乡建设部人事司领导的大力指导和热情帮助，得到了有关高等院校、中职院校、地方住房城乡建设主管部门、建筑业企业的积极支持和密切配合；在编辑、出版的过程中，得到了中国建筑工业出版社的大力支持，在此表示衷心的感谢。

本书由刘杰、王要武主编并统稿，参加各章编写的主要人员有：李爱群、胡兴福、赵研、杨秀方、倪欣（第 1 章）；张晨、赵昭、李平、李奇、唐琦、王炜（第 2 章）；李爱群、胡兴福、罗小毛、郭景阳、崔恩杰、王平、童昕、周晖、何智明、崔安坤、梁健、左江涛、陈晓燕、朱国锋（第 3 章）；李晓东、邢正、钱程（第 4 章）；高延伟、胡秀梅、田歌、傅钰、谷珊（第 5 章）。

限于时间和水平，本书错讹之处在所难免，敬请广大读者批评指正。

目录

CONTENTS

第1章　2018年建设类专业教育发展状况分析 …… 1

1.1　2018年建设类专业普通高等教育发展状况分析 …… 2

1.1.1　建设类专业普通高等教育发展的总体状况 …… 2

1.1.2　建设类专业普通高等教育发展面临的问题 …… 22

1.1.3　促进建设类专业普通高等教育发展的对策建议 …… 24

1.2　2018年高等建设职业教育发展状况分析 …… 26

1.2.1　高等建设职业教育发展的总体状况 …… 26

1.2.2　高等建设职业教育发展面临的问题 …… 52

1.2.3　促进高等建设职业教育发展的对策建议 …… 61

1.3　2018年中等建设职业教育发展状况分析 …… 65

1.3.1　中等建设职业教育发展的总体状况 …… 65

1.3.2　中等建设职业教育发展的趋势 …… 81

第2章　2018年建设继续教育和职业培训发展状况分析 …… 87

2.1　2018年建设行业执业人员继续教育与培训发展状况分析 …… 88

2.1.1　建设行业执业人员继续教育与培训的总体状况 …… 88

2.1.2　建设行业执业人员继续教育与培训存在的问题 …… 92

2.1.3　促进建设行业执业人员继续教育与培训发展的对策建议 …… 94

2.2　2018年建设行业专业技术人员继续教育与培训发展状况分析 …… 95

2.2.1　建设行业专业技术人员继续教育与培训的总体状况 …… 95

2.2.2 建设行业专业技术人员继续教育与培训存在的问题 97
2.2.3 促进建设行业专业技术人员继续教育与培训发展的对策建议 98
2.3 2018年建设行业技能人员培训发展状况分析 100
2.3.1 我国农民工的总体状况 100
2.3.2 建设行业技能人员培训的总体状况 103
2.3.3 建设行业技能人员培训面临的问题 104
2.3.4 促进建设行业技能人员培训发展的对策建议 106
2.4 2018年建设行业从业人员职业分类和职业技能标准建设与发展状况分析 109
2.4.1 建设行业从业人员职业分类发展状况分析 109
2.4.2 建设行业从业人员职业技能标准建设与发展状况分析 111
第3章 案例分析 113
3.1 学校教育案例分析 114
3.1.1 福建工程学院以评估认证为抓手 持续提升应用型专业人才培养质量的实践 114
3.1.2 广州城建职业学院土建类专业“学训一体、研创融教”育人模式的创新与实践 120
3.1.3 高职土建类专业的课程思政的探索与实践——基于四川建筑职业技术学院的做法 125
3.1.4 校企密切合作 产教深度融合 服务企业发展——安徽建工技师学院 129
3.2 继续教育与职业培训案例分析 135
3.2.1 凝聚知识力量打造企业高效学习文化——中建七局微课大赛纪实 135
3.2.2 建设机械职业教育服务信息化平台建设 137
3.2.3 河南省安装集团四位一体人才发展战略的探索与实践 139
3.2.4 中天建设集团技术负责人培训创新模式实践 144
第4章 中国建设教育年度热点问题研讨 149

4.1 学校治理 150
4.1.1 新时代党委领导下的校长负责制应当正确认识和处理的几个关系 150
4.1.2 全面提升大学内部治理水平 151
4.1.3 引培并举 量质并重 全力推进学校高层次人才工作 152
4.1.4 数据化分析质量年报 精准化提升决策水平 153
4.2 内涵式发展 154
4.2.1 优化促进高等建设教育内涵发展的体制机制 154
4.2.2 推进“双一流”建设 实现内涵式发展 155
4.2.3 以新工科建设为引领，推动一流本科教育内涵建设 156
4.2.4 内涵发展与质量提升 157
4.2.5 加快学校内涵建设 提升现代职业教育办学水平 158
4.3 转型与创新发展 159
4.3.1 深化改革促发展 奋勇争先创一流 159
4.3.2 创新国际交流合作 深度融入“一带一路”建设 161
4.3.3 地方高校转型发展的主要路径 162
4.3.4 “高职－应用本科贯通培养”模式的试点 163
4.3.5 “双元培育”改革实践 164
4.3.6 立德树人 致力培养高素质技术技能人才 165
4.3.7 以教学诊改为契机 促进办学质量提升 166
4.4 立德树人与课程思政 168
4.4.1 建筑类高校“三全育人”特色模式探索 168
4.4.2 以立德树人为中心 推动思想政治工作再上新台阶 169
4.4.3 立德树人 教书育人 以文化人 让“互联网＋”助力院校思想政治工作 170
4.4.4 职业院校文化育人模式的创新与实践 171
4.4.5 推进“课程思政”的难点及其对策 172
4.4.6 新媒体对高校“思政课”教学内容的影响及对策 173

4.5 新工科背景下的专业建设 174

4.5.1 “五新”建设要求下的新工科专业内涵改造实践 174

4.5.2 以产业链新需求为导向的建筑类专业群建设与探讨 175

4.5.3 以“四大观”理念为引领 提升土建类专业建设水平 176

4.5.4 土木工程专业建设与改革实践 178

4.5.5 土木工程专业群课程改革与实践的几点思考 178

4.6 创新创业教育 179

4.6.1 推进“三实型”“双创人才”培养 179

4.6.2 创新创业教育“三课堂”教学模式研究 181

4.6.3 基于校企合作的创新创业教育“五闭环”培养模式研究 182

4.6.4 高职创新创业教育实施的突破口 183

4.7 校企合作与产教融合 184

4.7.1 对“产教融合”协同育人问题的认识 184

4.7.2 产教融合的主体关系分析 185

4.7.3 从战略和战术两个层面推进校企合作与产教融合工作 187

4.7.4 基于《华盛顿协议》标准设计校企合作机制 188

4.8 服务行业和地方 189

4.8.1 对高校服务城市建设管理的一些思考 189

4.8.2 以“四个服务”为指引 培养行业英才 服务区域经济发展 190

4.9 农民工培训 191

4.9.1 建筑业新生代农民工“工匠精神”培养与培训服务体系构建 191

4.9.2 高职院校开展农民工培训的问题及对策研究 193

第5章 中国建设教育相关政策、文件汇编与发展大事记 195

5.1 2018年相关政策、文件汇编 196

5.1.1 中共中央、国务院下发的相关文件 196

5.1.2 教育部下发的相关文件 218
5.1.3 住房和城乡建设部下发的相关文件 269
5.2 2018年中国建设教育发展大事记 276
5.2.1 住房城乡建设领域教育大事记 276
5.2.2 中国建设教育协会大事记 296

第1章

2018年建设类专业教育发展状况分析

1.1　2018 年建设类专业普通高等教育发展状况分析

1.1.1　建设类专业普通高等教育发展的总体状况

1.1.1.1　建设类专业普通高等教育概况

1. 本科教育

（1）本科生教育总体情况

根据教育部统计数据显示，2018 年，全国共有普通高等学校 2663 所（含独立学院 265 所），比上年增加 32 所，增长 1.22%。其中，本科院校 1245 所，比上年增加 2 所。普通本科毕业生数为 386.8 万人，比上年增加 2.6 万人；招生数为 422.2 万人，比上年增加 11.4 万人；在校生数为 1697.3 万人，比上年增加 48.7 万人。

（2）土木建筑类本科生培养

2018 年，全国开设土木建筑类专业的普通高等教育学校、机构数量为 782 所，比上年增加 6 所，占全国本科院校和其他普通高教机构之和的 61.72%。土木建筑类本科生培养学校、机构开办专业数 2882 个，比上年增加 89 个；毕业生数 232725 人，比上年增加 2248 人，占全国本科毕业生人数的 6.01%，同比上升 0.01 个百分点；招生数 209261 人，占全国招生人数的 4.96%，同比下降 0.12 个百分点；在校生数 908596 人，比上年减少 9550 人，占全国本科在校生人数的 5.35%，同比下降 0.22 个百分点。图 1-1、图 1-2 分别示出了 2014 ～ 2018 年全国土木建筑类专业开办学校、开办专业情况和本科生培养情况。

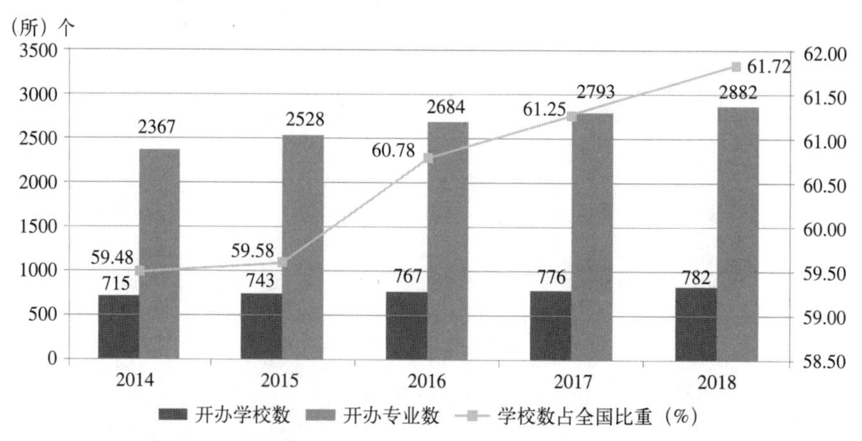

图 1-1　2014 ～ 2018 年全国土木建筑类专业开办学校、开办专业情况

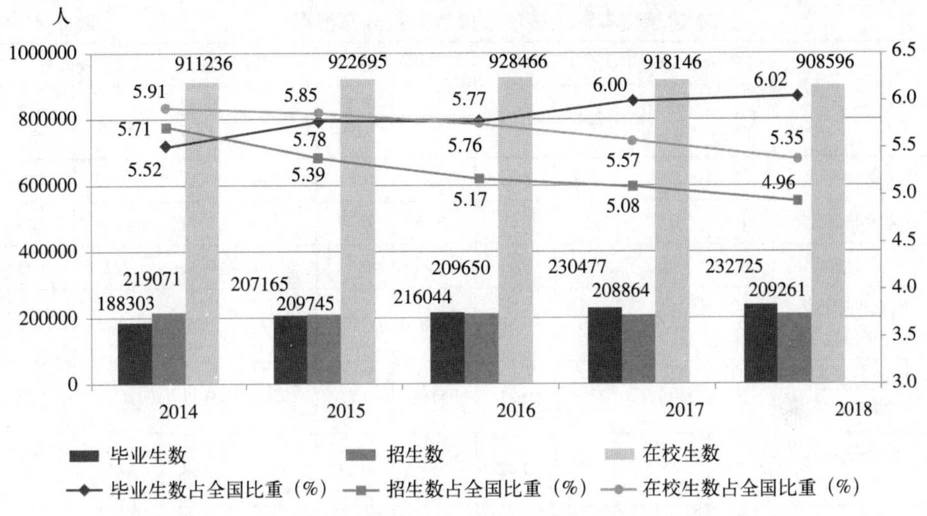

图 1-2 2014 ~ 2018 年全国土木建筑类专业本科生培养情况

表 1-1 给出了土木建筑类本科生按学校层次统计的分布情况。与上年相比，土木建筑类本科办学机构层次调整幅度不大。其中，大学数量由上年的 290 所上升至 293 所，增加 3 所；学院数量由上年的 312 所上升至 318 所，增加 6 所；独立学院数量仍为 166 所，与上年持平；其他普通高教机构数量由上年的 8 所降低至 5 所，减少 3 所。

土木建筑类本科生按学校层次分布情况 **表 1-1**

学校、机构层次	开办学校、机构		开办专业		毕业人数		招生人数		在校人数	
	数量	占比（%）	数量	占比（%）	数量	占比（%）	数量	占比（%）	数量	占比（%）
大学	293	37.47	1295	44.93	102163	43.90	98136	46.90	419524	46.17
学院	318	40.66	1046	36.29	82290	35.36	74743	35.72	325295	35.80
独立学院	166	21.23	532	18.46	47897	20.58	36382	17.39	162996	17.94
其他普通高教机构	5	0.64	9	0.31	375	0.16	0	0.00	781	0.09
合计	782	100.00	2882	100.00	232725	100.00	209261	100.00	908596	100.00

表 1-2 给出了土木建筑类本科生按学校隶属关系分类的统计情况。其中，省级教育部门和民办高校依然是主要的办学力量，在各项数据中两者的占比之和均超过了 80%。

土木建筑类本科生按学校隶属关系分布情况 表 1-2

学校、机构隶属关系	开办学校、机构		开办专业		毕业人数		招生人数		在校人数	
	数量	占比（%）	数量	占比（%）	数量	占比（%）	数量	占比（%）	数量	占比（%）
教育部	57	7.29	251	8.71	18017	7.74	17190	8.21	73155	8.05
工业和信息化部	6	0.77	25	0.87	1136	0.49	918	0.44	4419	0.49
交通运输部	1	0.13	1	0.03	49	0.02	57	0.03	241	0.03
国家民族事务委员会	5	0.64	11	0.38	778	0.33	819	0.39	3272	0.36
国家安全生产监督管理总局	1	0.13	6	0.21	518	0.22	526	0.25	2032	0.22
国务院侨务办公室	2	0.26	12	0.42	654	0.28	802	0.38	3440	0.38
中国地震局	1	0.13	3	0.10	205	0.09	273	0.13	1007	0.11
中国民用航空总局	1	0.13	1	0.03	79	0.03	74	0.04	313	0.03
省级教育部门	348	44.50	1393	48.33	113667	48.84	108693	51.94	466829	51.38
省级其他部门	10	1.28	22	0.76	928	0.40	1729	0.83	5984	0.66
地级教育部门	52	6.65	164	5.69	10696	4.60	11140	5.32	46297	5.10
地级其他部门	15	1.92	56	1.94	3899	1.68	4347	2.08	19018	2.09
民办	280	35.81	929	32.23	81681	35.10	62250	29.75	280530	30.88
具有法人资格的中外合作办学	3	0.38	8	0.28	418	0.18	443	0.21	2059	0.23
合计	782	100.00	2882	100.00	232725	100.00	209261	100.00	908596	100.00

表 1-3 为土木建筑类本科生按学校类别分布情况，与上年相比，分布情况变化不大。从统计数据可以看出，理工院校和综合大学是土木建筑类本科专业的主要办学力量，两者之和占开办学校机构总数的 69.14%，占开办专业总数的 78.9%，占毕业总人数的 82.41%，占招生总人数的 82.36%，占在校总人数的 82.3%。

土木建筑类本科生按学校类别分布情况 表 1-3

学校、机构类别	开办学校、机构		开办专业		毕业人数		招生人数		在校人数	
	数量	占比（%）	数量	占比（%）	数量	占比（%）	数量	占比（%）	数量	占比（%）
综合大学	249	31.84	886	30.74	68029	29.23	59408	28.39	262450	28.89

续表

学校、机构类别	开办学校、机构		开办专业		毕业人数		招生人数		在校人数	
	数量	占比（%）	数量	占比（%）	数量	占比（%）	数量	占比（%）	数量	占比（%）
理工院校	292	37.34	1388	48.16	123758	53.18	112939	53.97	485264	53.41
财经院校	86	11.00	222	7.70	16867	7.25	12493	5.97	60151	6.62
师范院校	77	9.85	154	5.34	8243	3.54	8940	4.27	37397	4.12
民族院校	12	1.53	28	0.97	1741	0.75	2020	0.97	7971	0.88
农业院校	41	5.24	137	4.75	9717	4.18	9848	4.71	40253	4.43
林业院校	7	0.90	38	1.32	2928	1.26	2801	1.34	11189	1.23
医药院校	1	0.13	1	0.03	0	0.00	21	0.01	89	0.01
艺术院校	10	1.28	17	0.59	537	0.23	564	0.27	2812	0.31
语文院校	6	0.77	10	0.35	891	0.38	208	0.10	948	0.10
体育院校	1	0.13	1	0.03	14	0.01	19	0.01	72	0.01
合计	782	100.00	2882	100.00	232725	100.00	209261	100.00	908596	100.00

2. 研究生教育

（1）研究生教育总体情况

2018年全国共有研究生培养机构815个，其中，普通高校580个，科研机构235个。研究生招生85.8万人，比上年增加5.19万人，其中，招收博士生9.55万人，硕士生76.25万。在学研究生273.13万人，比上年增加9.17万人，其中，在学博士生38.95万人，在学硕士生234.18万人。毕业研究生60.44万人，比上年增加2.64万人，其中博士毕业生6.07万人，硕士毕业生54.37万人。

（2）土木建筑类硕士生培养

2018年土木建筑类硕士生培养高校、机构共310个，比上年减少1个；开办学科点共1126个，比上年减少34个；毕业生17760人，比上年增加939人，占全国硕士生毕业人数的3.27%；硕士生招生20691人，比上年减少19人，占全国硕士生招生人数的2.71%。在校硕士生59227人，比上年增加2420人，占全国在校硕士生人数的2.53%。图1-3、图1-4分别示出了2014～2018年全国土木建筑类硕士生培养开办机构、开办学科点情况和硕士生培养情况。

表1-4给出了土木建筑类硕士生按学校、机构层次分类的统计情况。从表中可以看出，大学依然是土木建筑类硕士生培养的主力军，除机构数量占比为88.06%、开办学科点占比93.36%外，其余三项占比均在97%以上。

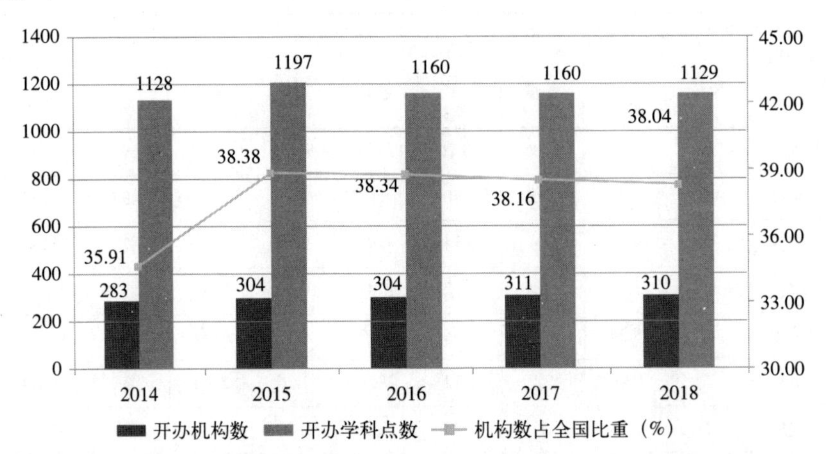

图 1-3　2014 ~ 2018 年全国土木建筑类硕士点开办学校、开办学科点情况

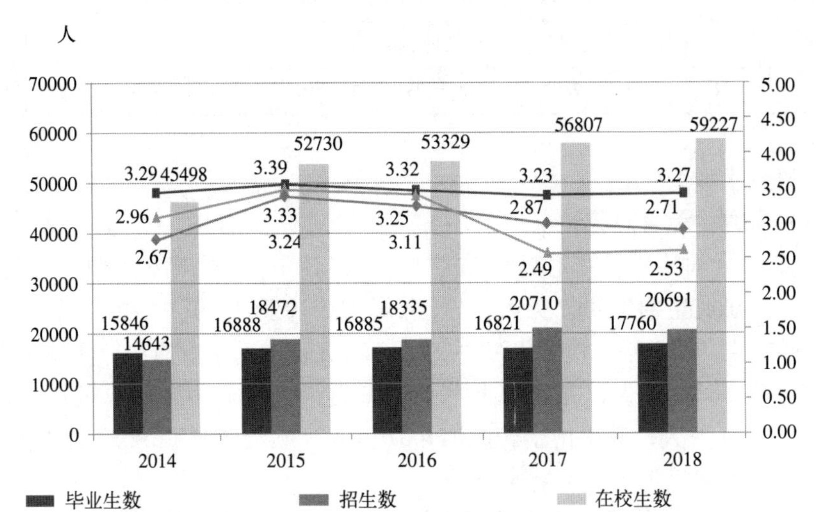

图 1-4　2014 ~ 2018 年全国土木建筑类硕士生培养情况

土木建筑类硕士生按学校、机构层次分布情况　　　　表 1-4

学校、机构层次	培养学校、机构		开办学科点		毕业人数		招生人数		在校人数	
	数量	占比（%）	数量	占比（%）	数量	占比（%）	数量	占比（%）	数量	占比（%）
大学	273	88.06	1054	93.36	17328	97.57	20153	97.40	57874	97.72
学院	19	6.13	33	2.92	242	1.36	365	1.76	883	1.49

续表

学校、机构层次	培养学校、机构		开办学科点		毕业人数		招生人数		在校人数	
	数量	占比（%）	数量	占比（%）	数量	占比（%）	数量	占比（%）	数量	占比（%）
培养研究生的科研机构	18	5.81	42	3.72	190	1.07	173	0.84	470	0.79
合计	310	100.00	1129	100.00	17760	100.00	20691	100.00	59227	100.00

表 1-5 列出了土木建筑硕士生按学校、机构隶属关系统计的分布情况，从表中可以看出，省级教育部门主管高校和教育部所属高校是培养土木建筑类硕士生的主要力量，两者培养学校和机构数量之和占比 86.13%，开办学科点数之和占比 89.02%，其余三项之和占比均超过 90%。

土木建筑类硕士生按学校、机构隶属关系分布情况 **表 1-5**

学校、机构隶属关系	培养学校、机构		开办学科点		毕业人数		招生人数		在校人数	
	数量	占比（%）	数量	占比（%）	数量	占比（%）	数量	占比（%）	数量	占比（%）
教育部	65	20.97	347	30.74	7263	40.90	8480	40.98	24502	41.37
工业和信息化部	8	2.58	32	2.83	697	3.92	819	3.96	2229	3.76
住房和城乡建设部	1	0.32	1	0.09	5	0.03	6	0.03	18	0.03
交通运输部	2	0.65	5	0.44	34	0.19	35	0.17	109	0.18
农业部	1	0.32	1	0.09	4	0.02	16	0.08	16	0.03
水利部	3	0.97	8	0.71	19	0.11	19	0.09	58	0.10
国家民族事务委员会	2	0.65	2	0.18	4	0.02	1	0.00	14	0.02
国务院国有资产监督管理委员会	5	1.61	15	1.33	32	0.18	31	0.15	93	0.16
国务院侨务办公室	2	0.65	12	1.06	143	0.81	156	0.75	557	0.94
国家林业局	1	0.32	2	0.18	49	0.28	26	0.13	59	0.10
中国科学院	2	0.65	5	0.44	107	0.60	146	0.71	381	0.64
中国民用航空总局	1	0.32	1	0.09	8	0.05	6	0.03	22	0.04
中国铁路总公司	1	0.32	2	0.18	12	0.07	4	0.02	14	0.02
中国地震局	3	0.97	8	0.71	66	0.37	69	0.33	203	0.34
中国航空集团公司	2	0.65	2	0.18	2	0.01	1	0.00	3	0.01
省级教育部门	202	65.16	658	58.28	8940	50.34	10372	50.13	29582	49.95
省级其他部门	2	0.65	2	0.18	16	0.09	22	0.11	57	0.10

续表

学校、机构隶属关系	培养学校、机构		开办学科点		毕业人数		招生人数		在校人数	
	数量	占比（%）	数量	占比（%）	数量	占比（%）	数量	占比（%）	数量	占比（%）
地级教育部门	7	2.26	26	2.30	359	2.02	482	2.33	1310	2.21
合计	310	100.00	1129	100.00	17760	100.00	20691	100.00	59227	100.00

表 1-6 为土木建筑类硕士生按学校、机构类别分类的统计情况。从表中可以看出，理工院校和综合大学是培养土木建筑类硕士生的主要力量。二者之和占办学机构总数的 59.95%，占开办学科点总数的 78.46%，比去年略有下降。理工院校和综合大学之和占毕业总人数的 92.41%，占招生总人数的 91.87%，占在校总人数的 92.78%，比去年同期有所增加。

土木建筑类硕士生按学校、机构类别分布情况 **表 1-6**

学校、机构类别	培养学校、机构		开办学科点		毕业人数		招生人数		在校人数	
	数量	占比（%）	数量	占比（%）	数量	占比（%）	数量	占比（%）	数量	占比（%）
综合大学	81	19.90	375	26.13	26352	31.36	42561	30.82	108532	31.45
理工院校	163	40.05	751	52.33	51293	61.05	84305	61.05	211641	61.33
财经院校	29	7.13	41	2.86	618	0.74	995	0.72	2373	0.69
师范院校	44	10.81	60	4.18	1455	1.73	3177	2.30	6756	1.96
民族院校	8	1.97	10	0.70	162	0.19	766	0.55	1643	0.48
农业院校	30	7.37	83	5.78	2098	2.50	3485	2.52	7578	2.20
林业院校	6	1.47	41	2.86	1583	1.88	2211	1.60	5055	1.46
医药院校	15	3.69	15	1.05	74	0.09	160	0.12	397	0.12
艺术院校	6	1.47	9	0.63	48	0.06	84	0.06	208	0.06
语文院校	5	1.23	5	0.35	26	0.03	26	0.02	74	0.02
政法院校	2	0.49	2	0.14	86	0.10	87	0.06	179	0.05
培养研究生的科研机构	18	4.42	43	3.00	229	0.27	246	0.18	637	0.18
合计	407	100.00	1435	100.00	84024	100.00	138103	100.00	345073	100.00

3．土木建筑类博士生培养

2018 年，土木建筑类博士生培养学校、机构共计 125 所，比上年增加一所；开办学科点 409 个，比上年增加 9 个；毕业博士生 2639 人，比上年增加

313人，占当年全国博士毕业生的4.35%；招收博士生4188人，比上年增加272人，占当年全国博士生招生人数的4.39%；在校博士生21694人，比上年增加583人，占全国在校博士生人数的5.57%。图1-5、图1-6分别示出了2014～2018年全国土木建筑类博士生培养开办学机构、开办学科点情况和博士生培养情况。

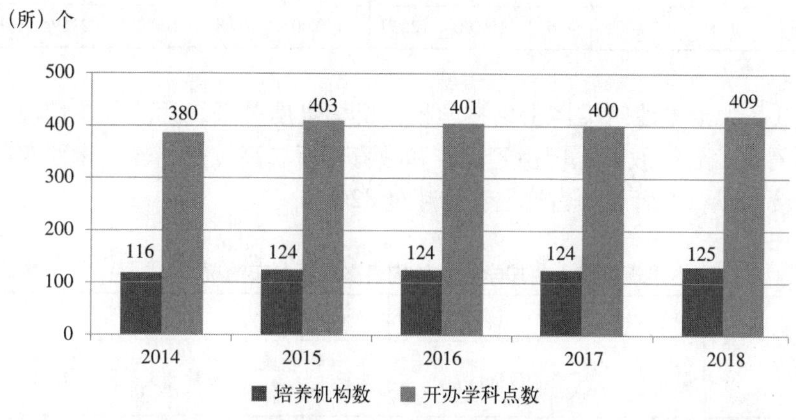

图1-5　2014～2018年全国土木建筑类博士点开办学校、开办学科点情况

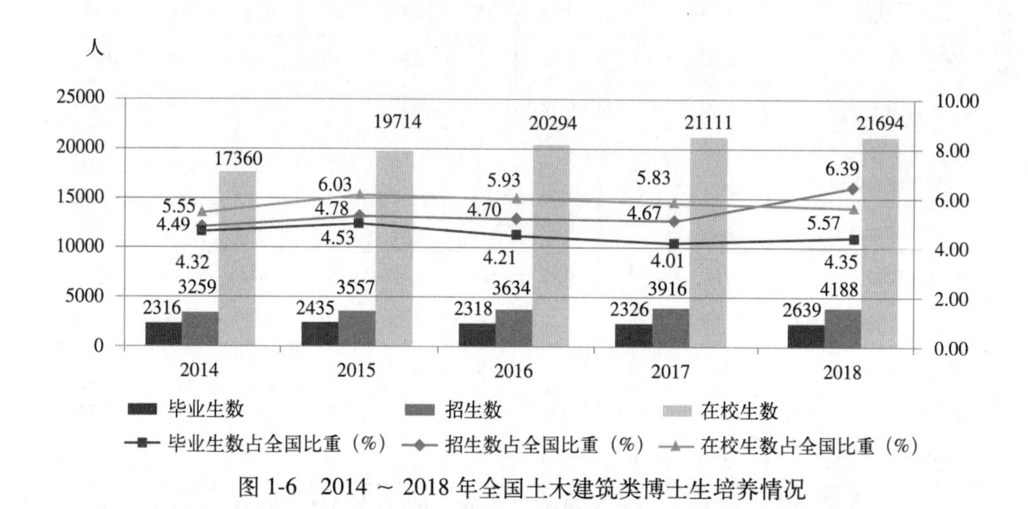

图1-6　2014～2018年全国土木建筑类博士生培养情况

表1-7是土木建筑类博士生按学校、机构层次分类的统计情况。从表中可以看出，大学依然是土木建筑类博士生培养的绝对主力，各项占比均在96%以上。

土木建筑类博士生按学校、机构层次分布情况 **表 1-7**

学校、机构层次	培养学校、机构		开办学科点		毕业人数		招生人数		在校人数	
	数量	占比（%）	数量	占比（%）	数量	占比（%）	数量	占比（%）	数量	占比（%）
大学	120	96.00	397	97.07	2611	98.94	4153	99.16	21512	99.16
培养研究生的科研机构	5	4.00	12	2.93	28	1.06	35	0.84	182	0.84
合计	125	100.00	409	100.00	2639	100.00	4188	100.00	21694	100.00

表 1-8 为土木建筑类博士生按学校、机构隶属关系统计的分布情况，从表中可以看出，省级教育部门主管高校和教育部所属高校是培养土木建筑类博士生的主要力量，两者各项占比之和均超过 82%。

土木建筑类博士生按学校、机构隶属关系分布情况 **表 1-8**

学校、机构隶属关系	培养学校、机构		开办学科点		毕业人数		招生人数		在校人数	
	数量	占比（%）	数量	占比（%）	数量	占比（%）	数量	占比（%）	数量	占比（%）
教育部	52	41.60	227	55.50	1732	65.63	2510	59.93	13621	62.79
工业和信息化部	7	5.60	20	4.89	232	8.79	392	9.36	2115	9.75
交通运输部	1	0.80	1	0.24	2	0.08	10	0.24	59	0.27
水利部	2	1.60	2	0.49	5	0.19	7	0.17	34	0.16
国务院国有资产监督管理委员会	1	0.80	4	0.98	2	0.08	5	0.12	20	0.09
国务院侨务办公室	2	1.60	2	0.49	3	0.11	17	0.41	88	0.41
中国地震局	1	0.80	4	0.98	19	0.72	22	0.53	115	0.53
中国科学院	2	1.60	5	1.22	167	6.33	225	5.37	833	3.84
中国铁路总公司	1	0.80	2	0.49	2	0.08	1	0.02	13	0.06
省级教育部门	55	44.00	136	33.25	468	17.73	971	23.19	4717	21.74
地级教育部门	1	0.80	6	1.47	7	0.27	28	0.67	79	0.36
合计	125	100.00	409	100.00	2639	100.00	4188	100.00	21694	100.00

表 1-9 为土木建筑类博士生按学校、机构类别分类的分布情况。从表中可以看出，理工院校和综合大学是培养土木建筑类博士生的主要力量。二者学校、机构数量之和占办学机构总数的 78.4%，在开办学科点、毕业人数、招生人数和在校人数方面，二者数量之和的占比均超过 90%。

土木建筑类博士生按学校、机构类别分布情况 表1-9

学校、机构类别	培养学校、机构		开办学科点		毕业人数		招生人数		在校人数	
	数量	占比（%）	数量	占比(%)	数量	占比（%）	数量	占比(%)	数量	占比(%)
综合大学	32	25.60	119	29.10	1047	39.67	1483	35.41	7346	33.86
理工院校	66	52.80	255	62.35	1465	55.51	2485	59.34	13320	61.40
财经院校	7	5.60	7	1.71	30	1.14	87	2.08	362	1.67
师范院校	3	2.40	3	0.73	17	0.64	21	0.50	129	0.59
农业院校	7	5.60	7	1.71	20	0.76	35	0.84	165	0.76
林业院校	5	4.00	6	1.47	32	1.21	42	1.00	190	0.88
培养研究生的科研机构	5	4.00	12	2.93	28	1.06	35	0.84	182	0.84
合计	125	100.00	409	100.00	2639	100.00	4188	100.00	21694	100.00

1.1.1.2 分学科、专业学生培养情况

1. 本科专业学生培养情况

2018年土木建筑类本科生按专业分布情况见表1-10。

2018年土木建筑类本科生按专业分布情况 表1-10

专业类及专业	开办专业		毕业人数		招生人数		在校人数		招生数较毕业生数增幅（%）
	数量	占比（%）	数量	占比（%）	数量	占比（%）	数量	占比（%）	
土木类	**1241**	**43.06**	**131755**	**56.61**	**118455**	**56.61**	**492657**	**54.22**	**－10.09**
土木工程	550	19.08	99489	42.75	66823	31.93	329044	36.21	－32.83
建筑环境与能源应用工程	189	6.56	11600	4.98	10197	4.87	45478	5.01	－12.09
给排水科学与工程	184	6.38	10972	4.71	10108	4.83	44302	4.88	－7.87
建筑电气与智能化	90	3.12	3448	1.48	4485	2.14	16646	1.83	30.08
城市地下空间工程	72	2.50	2099	0.90	3485	1.67	12759	1.40	66.03
道路桥梁与渡河工程	81	2.81	4004	1.72	5139	2.46	20743	2.28	28.35
铁道工程	8	0.28	0	0.00	701	0.33	1702	0.19	
智能建造	1	0.03	0	0.00	31	0.01	31	0.00	
土木类专业	66	2.29	143	0.06	17486	8.36	21952	2.42	12127.97
建筑类	**758**	**26.30**	**34096**	**14.65**	**36970**	**17.67**	**166448**	**18.32**	**8.43**
建筑学	302	10.48	18445	7.93	15025	7.18	82180	9.04	－18.54

续表

专业类及专业	开办专业		毕业人数		招生人数		在校人数		招生数较毕业生数增幅（%）
	数量	占比（%）	数量	占比（%）	数量	占比（%）	数量	占比（%）	
城乡规划	230	7.98	8957	3.85	8137	3.89	41593	4.58	− 9.15
风景园林	184	6.38	6694	2.88	9181	4.39	36802	4.05	37.15
建筑类专业	42	1.46	0	0.00	4627	2.21	5873	0.65	
管理科学与工程类	**786**	**27.27**	**64667**	**27.79**	**50065**	**23.92**	**236710**	**26.05**	**− 22.58**
工程管理	451	15.65	40908	17.58	25873	12.36	130825	14.40	− 36.75
房地产开发与管理	80	2.78	2928	1.26	2761	1.32	11582	1.27	− 5.70
工程造价	255	8.85	20831	8.95	21431	10.24	94303	10.38	2.88
工商管理类	33	1.15	738	0.32	1440	0.69	4605	0.51	95.12
物业管理	33	1.15	738	0.32	1440	0.69	4605	0.51	95.12
公共管理类	**64**	**2.22**	**1469**	**0.63**	**2331**	**1.11**	**8176**	**0.90**	**58.68**
城市管理	64	2.22	1469	0.63	2331	1.11	8176	0.90	58.68
合计	2882	100.00	232725	100.00	209261	100.00	908596	100.00	− 10.08

总体而言，与上年相比，开办专业数由 2793 个上升至 2882 个，毕业人数由 230477 人上升至 232725 人，招生人数由 208864 人上升至 209261 人，在校人数由 918146 人下降至 908596 人。由此可见，土木建筑类本科办学规模基本处于平稳运行态势。

从表 1-10 中可以看出，在土木建筑类本科的五大专业类别中，土木类、建筑类、管理科学与工程类 3 个专业类别在开办专业数、毕业人数、招生人数和在校人数的统计中位居前三，这与当前我国建筑行业人才需求的实际情况相吻合。另外，土木建筑类本科专业的招生数较毕业生数增幅呈现连年下降的发展态势，2018 年降幅为 10.08%。

在表 1-10 统计的 18 个土木建筑类专业中，土木工程专业、工程管理专业、建筑学专业、工程造价专业作为传统优势专业，在开办专业数、毕业人数、招生人数、在校人数的数量上均高于其他专业，占据了前四的位置，其统计数据与当前行业人才市场需求状况是一致的。但从“招生数较毕业生数增幅”的数据来看，这样传统优势专业的市场饱和度在逐年提高，招生的增幅相对于毕业的增幅在下降，土木工程、工程管理和建筑学等专业已经出现负增长的情况，增幅分别是 − 32.83%、− 36.75% 和 − 18.54%。与之相反，大类专业、新兴专业的热度在持续提升。和去年相比，今年新增了一个智能建造专业，这也是根据建筑行业的实际需求而开办的新兴专业。

2. 研究生培养情况

2018 年土木建筑类学科硕士生分布情况见表 1-11。

2018 年土木建筑类硕士生按学科分布情况　　表 1-11

学科类别	开办学科点		毕业人数		招生人数		在校人数		招生数较毕业生数增幅（%）
	数量	占比（%）	数量	占比（%）	数量	占比（%）	数量	占比（%）	
学术型学位硕士	**998**	**88.40**	**14463**	**81.44**	**14931**	**72.16**	**44655**	**75.40**	**3.24**
工学	763	67.58	10113	56.94	10120	48.91	30993	52.33	0.07
土木工程	545	48.27	7436	41.87	7379	35.66	22383	37.79	− 0.77
结构工程	95	8.41	1504	8.47	1160	5.61	3810	6.43	− 22.87
岩土工程	85	7.53	940	5.29	820	3.96	2626	4.43	− 12.77
桥梁与隧道工程	68	6.02	699	3.94	542	2.62	1930	3.26	− 22.46
防灾减灾工程及防护工程	63	5.58	235	1.32	207	1.00	696	1.18	− 11.91
市政工程	68	6.02	600	3.38	587	2.84	1849	3.12	− 2.17
供热、供燃气、通风及空调工程	64	5.67	641	3.61	589	2.85	1807	3.05	− 8.11
土木工程学科	102	9.03	2817	15.86	3474	16.79	9665	16.32	23.32
建筑学	92	8.15	1102	6.20	1073	5.19	3414	5.76	− 2.63
建筑学学科	54	4.78	907	5.11	904	4.37	2797	4.72	− 0.33
建筑技术科学	9	0.80	15	0.08	40	0.19	159	0.27	166.67
建筑设计及其理论	21	1.86	166	0.93	113	0.55	404	0.68	− 31.93
建筑历史与理论	8	0.71	14	0.08	16	0.08	54	0.09	14.29
城乡规划学	60	5.31	770	4.34	818	3.95	2609	4.41	6.23
风景园林学	66	5.85	805	4.53	850	4.11	2587	4.37	5.59
管理学	235	20.81	4350	24.49	4811	23.25	13662	23.07	10.60
管理科学与工程	235	20.81	4350	24.49	4811	23.25	13662	23.07	10.60
专业学位硕士	**131**	**11.60**	**3297**	**18.56**	**5760**	**27.84**	**14572**	**24.60**	**74.70**
工学	70	6.20	1925	10.84	3215	15.54	8555	14.44	67.01
岩土工程	4	0.35	21	0.12	19	0.09	57	0.10	− 9.52
建筑学	41	3.63	1502	8.46	2345	11.33	6372	10.76	56.13
城市规划	25	2.21	402	2.26	851	4.11	2126	3.59	111.69
农学	61	5.40	1372	7.73	2545	12.30	6017	10.16	85.50
风景园林	61	5.40	1372	7.73	2545	12.30	6017	10.16	85.50
合计	1129	100.00	17760	100.00	20691	100.00	59227	100.00	16.50

2018 年共计招收硕士生 20691 人，其中学术型硕士学位招收 14931 人，专业硕士学位招收 5760 人。在学术型硕士学位的统计中，土木工程和管理科学与工程两个学科在开办学科点、毕业人数、招生人数、在校人数方面具有明显的优势。在专业硕士学位的统计中，建筑学和风景园林两个学科在开办学科点、毕业人数、招生人数、在校人数方面具有明显的优势。从"招生数较毕业生数增幅"的数据来看，学术型硕士学位的招生情况保持平稳，增幅为 3.24%。专业硕士学位的招生态势良好，增幅达到 74.7%，是学术型硕士学位增幅的 23 倍。

2018 年土木建筑类博士生按学科分类的情况见表 1-12。

2018 年土木建筑类博士生按学科分布情况 **表 1-12**

学科类别	开办学科点		毕业人数		招生人数		在校人数		招生数较毕业生数增幅（%）
	数量	占比（%）	数量	占比（%）	数量	占比（%）	数量	占比（%）	
土木工程	**239**	**58.44**	**1190**	**45.09**	**1903**	**45.44**	**9366**	**43.17**	**59.92**
结构工程	40	9.78	228	8.64	255	6.09	1306	6.02	11.84
岩土工程	44	10.76	235	8.90	347	8.29	1624	7.49	47.66
桥梁与隧道工程	31	7.58	123	4.66	138	3.30	826	3.81	12.20
防灾减灾工程及防护工程	32	7.82	59	2.24	55	1.31	317	1.46	− 6.78
市政工程	28	6.85	92	3.49	91	2.17	460	2.12	− 1.09
供热、供燃气、通风及空调工程	24	5.87	48	1.82	81	1.93	386	1.78	68.75
土木工程学科	40	9.78	405	15.35	936	22.35	4447	20.50	131.11
建筑学	**42**	**10.27**	**201**	**7.62**	**267**	**6.38**	**1451**	**6.69**	**32.84**
建筑学学科	18	4.40	139	5.27	240	5.73	1312	6.05	72.66
建筑技术科学	6	1.47	7	0.27	6	0.14	26	0.12	− 14.29
建筑设计及其理论	6	1.47	14	0.53	2	0.05	13	0.06	− 85.71
建筑历史与理论	12	2.93	41	1.55	19	0.45	100	0.46	− 53.66
城乡规划学学科	**15**	**3.67**	**70**	**2.65**	**128**	**3.06**	**729**	**3.36**	**82.86**
风景园林学学科	**21**	**5.13**	**60**	**2.27**	**135**	**3.22**	**601**	**2.77**	**125.00**
管理科学与工程学科	**92**	**22.49**	**1118**	**42.36**	**1755**	**41.91**	**9547**	**44.01**	**56.98**
合计	409	100.00	2639	100.00	4188	100.00	21694	100.00	58.70

2018 年共计招收博士生 4188 人，比上年增加 272 人，招生规模呈现稳中有升的发展态势。从"招生数较毕业生数增幅"的数据来看，建筑技术科学、建筑设计及其理论和建筑历史与理论 3 个博士学科连续三年出现增幅为负数的

情况。防灾减灾工程及防护工程和市政工程两个博士学科也首次出现了增幅为负数的情况。

3. 土木建筑类学科在全国的占比情况

2018年土木建筑类学科在全国的占比情况见表1-13。2018年博士生的毕业人数占比、招生人数占比和在校人数占比分别是4.28%、4.4%和5.57%；硕士生的毕业人数占比、招生人数占比和在校人数占比分别是3.27%、2.71%和2.53%；本科生的毕业人数占比、招生人数占比和在校人数占比分别是6.02%、4.96%和5.35%。

2018年土木建筑类学科学生占全国的比重　　**表1-13**

学科类别	毕业人数			招生人数			在校人数		
	全国（万人）	土木建筑类学科（万人）	土木建筑类学科占比（%）	全国（万人）	土木建筑类学科（万人）	土木建筑类学科占比（%）	全国（万人）	土木建筑类学科（万人）	土木建筑类学科占比（%）
博士生	6.07	0.26	4.28	9.55	0.42	4.40	38.95	2.17	5.57
硕士生	54.36	1.78	3.27	76.25	2.07	2.71	234.17	5.92	2.53
本科生	386.84	23.27	6.02	422.16	20.93	4.96	1697.33	90.86	5.35

1.1.1.3　分地区普通高等建设教育情况

1. 土木建筑类专业本科在各地区的分布情况

2018年土木建筑类专业本科按地区分布情况见表1-14。总体来看，开办本科专业的学校数为782所，比上年增加6所，开办专业数为2882个，比上年增加89个，毕业生人数为232725人，比上年增加2248人，招生人数为209261人，比上年增加397人，在校人数为908596人，比上年减少9550人，招生数较毕业生数增幅整体下降了10.08%。与上年数据对比，2018年全国土木建筑类专业本科生招生人数处于平稳下降趋势，招生数较毕业生数增幅同比下降0.7%。

2018年土木建筑类专业本科生按地区分布情况　　**表1-14**

地区	开办学校		开办专业		毕业人数		招生人数		在校人数		招生数较毕业生数增幅（%）
	数量	占比（%）	数量	占比（%）	数量	占比（%）	数量	占比（%）	数量	占比（%）	
华北	**103**	**13.17**	**391**	**13.57**	**28226**	**12.13**	**27412**	**13.10**	**117036**	**12.88**	**-2.88**
北京	22	2.81	84	2.91	4538	1.95	3814	1.82	17121	1.88	-15.95
天津	13	1.66	42	1.46	3577	1.54	3995	1.91	15763	1.73	11.69

续表

地区	开办学校		开办专业		毕业人数		招生人数		在校人数		招生数较毕业生数增幅（%）
	数量	占比（%）	数量	占比（%）	数量	占比（%）	数量	占比（%）	数量	占比（%）	
河北	41	5.24	165	5.73	12998	5.59	12520	5.98	51220	5.64	－3.68
山西	15	1.92	56	1.94	4003	1.72	4139	1.98	19973	2.20	3.40
内蒙古	12	1.53	44	1.53	3110	1.34	2944	1.41	12959	1.43	－5.34
东北	**76**	**9.72**	**309**	**10.72**	**24048**	**10.33**	**22398**	**10.70**	**92886**	**10.22**	**－6.86**
辽宁	33	4.22	130	4.51	10047	4.32	8562	4.09	36098	3.97	－14.78
吉林	20	2.56	89	3.09	7496	3.22	7408	3.54	30990	3.41	－1.17
黑龙江	23	2.94	90	3.12	6505	2.80	6428	3.07	25798	2.84	－1.18
华东	**241**	**30.82**	**878**	**30.46**	**66396**	**28.53**	**62628**	**29.93**	**269227**	**29.63**	**－5.68**
上海	16	2.05	43	1.49	2775	1.19	2767	1.32	11529	1.27	－0.29
江苏	58	7.42	208	7.22	15961	6.86	15523	7.42	66595	7.33	－2.74
浙江	36	4.60	129	4.48	7261	3.12	7227	3.45	30681	3.38	－0.47
安徽	26	3.32	110	3.82	9007	3.87	8868	4.24	38106	4.19	－1.54
福建	29	3.71	108	3.75	8780	3.77	8590	4.10	36175	3.98	－2.16
江西	30	3.84	110	3.82	9115	3.92	6974	3.33	29782	3.28	－23.49
山东	46	5.88	170	5.90	13497	5.80	12679	6.06	56359	6.20	－6.06
中南	**197**	**25.19**	**721**	**25.02**	**62154**	**26.71**	**54142**	**25.87**	**238590**	**26.26**	**－12.89**
河南	47	6.01	208	7.22	19642	8.44	17287	8.26	76722	8.44	－11.99
湖北	56	7.16	186	6.45	13582	5.84	9121	4.36	44377	4.88	－32.84
湖南	35	4.48	135	4.68	12923	5.55	11964	5.72	49146	5.41	－7.42
广东	34	4.35	112	3.89	9289	3.99	9350	4.47	39624	4.36	0.66
广西	22	2.81	66	2.29	5333	2.29	5593	2.67	24416	2.69	4.88
海南	3	0.38	14	0.49	1385	0.60	827	0.40	4305	0.47	－40.29
西南	**94**	**12.02**	**354**	**12.28**	**31446**	**13.51**	**26229**	**12.53**	**121843**	**13.41**	**－16.59**
重庆	20	2.56	72	2.50	8495	3.65	5310	2.54	28560	3.14	－37.49
四川	33	4.22	136	4.72	12698	5.46	12396	5.92	53569	5.90	－2.38
贵州	18	2.30	61	2.12	4327	1.86	3823	1.83	17043	1.88	－11.65
云南	21	2.69	79	2.74	5769	2.48	4498	2.15	21946	2.42	－22.03
西藏	2	0.26	6	0.21	157	0.07	202	0.10	725	0.08	28.66
西北	**71**	**9.08**	**229**	**7.95**	**20455**	**8.79**	**16452**	**7.86**	**69014**	**7.60**	**－19.57**
陕西	39	4.99	129	4.48	11820	5.08	8563	4.09	37815	4.16	－27.55

续表

地区	开办学校		开办专业		毕业人数		招生人数		在校人数		招生数较毕业生数增幅（%）
	数量	占比（%）	数量	占比（%）	数量	占比（%）	数量	占比（%）	数量	占比（%）	
甘肃	14	1.79	51	1.77	5261	2.26	4710	2.25	18913	2.08	– 10.47
青海	3	0.38	7	0.24	535	0.23	468	0.22	2051	0.23	– 12.52
宁夏	6	0.77	18	0.62	1701	0.73	944	0.45	4343	0.48	– 44.50
新疆	9	1.15	24	0.83	1138	0.49	1767	0.84	5892	0.65	55.27
合计	782	100.00	2882	100.00	232725	100.00	209261	100.00	908596	100.00	– 10.08

2018 年，我国在 31 个省级行政区中共有 782 所高校开设土木建筑类本科专业（我国省级行政区 34 个，统计时没有统计中国香港、澳门和台湾地区，下同）。从表 1-14 可以看出，在 31 个省级行政区中，开设土木建筑类本科专业最多的是江苏省，共有 58 所高校开设了 208 个土木建筑类本科专业，占全国开办学校总数的 7.42%。开设土木建筑类本科专业高校数量最少的是西藏自治区，仅有 2 所高校开设了 6 个土木建筑类本科专业，占全国开办学校总数的 0.26%。统计数据表明，我国高等建设教育地域分布差异较大，发展不平衡。

在开办学校数量上，占比超过 5% 的有江苏、湖北、河南、山东、河北 5 个地区，占比不足 1% 的有宁夏、海南、青海、西藏 4 个地区；在开办专业数量上，占比超过 5% 的有江苏、河南、湖北、山东、河北 5 个地区，占比不足 1% 的有新疆、宁夏、海南、青海、西藏 5 个地区；在毕业生数量上，占比超过 5% 的有河南、江苏、湖北、山东、河北、湖南、四川、山西 8 个地区，占比不足 1% 的有宁夏、海南、新疆、青海、西藏 5 个地区；在招生人数上，占比超过 5% 的有河南、江苏、山东、河北、四川、湖南 6 个地区，占比不足 1% 的有新疆、宁夏、海南、青海、西藏 5 个地区；在校人数上，占比超过 5% 的有河南、江苏、山东、四川、河北、湖北 6 个地区，占比不足 1% 的有新疆、宁夏、海南、青海、西藏 5 个地区；从招生数较毕业生数增幅看，增幅超过 20% 的有新疆和西藏 2 个地区，有 26 个地区出现负增长，其中降幅在 20% 以上的有云南、江西、陕西、湖北、重庆、海南、宁夏 7 个地区。

按区域板块分析，东、中、西部地区在开办学校数、开办专业数量、毕业人数、招生人数和在校人数方面表现出明显的差异。华东地区占比最大，共有 241 所高校开设 878 个土木建筑类本科专业；中南地区排名第二，共有 197 所高校开设了 721 个土木建筑类本科专业；西北地区在各项统计数据中排名垫底，共有 71 所高校开设了 229 个土木建筑类本科专业，可见全国土木建筑类本科院校的分布呈现由东向西、由南向北逐渐递减的特征。在招生规模扩张速度逐年下降的大背景下，各区域板块招生数较毕业生数的增幅均呈现负增长态势。

2. 土木建筑类专业研究生在各地区的分布情况

2018 年土木建筑类专业硕士研究生按地区分布情况见表 1-15。总体来看，开办硕士学科点的学校数为 310 所，比上年减少 1 所，开办学科点数为 1129 个，比上年减少 31 个，毕业生人数为 17760 人，比上年增加 939 人，招生人数为 20691 人，比上年减少 19 人，在校人数为 59227 人，比上年增加 2420 人，招生数较毕业生数增幅整体增长了 16.5%。与上年数据对比，2018 年全国土木建筑类专业本科生招生人数处于平稳下降趋势，招生数较毕业生数增幅同比下降 6.62%。

2018 年土木建筑类专业硕士生按地区分布情况　　表 1-15

地区	开办学校		开办学科点		毕业人数		招生人数		在校人数		招生数较毕业生数增幅（%）
	数量	占比（%）	数量	占比（%）	数量	占比（%）	数量	占比（%）	数量	占比（%）	
华北	76	24.52	231	20.46	3591	20.22	4082	19.73	11450	19.33	13.67
北京	42	13.55	123	10.89	2048	11.53	2359	11.40	6443	10.88	15.19
天津	14	4.52	43	3.81	698	3.93	856	4.14	2511	4.24	22.64
河北	10	3.23	39	3.45	467	2.63	491	2.37	1393	2.35	5.14
山西	6	1.94	10	0.89	181	1.02	153	0.74	472	0.80	− 15.47
内蒙古	4	1.29	16	1.42	197	1.11	223	1.08	631	1.07	13.20
东北	39	12.58	128	11.34	1892	10.65	2239	10.82	6020	10.16	18.34
辽宁	19	6.13	65	5.76	924	5.20	1047	5.06	2855	4.82	13.31
吉林	10	3.23	25	2.21	309	1.74	262	1.27	753	1.27	− 15.21
黑龙江	10	3.23	38	3.37	659	3.71	930	4.49	2412	4.07	41.12
华东	81	26.13	336	29.76	5043	28.40	5839	28.22	16778	28.33	15.78
上海	10	3.23	36	3.19	873	4.92	1062	5.13	2990	5.05	21.65
江苏	22	7.10	108	9.57	1642	9.25	1699	8.21	5043	8.51	3.47
浙江	10	3.23	30	2.66	480	2.70	631	3.05	1792	3.03	31.46
安徽	9	2.90	36	3.19	643	3.62	708	3.42	1990	3.36	10.11
福建	5	1.61	33	2.92	465	2.62	699	3.38	2026	3.42	50.32
江西	8	2.58	29	2.57	212	1.19	245	1.18	691	1.17	15.57
山东	17	5.48	64	5.67	728	4.10	795	3.84	2246	3.79	9.20
中南	62	20.00	232	20.55	3522	19.83	4249	20.54	12334	20.82	20.64

续表

地区	开办学校		开办学科点		毕业人数		招生人数		在校人数		招生数较毕业生数增幅（%）
	数量	占比（%）	数量	占比（%）	数量	占比（%）	数量	占比（%）	数量	占比（%）	
河南	13	4.19	44	3.90	376	2.12	454	2.19	1213	2.05	20.74
湖北	18	5.81	72	6.38	953	5.37	1195	5.78	3626	6.12	25.39
湖南	10	3.23	44	3.90	1056	5.95	1161	5.61	3578	6.04	9.94
广东	15	4.84	51	4.52	892	5.02	1120	5.41	3012	5.09	25.56
广西	5	1.61	16	1.42	220	1.24	288	1.39	813	1.37	30.91
海南	1	0.32	5	0.44	25	0.14	31	0.15	92	0.16	24.00
西南	**27**	**8.71**	**101**	**8.95**	**1853**	**10.43**	**2194**	**10.60**	**6535**	**11.03**	**18.40**
重庆	8	2.58	25	2.21	722	4.07	851	4.11	2529	4.27	17.87
四川	12	3.87	43	3.81	760	4.28	885	4.28	2703	4.56	16.45
贵州	2	0.65	8	0.71	96	0.54	114	0.55	317	0.54	18.75
云南	5	1.61	25	2.21	275	1.55	344	1.66	986	1.66	25.09
西藏		0.00		0.00		0.00		0.00		0.00	
西北	**25**	**8.06**	**101**	**8.95**	**1859**	**10.47**	**2088**	**10.09**	**6110**	**10.32**	**12.32**
陕西	15	4.84	70	6.20	1462	8.23	1716	8.29	4914	8.30	17.37
甘肃	6	1.94	24	2.13	333	1.88	305	1.47	1002	1.69	− 8.41
青海		0.00		0.00		0.00		0.00		0.00	
宁夏	1	0.32	3	0.27	17	0.10	13	0.06	38	0.06	− 23.53
新疆	3	0.97	4	0.35	47	0.26	54	0.26	156	0.26	14.89
合计	310	100.00	1129	100.00	17760	100.00	20691	100.00	59227	100.00	16.50

2018年，我国在31个省级行政区中共有310所高校开设土木建筑类硕士学科点。从表1-15可以看出，在31个省级行政区中，开设土木建筑类硕士学科点高校最多的是北京市，共有42所高校开设了123个土木建筑类学科点，占全国开办学校总数的13.55%。排在第二的是江苏省，共有22所高校开设了108个土木建筑类学科点，占全国开办学校总数的7.1%。排名第三的是辽宁省，共有19所高校开设了65个土木建筑类学科点，占全国开办学校总数的6.13%。

从开办学科点的统计数据可以看出，北京和江苏开办学科点的数量最多，分布是123个和108个，其他地区的数量均低于75个。

从毕业人数的统计数据可以看出，北京、江苏和陕西分别以2048人、1642人和1462人的绝对优势排名前三位，三个地区的土建类专业硕士毕业生数量占到全国土建类专业硕士研究生毕业生数量的29.01%。

从招生人数的统计数据可以看出，北京、江苏和陕西依旧排名前三位，2018年招生人数分别是2359人、1699人和1716人。三个地区的土建类专业硕士招生人数占到全国土建类专业硕士招生人数的27.9%。

从在校人数的统计数据可以看出，排名前三位的依然是北京、江苏和陕西，分别为6443人、5043人和4914人。三个地区的土建类专业硕士在校人数占到全国土建类专业硕士在校人数的27.69%。

从招生数较毕业生数增幅的统计数据可以看出，涨幅超过20%的有11个地区，分别是福建、黑龙江、浙江、广西、广东、湖北、云南、海南、天津、上海和河南。招生数较毕业生数增幅为负数的有4个地区，分别是宁夏、山西、吉林和甘肃。

2018年土木建筑类专业博士研究生按地区分布情况见表1-16。总体来看，开办博士学科点的学校数为125所，比上年增加1所，开办学科点数为409个，比上年增加9个，毕业生人数为2639人，比上年增加313人，招生人数为4188人，比上年增加272人，在校人数为21694人，比上年增加583人，招生数较毕业生数增幅整体增长了58.7%。与上年数据对比，2018年全国土木建筑类专业博士生招生人数处于平稳下降趋势，招生数较毕业生数增幅同比下降9.66%。

2018年土木建筑类专业博士生按地区分布情况 **表1-16**

地区	开办学校		开办学科点		毕业人数		招生人数		在校人数		招生数较毕业生数增幅（%）
	数量	占比（%）	数量	占比（%）	数量	占比（%）	数量	占比（%）	数量	占比（%）	
华北	32	25.60	80	19.56	757	28.69	1141	27.24	5551	25.59	50.73
北京	21	16.80	51	12.47	593	22.47	855	20.42	4206	19.39	44.18
天津	5	4.00	21	5.13	137	5.19	221	5.28	1058	4.88	61.31
河北	4	3.20	4	0.98	14	0.53	43	1.03	170	0.78	207.14
山西	2	1.60	4	0.98	13	0.49	22	0.53	117	0.54	69.23
内蒙古		0.00		0.00		0.00		0.00		0.00	
东北	13	10.40	48	11.74	247	9.36	462	11.03	2651	12.22	87.04
辽宁	7	5.60	26	6.36	95	3.60	208	4.97	1228	5.66	118.95
吉林	1	0.80	1	0.24	5	0.19	12	0.29	77	0.35	140.00
黑龙江	5	4.00	21	5.13	147	5.57	242	5.78	1346	6.20	64.63
华东	39	31.20	124	30.32	797	30.20	1248	29.80	6480	29.87	56.59
上海	9	7.20	27	6.60	359	13.60	435	10.39	2368	10.92	21.17

续表

地区	开办学校		开办学科点		毕业人数		招生人数		在校人数		招生数较毕业生数增幅（%）
	数量	占比（%）	数量	占比（%）	数量	占比（%）	数量	占比（%）	数量	占比（%）	
江苏	12	9.60	42	10.27	227	8.60	396	9.46	2248	10.36	74.45
浙江	1	0.80	10	2.44	66	2.50	102	2.44	467	2.15	54.55
安徽	3	2.40	15	3.67	55	2.08	100	2.39	438	2.02	81.82
福建	4	3.20	10	2.44	20	0.76	52	1.24	259	1.19	160.00
江西	2	1.60	2	0.49	22	0.83	46	1.10	177	0.82	109.09
山东	8	6.40	18	4.40	48	1.82	117	2.79	523	2.41	143.75
中南	**21**	**16.80**	**76**	**18.58**	**399**	**15.12**	**612**	**14.61**	**3122**	**14.39**	**53.38**
河南	3	2.40	5	1.22	15	0.57	17	0.41	84	0.39	13.33
湖北	7	5.60	31	7.58	156	5.91	215	5.13	1025	4.72	37.82
湖南	4	3.20	12	2.93	119	4.51	208	4.97	1257	5.79	74.79
广东	6	4.80	21	5.13	82	3.11	145	3.46	632	2.91	76.83
广西	1	0.80	7	1.71	27	1.02	27	0.64	124	0.57	0.00
海南		0.00		0.00		0.00		0.00		0.00	
西南	**10**	**8.00**	**33**	**8.07**	**228**	**8.64**	**382**	**9.12**	**2007**	**9.25**	**67.54**
重庆	2	1.60	12	2.93	100	3.79	151	3.61	628	2.89	51.00
四川	6	4.80	19	4.65	117	4.43	205	4.89	1178	5.43	75.21
贵州		0.00		0.00		0.00		0.00		0.00	
云南	2	1.60	2	0.49	11	0.42	26	0.62	201	0.93	136.36
西藏		0.00		0.00		0.00		0.00		0.00	
西北	**10**	**8.00**	**48**	**11.74**	**211**	**8.00**	**343**	**8.19**	**1883**	**8.68**	**62.56**
陕西	8	6.40	34	8.31	199	7.54	309	7.38	1697	7.82	55.28
甘肃	2	1.60	14	3.42	12	0.45	34	0.81	186	0.86	183.33
青海		0.00		0.00		0.00		0.00		0.00	
宁夏		0.00		0.00		0.00		0.00		0.00	
新疆		0.00		0.00		0.00		0.00		0.00	
合计	125	100.00	409	100.00	2639	100.00	4188	100.00	21694	100.00	58.70

2018年，我国在31个省级行政区中，共有24个地区的125所高校开设了土木建筑类博士学科点。有7个地区的高校尚未开设土木建筑类专业博士学科点，分布是内蒙古、海南、贵州、西藏、青海、宁夏、新疆，与上年情况一致。

从表1-16可以看出，开设土木建筑类博士学科点高校最多的是北京市，共有21所高校开设了51个土木建筑类博士学科点，占全国开办学校总数的16.8%。排在第二的是江苏省，共有12所高校开设了42个土木建筑类博士学科点，占全国开办学校总数的9.6%。排名第三的是上海市，共有9所高校开设了27个土木建筑类博士学科点，占全国开办学校总数的7.2%。

从开办学科点的统计数据可以看出，北京和江苏开办博士学科点的数量最多，分别是51个和42个，其他地区的数量均低于40个。两个地区的土建类专业博士学科点的数量占全国土建类专业博士学科点数量的22.74%。

从毕业人数的统计数据可以看出，北京和上海的土建类专业博士毕业生人数最多，分别为593人和359人，两者数量之和占到全国土建类专业博士研究生毕业生数量的36.07%。

从招生人数的统计数据可以看出，北京、上海和江苏排名前三位，土建类专业博士研究生招生分别是855人、435人和396人。三个地区的土建类专业博士研究生招生人数占到全国土建类专业博士研究生招生人数的40.27%。

从在校人数的统计数据可以看出，排名前三位的依然是北京、上海和江苏，分别为4206人、2368人和2248人。三个地区的土建类专业博士研究生在校人数占到全国土建类专业博士研究生在校人数的40.67%。

从招生数较毕业生数增幅的统计数据可以看出，涨幅超过100%的有7个地区，分别是甘肃、福建、山东、吉林、云南、辽宁和江西。

由以上数据可以看出，我国土木建筑类研究生的办学规模基本处于稳定，但是区域差异较大。研究生的培养主要集中在北京、上海、江苏等经济发达、优质教育资源集中的地区，这些地区的经济、文化和教育水平决定了高层次人才培养的质量。内蒙古、海南、贵州、西藏、青海、宁夏、新疆等中西部地区由于经济环境、行业发展、科研实力等原因，高层次土建类专业人才培养相对滞后。

1.1.2 建设类专业普通高等教育发展面临的问题

2018年6月，教育部组织召开了新时代全国高等学校本科教育工作会议，这是改革开放40年，教育部第一次召开全国会议研究部署高等学校本科教育工作，对高等教育的改革发展具有重要意义。会议提出大学要以本为本，高等教育要回归常识，回归本分、回归初心、回归梦想。在这一理念的推动下，我国建设类专业普通高等院校将本科教育放在人才培养的基础地位，在专业建设、课程改革、教学改革、质量保障等方面取得了可喜的成绩。同时，我们必须清醒的认识到，普通高等教育人才培养工作已经进入了转型升级的攻坚期，还有许多亟待解决的问题，这在一定程度上制约了高等建设教育的健康发展，主要体现在以下几个方面。

1.1.2.1　内涵发展有待进一步深入

（1）专业发展不平衡，缺少专业动态调整机制。在加快“新工科”建设的大背景下，传统学科与新兴交叉学科的融合、专业传统课程与新兴课程的融合、理论基础与创新实践的融合要求各高校加快专业建设步伐，升级改造传统专业，加快专业结构调整。在这种需求导向下，各高校建筑类专业发展良莠不齐，专业调整步伐速度不一。在不断新增专业的同时，缺少专业动态调整机制，对不适应社会需求变化的专业不能及时淘汰。与此同时，部分高校开展专业自评估和参加国家专业认证的主动性不强，能动性不足。学科建设和科学研究对专业教学和专业建设支撑作用不明显，力度不够。学科专业划分过细，造成专业的融合度不够，不利于创新型复合型人才的培养。

（2）教师激励制度不尽合理，高层次人才引进工作困难重重。高水平人才的培养需要有一支高水平的师资队伍，但是在职称晋升、评价考核的时候，由于教学工作很难量化，很难实现真正的优劳优酬，激励教师真正的倾心教学，用心教学，追求卓越的动力机制还未完全建立。同985、211高校比，建筑类高校在吸引师资和高层次人才工作中缺少竞争力。尽管部分高校出台了《海聚人才》引进等专项措施，但收效甚微，对学校整体师资结构的提升有限。

（3）课程结构不够完善，课程内容不能跟随行业发展前沿。课程结构应包含通识教育课程、专业教育课程和创新创业教育课程，三者应该是交叉融合、相互促进的，但在实际应用过程中，三类课程相互独立，并未形成交叉融合的结构，课程数量和质量差异较大。尽管国家出台了《教育部关于一流本科课程建设的实施意见》，但在实际课程建设和实施过程中，课程的教学内容与行业发展前沿联系不够紧密，课程设置没有充分覆盖专业发展方向，现代教育理念和基于互联网+的现代教育技术使用不充分，线上教学资源和精品课程建设不足，教材建设数量和质量均有待提升。

（4）实践教学内容更新不及时，各类平台没有完全发挥潜力。新工科背景下，对学生的实践创新能力提出了更高的要求，但是现有的实践教学内容与行业的实际工程能力需求差距较大，与相关的核心课程内容的契合度不足。已有的校内实验教学和创新平台虽与人才培养体系建立了良好的关联机制，但仍未发挥其完全潜力，各类实验创新平台和项目的开放共享程度不高。实践教学依托的专任教师和实验教师的工程实践能力和教学研究能力欠缺，与教学指导的紧密度有待加强。

（5）国际交流合作的深度和广度有待进一步创新。建筑类高校的学科专业特色，是吸引海外专家和国际学生的主要因素之一，应该充分利用这一优势，扩大国际视野，加强国际交流合作，但是目前缺少高层次的中外合作办学机构（项目）等国际交流平台，来华留学生的数量和教育培养质量还停留在较初级阶段，国际学生生源布局有待进一步优化。本科学生赴境外学习交流的覆盖面较小且以短期交换项目居多。有国际交流经历的专任教师比例偏低，教师缺乏与国内外顶尖学者交流的机会，高水平的教学研究有待加强。

1.1.2.2　协同育人有待进一步推进

（1）科教融合协同育人机制不够完善。教学和科研是高等学校重要的两大重要职能，对学校的改革发展和人才培养起着巨大的推动作用，教学水平支撑着学校的科研发展，科研的最新成果可以反过来用于人才培养。但是在实际过程中，由于科研成果能够提高学校的知名度，学校对教师的考核偏重于科研能力，忽视了对教学能力的评价，考核教师的主要指标是学术论文发表的数量、科研项目的成果等学科方面，却忽视了教师的教学成果、教学水平，造成“重科研、轻教学”的现象依然存在。科研实验资源挤占教学实验资源现象依然存在，省部级以上的科研创新平台不能完全向本科生开放，学科特色和科研成果不能及时转化服务于人才培养，究其原因在于很多高校和老师并没有正确认识科研和教学的关系，教科融合的制度壁垒还没完全打破，鼓励科教融合的激励措施还没发挥作用。

（2）产教融合协同育人机制尚未形成。产教融合协同育人要基于高校人才培养定位，以各自发展和需求为导向，在以资源共享为保障的基础上开展合作。我国正在走新型工业化道路和建设创新型国家，企业作为推动创新发展的主力军，需要大量优秀的工程技术人员，但是企业缺乏参与高校人才培养的积极性，主要原因在于工程教育的科学化和人才培养模式的单一化，使工业界很难参与到工程教育中来。学校作为人才培养的主体，开放办学程度仍需加深，服务国家重大战略需求和行业特色需求的主动性不够。现有的体制机制对企业参与产教融合的支持和引导力度不足，地方政府和行业主管部门对产教融合协同育人的指导和扶持还有待加强。

1.1.3　促进建设类专业普通高等教育发展的对策建议

全面振兴本科教育，实现高水平本科人才培养已成为高等教育高质量内涵发展的主旋律，建设类专业普通高等教育应以服务城市战略定位、服务国家建筑业转型升级、服务人类和谐宜居福祉、培养高水平本科人才为目标，深入推进高等教育综合改革，积极服务地方建设，充分发挥学校特色，提升教育教学质量。

1.1.3.1　建设高水平本科人才培养体系

（1）加强一流专业建设，优化本科人才培养结构。本科教育是大学教育的根本，一流本科需要有一流专业支撑。建筑类高校应该充分考虑新时代内涵发展的要求，结合学校的特色和优势，形成具有鲜明建筑特色的一流专业建设方案，充分发挥建设类专业的特色，通过推进一流专业和优势特色专业的建设，带动专业建设质量提升。2018年新增的智能建造专业是建设类高校根据建筑行业的实际需求开办的，高校应以此为契机，加快实施“新工科”建设。参照教育部、地方专业评估和工程教育认证标准，对已有建设类专业开展专业自评估，试行专业动态评价及调整机制，优化和调整专业布局，使本科人才培养结构日趋完善。

（2）聚焦学生全面发展，加强本科生优质课程建设。以学生为中心的教育教学理念，要求高校必须从人才培养目标出发，进一步优化课程内容、教学效果、目标达成度等，推进本科优质课程建设。借助现代信息技术和教育教学改革的深度融合，推动在线开放课程和线上线下混合课程的建设，积极调动学生参与教学的积极性，改革课堂教学，形成共享教育。建立专业课程动态调整机制，通过优化专业选修课程设置，对知识陈旧、教学模式落后、效果不好的课程进行淘汰。充分发挥行业和学科优势，通过讲座、授课等形式，聘请行业内高水平的专家将国际和行业前沿的理念和技术引入课堂，将课堂教学和工程实际相结合，将理论和研究相结合，提升课程建设的质量。

（3）聚焦创新拔尖人才培养和个性化特色培养，健全分层分类人才培养体系。培养出一流本科人才，是大学建设的重要基石。建筑类高校应进一步加强创新人才的内涵建设，明确各类拔尖人才培养方案的培养目标和创新理念，在教学资源、课程修读、实践锻炼和科研训练等方面重点突出因材施教和个性化培养。充分利用行业优势、地域优势，通过共建“虚拟教研室”“虚拟教学团队”等模式，形成科教产教协同育人机制。充分利用一带一路计划实施带来的机遇，与国外知名高校建立联合培养机制，实现学生互换、教师互派，通过联合开展“国际工作营”“暑期国际学校”等活动，增加海外经历，拓宽国际视野。

（4）聚焦教学能力提高，实施教师教学育人能力提升计划。一流人才培养需要一流的师资，建筑类高校要进一步理顺体制机制，通过举办教学沙龙与系列培训、教学基本功比赛，教学优秀奖评选等多种方式提升教师教学育人水平。通过制度建设，进一步加强教师的教学能力和教学规范，通过教学导师制和工程导师制的实施，进一步提升青年教师教学能力和工程能力。通过建立激励机制，加快实施教学团队建设，通过优秀教学团队建设，提升教师整体的教学水平，鼓励教授进入本科生课题，将科研成果助力本科人才培养。

（5）聚焦学生创新能力培养，扩大优势资源共享。充分挖掘校内各级创新平台和实验室资源，从加强基础教学、拓宽专业口径、实施创新教育和素质教育的目的出发，建立开放共享激励机制。开展实验教学课程体系、内容和实验技术、方法、手段改革研究，增加将学科与科研发展的新技术、新成果转化成对本科生开放的综合性创新实验项目，借助各类科研训练项目和科技竞赛，助力学生实践创新能力的培养。

1.1.3.2 构建本科教学过程持续改进机制

（1）深入推进教育教学综合改革，提升“聚焦内涵”的治学教学能力。以教育教学改革为抓手，聚焦国家重大战略需求、地方经济发展需要和学校特色，在人才培养模式、思政教育、专业教育、教学研究、教材建设等方面实施改革联动，坚持调研先行，坚持“问题导向、需求导向”，坚持经常性地问政于师生、问需于师生、问计于师生，将调查研究常态化、将改革创新深入化。以教学能力的提升为目标，引入教学任务竞争机制，发挥学生主动参与教学改革的积极性，激发教师积极投入本科教学，努力提升教育教学质量。

（2）健全“持续改进”的过程保障体制机制，夯实教学质量保障体系。对标工程教育认证标准、教育部专业指导委员会专业规范与住房和城乡建设部专业评估标准，以多维达成度为持续改进的质量控制目标，构建由校、院（部）和第三方组成的三级质量监控体系，充分发挥学术委员会、督导委员会的权威作用，建立毕业要求通用标准的多维达成度评价指标，实施对培养全过程的监控与反馈，形成教学质量保障闭环系统，达成对全过程质量监控和持续改进的既定目标。深入实施校院两级教学管理制度，建立对学院教学管理和基层教学组织的评估机制，促进学院教学管理主体责任的发挥。

1.2 2018年高等建设职业教育发展状况分析

1.2.1 高等建设职业教育发展的总体状况

据教育部统计，2018年，全国共有普通高校2663所（含独立学院265所）。其中，高职高专院校1418所，比上年增加30所；本科院校1245所，较上年增加2所。全国普通本专科共招生790.99万人，其中普通专科招生368.83万人，比上年增长5.16%，占普通本专科人数的46.63%；全国普通本专科共有在校生2831.03万人，其中普通专科在校生1133.70万人，比上年增长2.60%，占普通本专科人数的40.05%。

2018年，开办专科土木建筑类专业的学校为1165所，较上年减少19所，减少幅度为 1.60%；开办专业数 4568 个，较上年增加 3 个，增长幅度为 0.07%；毕业生数 32.51 万人，占高职高专毕业生总数的 6.71%，较上年减少了 6.08 万人，减少幅度为 15.76%；招生数 27.28 万人，占高职高专招生总数的 5.43%，较上年增加了 0.61 万人，增加幅度为 2.29%；在校生数 85.11 万人，占高职高专在校生总数的 7.51%，较上年减少 4.98 万人，减少幅度为 5.53%。2014 ～ 2018 年专科土木建筑类专业开办学校、开办专业、学生规模变化情况如图 1-7、图 1-8 所示。

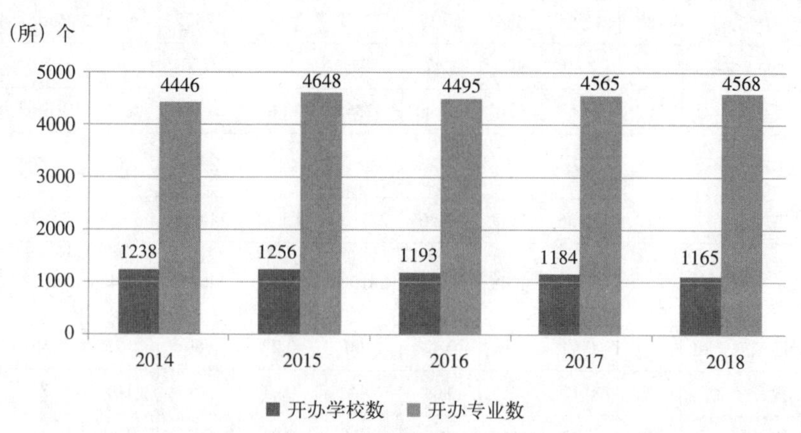

图 1-7　2014 ～ 2018 年全国土木建筑类高职开办学校、开办专业情况

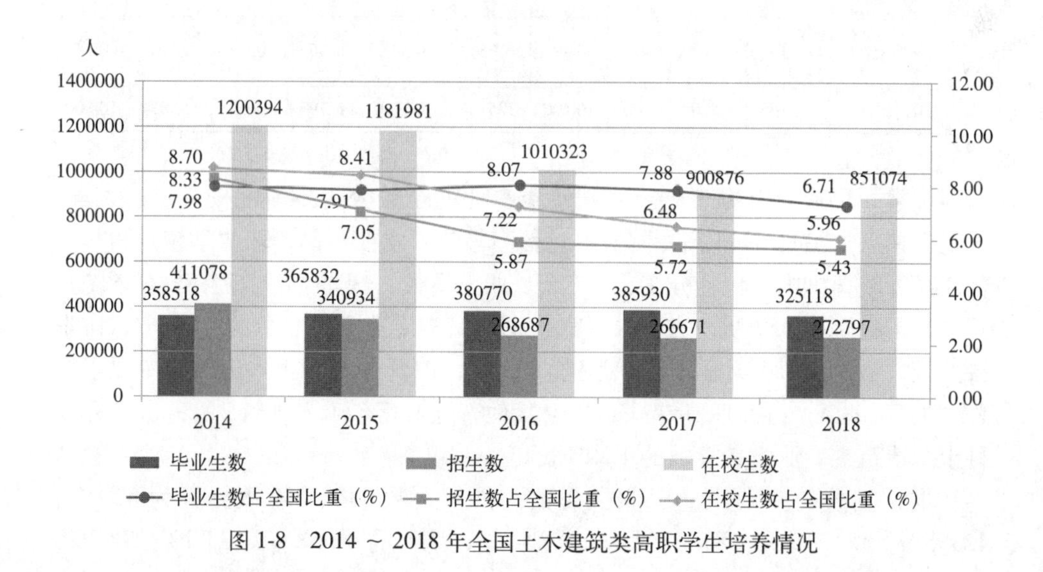

图 1-8　2014 ～ 2018 年全国土木建筑类高职学生培养情况

1.2.1.1　土木建筑类专科生按学校类别培养情况

1. 土木建筑类专科生按学校类别分布情况

2018 年土木建筑类专科生按学校类别分布情况列于表 1-17。

2018 年土木建筑类专科生按学校类别分布情况 表 1-17

学校类别		开办学校		开办专业		毕业人数		招生人数		在校人数	
		数量	占比（%）	数量	占比（%）	数量	占比（%）	数量	占比（%）	数量	占比（%）
本科院校	大学	44	3.78	85	1.86	5706	1.76	3868	1.42	13393	1.57
	学院	180	15.45	468	10.25	32872	10.11	17625	6.46	64677	7.60
	独立学院	28	2.40	67	1.47	3777	1.16	3238	1.19	9393	1.10
	小计	252	21.63	620	13.58	42355	13.03	24731	9.07	87463	10.27
高职高专院校	高等专科学校	20	1.72	50	1.09	3074	0.95	2795	1.02	8575	1.01
	高等职业学校	878	75.36	3858	84.46	277935	85.49	244035	89.46	751996	88.36
	小计	898	77.08	3908	85.55	281009	86.44	246830	90.48	760571	89.37
其他普通高教机构	管理干部学院	5	0.43	19	0.42	700	0.22	669	0.25	1551	0.18
	教育学院	2	0.17	2	0.04	44	0.01	16	0.01	77	0.01
	职工高校	5	0.43	15	0.33	672	0.21	551	0.20	1399	0.16
	分校、大专班	3	0.26	4	0.09	338	0.10	0	0.00	13	0.00
	小计	15	1.29	40	0.88	1754	0.54	1236	0.46	3040	0.35
合计		1165	100.00	4568	100.00	325118	100.00	272797	100.00	851074	100.00

按学校层次将开办专科土木建筑类专业的学校分为本科院校（包括大学、学院、独立学院）、高职高专院校（包括高等专科学校、高等职业学校）和其他普通高等教育机构（包括分校、大专班，职工高校，管理干部学院，教育学院）。其中，本科院校 252 所，占开办专科土木建筑类专业学校总数的 21.63%，占本科院校总数的 20.24%；高职高专院校 898 所，占开办专科土木建筑类专业学校总数的 77.08%，占高职高专 63.33%；其他普通高等教育机构 15 所，占开办专科土木建筑类专业学校总数的 1.29%。

本科院校的专业点、毕业生人数、招生人数、在校生数分别为 620 个、42355 人、24731 人、87463 人，分别占总数的 13.58%、13.03%、9.07%、10.27%；高职高专院校的专业点、毕业生人数、招生人数、在校生数分别为 3858 个、277935 人、244035 人、751996 人，分别占总数的 85.55%、86.44%、90.48%、89.37%；其他普通高等教育机构的专业点、毕业生人数、招生人数、在校生数分别为40个、1754人、1236人、3043人，分别占总数的0.88%、0.54%、0.46%、0.35%。显然，开办专科土木建筑类专业的学校，以高职高专院校为绝对主体，而其他普通高等教育机构的各项指标均可忽略不计。

与2017年相比，变化情况为：

（1）本科院校的开办学校数、专业点数、毕业生人数、招生人数、在校生数分别增加 －22所、－64个、－18034人、－3613人、－18585人，增加幅度分别为－8.03%、－9.36%、－29.86%、－12.75%、－17.53%；

（2）高职高专院校开办的开办学校数、专业点数、毕业生人数、招生人数、在校生数分别增加4所、72个、－42465人、9377人、－30574人，增加幅度分别为0.45%、1.88%、－13.13%、3.95%、－3.86%；

（3）其他高教机构开办的开办学校数、专业点数、毕业生人数、招生人数、在校生数分别增加－1所、－5个、－313人、362人、－643人，增加幅度分别为－6.25%、－11.11%、－15.14%、41.42%、－17.46%。

上述数据表明：就专业点数而言，除高职高专院校有1.88%的微小增幅外，本科院校、其他普通高教机构都较上年减少；就招生人数而言，除本科院校较上年减少外，高职高专院校和其他普通高教机构都较上年增加，其他普通高教机构增幅为41.42%，高职高专院校的增幅仅为3.95%；就在校生规模而言，各类院校都较上年减少。同时，高职高专院校的专业点数较上年增加，而在校生规模减小，说明各专业点的平均人数减少。

2. 土木建筑类专科生按学校隶属关系分布情况

2018年土木建筑类专科生按学校隶属关系分布情况列于表1-18。

2018年土木建筑类专科生按学校隶属关系分布情况 表1-18

学校隶属关系	开办学校		开办专业		毕业人数		招生人数		在校人数	
	数量	占比(%)	数量	占比(%)	数量	占比(%)	数量	占比(%)	数量	占比(%)
教育部	1	0.09	1	0.02	0	0.00	27	0.01	55	0.01
国务院侨务办公室	1	0.09	1	0.02	0	0.00	0	0.00	3	0.00
中国民用航空总局	1	0.09	1	0.02	0	0.00	0	0.00	30	0.00
省级教育部门	276	23.69	1029	22.53	75969	23.37	65377	23.97	208655	24.52
省级其他部门	211	18.11	1098	24.04	89164	27.43	85503	31.34	257205	30.22
地级教育部门	178	15.28	606	13.27	39862	12.26	32143	11.78	98925	11.62
地级其他部门	116	9.96	429	9.39	22880	7.04	18670	6.84	58037	6.82
县级教育部门	4	0.34	13	0.28	576	0.18	744	0.27	2087	0.25

续表

学校隶属关系	开办学校		开办专业		毕业人数		招生人数		在校人数	
	数量	占比（%）	数量	占比（%）	数量	占比（%）	数量	占比（%）	数量	占比（%）
县级其他部门	5	0.43	19	0.42	524	0.16	389	0.14	1322	0.16
民办	347	29.79	1279	28.00	89388	27.49	63728	23.36	205099	24.10
地方企业	24	2.06	90	1.97	6747	2.08	6186	2.27	19626	2.31
具有法人资格的中外合作办学机构	1	0.09	2	0.04	8	0.00	30	0.01	30	0.00
合计	1165	100.00	4568	100.00	325118	100.00	272797	100.00	851074	100.00

（1）土木建筑类专科生按院校所有制性质分布情况

按院校所有制性质将开办土木建筑类专业的院校分为公办院校、民办院校、中外合作院校三类。其中，公办院校 817 所，占比 70.13%；民办院校 347 所，占比 29.79%；中外合作院校 1 所，占比 0.09%。三类院校开办专业数、毕业生人数、招生数、在校生人数，公办院校依次为 3287 个、235722 人、209039 人、645945 人，分别占 72.07 %、70.13%、75.55 %、74.17%；民办院校依次为 1279 个、89388 人、63728 人、205099 人，分别占 28.00%、27.49%、23.36%、24.10%；中外合作院校依次为 2 个、8 人、30 人、30 人，分别占 0.04%、0.00%、0.01%、0.00%。可见，公办院校是举办土木建筑类专科专业的主体。与 2017 年相比，2018 年公办院校的开办专业数、毕业生人数、招生数、在校生人数分别增加了－3 个、－34930 人、7034 人、－22235 人，增幅分别为－0.09%、－12.91%、3.48%、－3.33 %，而民办院校的开办专业数、毕业生人数、招生数、在校生人数分别增加了 4 个、－25890 人、－938 人、－27597 人，增幅分别为 0.31%、－30.30%、－1.45%、－11.86%；2018 年首次出现了具有法人资格的中外合作办学机构。

（2）土木建筑类专科生按院校行政隶属关系分布情况

按院校行政隶属关系将开办土建类专业的院校分为中央部委属院校（包括教育部、国务院侨务办公室、中国民用航空总局）、省属院校（包括省级教育部门、省级其他部门）、地市州属院校（包括地级教育部门、地级其他部门）、县属院校（包括县级教育部门、县级其他部门）、地方企业属院校、民办院校和中外合作院校七类。其中，中央部委属院校 3 所，占比 0.27%；省属院校 487 所，占比 41.80%；地市州属院校 294 所，占比 25.24%；县属院校 9 所，占比 0.77%；地方企业属院校 24 所，占比 2.06%；民办院校 347 所，占比 29.79%；中外合作 1 所，占比 0.09%。

开办专业数，七类院校从大到小依次为：省属院校 2127 个，占比 46.57%；

民办院校1279个，占比28.00%；地市州属院校1035个，占比22.66%；地方企业属院校90个，占比1.97%；县属院校32个，占比0.7%；中央部委属院校3个，占比0.06%；中外合作院校2个，占比0.04%。

毕业生人数，七类院校从大到小依次为：省属院校165133人，占比50.80%；民办院校89388人，占比27.49%；地市州属院校6742人，占比19.30%；地方企业属院校6747人，占比2.08%；县属院校1100人，占比0.34%；中外合作院校8人，占比接近0；中央部委属院校0人，占比接近0。

招生数，七类院校从大到小依次为：省属院校150880人，占比55.31%；民办院校63728人，占比23.36%；地市州属院校50813人，占比18.62%；地方企业属院校6186人，占比2.27%；县属院校1133人，占比0.41%；中外合作院校30人，占比0.01%；中央部委属院校27人，0.01%。

在校生人数，七类院校从大到小依次为：省属院校465860人，占比54.74%；民办院校205099人，占比24.10%；地市州属院校156962人，占比18.44%；地方企业属院校19626人，占比2.31%；县属院校3409人，占比0.41%；中央部委属院校88人，占比0.01%；中外合作院校30人，占比接近0。

综上分析可见，省属院校是土木建筑类专业办学的第一主体，其次是民办院校，两类院校在校生占在校生总数的78.84%；县属院校、中央部委属院校和中外合作院校所占比例都在0.51%以下，几乎可以忽略不计；国务院侨务办公室、中国民用航空总局所属院校已停止招生。

（3）土木建筑类专科生按院校举办者业务性质分布情况

按院校举办者业务性质将开办土建类专业的院校分为隶属教育行政部门（包括教育部、省级教育部门、地级教育部门、县级教育部门）的院校、隶属行业行政主管部门（包括国务院侨务办公室、中国民用航空总局、省级其他部门、地级其他部门、县级其他部门）的院校、民办院校、隶属地方企业的院校和中外合作院校五类。其中，隶属教育行政部门的院校459所，占比39.40%；隶属行业行政主管部门的院校334所，占比28.67%；民办院校347所，占比29.79%；隶属地方企业的院校24所，占比2.06%；中外合作院校1所，占比0.09%。

开办专业数，五类院校从大到小依次为：隶属教育行政部门的院校1649个，占比36.10%；隶属行业行政主管部门的院校1548个，占比33.89%；民办院校1279个，占比28.00%；隶属地方企业的院校90个，占比1.97%；中外合作院校2个，占比0.04%。

毕业生人数，五类院校从大到小依次为：隶属教育行政部门的院校116407人，占比35.80%；隶属行业行政主管部门的院校112568人，占比34.62%；民办院校89388人，占比27.49%；隶属地方企业的院校6747人，占比2.08%；中外合作院校 8 人，占比接近 0。

招生人数，五类院校从大到小依次为：隶属行业行政主管部门的院校 104562 人，占比 38.33%；隶属教育行政部门的院校 98291 人，占比 36.03%；民办院校 63728 人，占比 23.36%；隶属地方企业的院校 6186 人，占比 2.27%；中外合作院校 30 人，占比 0.01%。

在校生人数，隶属行业行政主管部门的院校 316597 人，占比 37.20%；隶属教育行政部门的院校 309722 人，占比 36.39%；民办院校 205099 人，占比 24.10%；隶属地方企业的院校 19626 人，占比 2.31%；中外合作院校 30 人，占比接近 0。

综上分析可见，隶属行业行政主管部门的院校是土木建筑类专业办学的第一主体，其次是隶属教育行政部门的院校，两类院校在校生人数占在校生总数的 73.59%，占比最小的是中外合作院校，其在校生占比接近 0。

与 2017 年相比，在校生规模前两位没有变化，最大的仍为隶属行业行政主管部门的院校，其次仍为隶属教育行政部门的院校；隶属行业行政主管部门的院校的在校生占比提高了 0.39%，隶属教育行政部门的院校提高了 1.10%，隶属地方企业的院校提高了 0.24%，民办院校降低了 1.73%。

3. 土木建筑类专科生按学校类型分布情况

土木建筑类专科生按学校类型分布情况见表 1-19。

2018 年土木建筑类专科生按学校类别分布情况 **表 1-19**

学校类别	开办学校		开办专业		毕业人数		招生人数		在校人数	
	数量	占比（%）	数量	占比（%）	数量	占比（%）	数量	占比（%）	数量	占比（%）
综合大学	324	27.81	1173	25.68	83519	25.69	65387	23.97	205983	24.20
理工院校	571	49.01	2581	56.50	194634	59.87	167089	61.25	521171	61.24
财经院校	114	9.79	359	7.86	24437	7.52	21263	7.79	65673	7.72
师范院校	41	3.52	78	1.71	2901	0.89	1820	0.67	6083	0.71
农业院校	44	3.78	153	3.35	7923	2.44	7433	2.72	22239	2.61
林业院校	13	1.12	71	1.55	5139	1.58	4304	1.58	14337	1.68
民族院校	2	0.17	2	0.04	239	0.07	52	0.02	377	0.04
体育院校	2	0.17	4	0.09	141	0.04	111	0.04	387	0.05
医药院校	1	0.09	2	0.04	48	0.01	70	0.03	138	0.02
艺术院校	18	1.55	48	1.05	2178	0.67	2057	0.75	5540	0.65
语文院校	15	1.29	45	0.99	1991	0.61	1149	0.42	4399	0.52

续表

学校类别	开办学校		开办专业		毕业人数		招生人数		在校人数	
	数量	占比(%)	数量	占比(%)	数量	占比(%)	数量	占比(%)	数量	占比(%)
政法院校	8	0.69	16	0.35	552	0.17	826	0.30	1720	0.20
其他普通高教机构	12	1.03	36	0.79	1416	0.44	1236	0.45	3027	0.36
合计	1165	100.00	4568	100.00	325118	100.00	272797	100.00	851074	100.00

注：表中其他普通高教机构包括分校、大专班、职工高校、管理干部学院、教育学院。

2018年，土木建筑类专业几乎涵盖所有类型的学校，但各类院校的分布悬殊。居于前两位的是理工类院校和综合大学，而后两位的是民族院校和医药院校。其中，理工类院校571所，占开办专科土木建筑类专业院校总数的49.01%，其开办专业数、毕业人数、招生数、在校生数依次为2581个、194634人、167089人、521171人，占比分别为56.50%、59.87%、61.25%、61.24%；综合大学324所，占开办专科土木建筑类专业院校总数的27.81%，其开办专业数、毕业人数、招生数、在校生数依次为1173个、83519人、65387人、205983人，占比分别为25.68%、25.69%、23.97%、24.20%；民族院校2所，在校生人数377人，占在校生总数的0.04%；医药院校近1所，在校生人数138人，占在校生总数的0.02%。处于前两位的理工院校和综合大学的在校生占比之和为85.44%，而处于后两位的民族院校和医药院校的在校生占比之和为仅为0.06%。

与2017年比较，2018年举办专科土木建筑类专业的学校类型没有发生变化，仍然几乎覆盖了所有类型的院校。同时，在校生人数排列第一位、第二位的院校类型也没有变化，分别为理工院校和综合大学，两类院校在校生占比之和较2017年减少0.03%。表明土木建筑类专业的学校类别分布是合理的。

1.2.1.2 土木建筑类专科生按地区培养情况

2018年土木建筑类专科生按地区分布情况见表1-20。

2018年土木建筑类专业专科生按地区分布情况 **表1-20**

地区		开办学校		开办专业		毕业人数		招生人数		在校人数		招生数较毕业生数增幅（%）
		数量	占比(%)	数量	占比(%)	数量	占比(%)	数量	占比(%)	数量	占比(%)	
华北	北京	23	1.97	50	1.09	1576	0.48	779	0.29	2970	0.35	−50.57
	天津	16	1.37	59	1.29	4376	1.35	3865	1.42	13028	1.53	−11.68
	河北	63	5.41	268	5.87	12521	3.85	10529	3.86	33089	3.89	−15.91

续表

地区		开办学校		开办专业		毕业人数		招生人数		在校人数		招生数较毕业生数增幅（%）
		数量	占比（%）	数量	占比（%）	数量	占比（%）	数量	占比（%）	数量	占比（%）	
华北	山西	27	2.32	105	2.30	9059	2.79	5925	2.17	20525	2.41	－34.60
	内蒙古	34	2.92	110	2.41	4603	1.42	2850	1.04	9960	1.17	－38.08
	小计	163	13.99	592	12.96	32135	9.88	23948	8.78	79572	9.35	－25.48
东北	辽宁	30	2.58	103	2.25	7578	2.33	5765	2.11	17630	2.07	－23.92
	吉林	21	1.80	55	1.20	2141	0.66	1251	0.46	4181	0.49	－41.57
	黑龙江	32	2.75	151	3.31	6903	2.12	5388	1.98	16622	1.95	－21.95
	小计	83	7.12	309	6.76	16622	5.11	12404	4.55	38433	4.52	－25.38
华东	上海	10	0.86	40	0.88	2338	0.72	2132	0.78	7453	0.88	－8.81
	江苏	69	5.92	307	6.72	20862	6.42	15613	5.72	54455	6.40	－25.16
	浙江	35	3.00	140	3.06	12103	3.72	10096	3.70	34640	4.07	－16.58
	安徽	53	4.55	199	4.36	15534	4.78	9558	3.50	34264	4.03	－38.47
	福建	43	3.69	176	3.85	10775	3.31	8349	3.06	26667	3.13	－22.52
	江西	54	4.64	211	4.62	19426	5.98	12336	4.52	40174	4.72	－36.50
	山东	70	6.01	268	5.87	25415	7.82	16795	6.16	56527	6.64	－33.92
	小计	334	28.67	1341	29.36	106453	32.74	74879	27.45	254180	29.87	－29.66
中南	河南	94	8.07	360	7.88	25457	7.83	23080	8.46	68679	8.07	－9.34
	湖北	77	6.61	261	5.71	14874	4.57	14417	5.28	43095	5.06	－3.07
	湖南	43	3.69	138	3.02	14759	4.54	13323	4.88	40058	4.71	－9.73
	广东	56	4.81	226	4.95	18917	5.82	19776	7.25	56708	6.66	4.54
	广西	43	3.69	213	4.66	16222	4.99	17473	6.41	51412	6.04	7.71
	海南	7	0.60	28	0.61	1710	0.53	1779	0.65	5145	0.60	4.04
	小计	320	27.47	1226	26.84	91939	28.28	89848	32.94	265097	31.15	－2.27
西南	重庆	34	2.92	174	3.81	12563	3.86	10231	3.75	29229	3.43	－18.56
	四川	73	6.27	284	6.22	22519	6.93	18820	6.90	56027	6.58	－16.43
	贵州	32	2.75	143	3.13	9614	2.96	12900	4.73	34559	4.06	34.18
	云南	29	2.49	137	3.00	10715	3.30	9325	3.42	31172	3.66	－12.97
	西藏	2	0.17	4	0.09	241	0.07	236	0.09	707	0.08	－2.07
	小计	170	14.59	742	16.24	55652	17.12	51512	18.88	151694	17.82	－7.44
西北	陕西	48	4.12	163	3.57	11501	3.54	9009	3.30	27150	3.19	－21.67
	甘肃	21	1.80	74	1.62	4145	1.27	4357	1.60	13344	1.57	5.11

续表

地区		开办学校		开办专业		毕业人数		招生人数		在校人数		招生数较毕业生数增幅（%）
		数量	占比（%）	数量	占比（%）	数量	占比（%）	数量	占比（%）	数量	占比（%）	
西北	青海	2	0.17	20	0.44	1230	0.38	1209	0.44	3613	0.42	− 1.71
	宁夏	7	0.60	32	0.70	1323	0.41	1446	0.53	4695	0.55	9.30
	新疆	17	1.46	69	1.51	4118	1.27	4185	1.53	13296	1.56	1.63
	小计	95	8.15	358	7.84	22317	6.86	20206	7.41	62098	7.30	− 9.46
合计		1165	100.00	4568	100.00	325118	100.00	272797	100.00	851074	100.00	− 16.09

1. 土木建筑类专科生按各大区域分布特点

（1）开办院校数。从多到少依次为华东、中南、西南、华北、西北、东北地区，分别为 334、320、170、163、95、83 所，占比分别为 28.67%、27.47%、14.59%、13.99%、8.15%、7.12%。处于前两位的华东、中南地区共 654 所，占开办院校总数的 56.14%；开办院校数处于后两位的是西北、东北地区，共有 178 所，占开办院校总数的 15.28%。与 2017 年相比，西南和华北地区的排列顺序发生了变化，2017 年两者并列第三；居于前两位的华东和中南地区院校数之和减少了 12 所，减幅为 1.80%；居于后两位的西北和东北地区院校数之和减少了 4 所，减幅为 2.20%。

（2）专业点数。从多到少依次为华东、中南、西南、华北、西北、东北地区，分别为 1341、1226、742、592、358、309 个，占比分别为 29.36%、26.84%、16.24%、12.96%、7.84%、6.76%。处于前两位的华东、中南地区共 2567 个专业点，占专业点总数的 56.20%，而后两位的东北、西北合计仅 667 个，占 14.60%。与 2017 年比较，各大区域的排列顺序没有变化；处于前两位的华东、中南地区的专业点之和没有变化，仍为 2567 个，但占比减少了 0.44%；处于后两位的西北、东北地区的专业点数减少了 24 个，减幅为 3.47%。

（3）毕业生数。从多到少依次为华东、中南、西南、华北、西北、东北地区，分别为 106453、91939、55652、32135、22317、16622 人，分别占总数的 32.74%、28.28%、17.12%、9.88%、6.86%、5.11%。处于前两位的华东、中南地区共 198392 人，占毕业生总数的 61.02%，而处于后两位的西北、东北地区仅 38939 人，占总数的 11.97%。与 2017 年比较，各大区域的排列顺序没有变化；处于前两位的仍然是华东、中南地区，毕业生数减少了 32851 人，减幅为 14.21%，但占比增加了 1.11%；处于后两位的仍然是西北、东北地区，毕业生数 15144 人，减幅为 28.00%，占毕业生总数的比例减少了 2.24%。

（4）招生数。从多到少依次为中南、华东、西南、华北、西北、东北地区，分别为89848、74879、51512、23948、20206、12404人，分别占总数的32.94%、27.45%、18.88%、8.78%、7.41%、4.55%。处于前两位的中南、华东地区共164727人，占招生总数的60.39%，而后两位的西北、东北地区仅32610人，占11.96%。与2017年比较，各大区域的排列顺序没有变化；处于前两位的华东、中南地区的招生数增加了3372人，增幅2.09%，占招生总数的比例减少了0.12%；处于后两位的西北、东北地区的招生数增加了806人，增幅2.53%，占招生总数的比例增加了0.04%。

（5）在校生数。从多到少依次为中南、华东、西南、华北、西北、东北地区，分别为265097、254180、151694、79572、62098、38433人，分别占总数的31.15%、29.87%、17.82%、9.35%、7.30%、4.52%。在校生人数处于前两位的为中南、华东地区，共519277人，占在校生总数的61.02%；处于后两位的为西北、东北地区，共100531人，占11.82%。与2017年比较，各大区域的排列顺序第一位和第二位发生了互换，2017年第一、二位分别为华东地区、中南地区；处于前两位的华东、中南地区的在校生数减少294141人，减幅5.36%，但占在校生总数的比例增加了0.11%；处于后两位的西北、东北地区的在校生数减少了8676人，减幅7.94%，占在校生总数的比例减少了0.30%。

（6）招生数较毕业生数的增幅。各大区域均为负数，即均处于出大于进的状态。降幅从大到小依次为：华东29.66%、华北25.48%、东北25.38%、西北9.46%、西南7.44%、中南2.27%。与2017年比较，一是排列顺序发生了变化，二是减幅大幅度减少。2017年各大区域的排列顺序及降幅为：东北41.75%、华北40.76%、华东37.58%、西北26.71%、中南22.16%。西南、中南是近三年降幅处于后两位的地区，即在校生规模相对稳定。

可见，不论是院校数、专业点数，还是毕业生数、招生人数、在校生数，华东、中南两地区都处于前两位，而西北、东北地区均处于后两位，这与地区人口数量、经济发展水平以及高等教育发展水平是一致的。

2. 土木建筑类专科生按省级行政区分布情况

（1）开办院校数。开办院校数位居前五位的省级行政区依次为：第一河南，94所，占全国总数的8.07%；第二湖北，77所，占全国总数的6.61%；第三四川，73所，占全国总数的6.27%；第四山东，70所，占全国总数的6.01%；第五江苏，69所，占全国总数的5.92%。开办院校数后五位的省级行政区是：并列第一西藏、青海，2所，占全国总数的0.17%；并列第三海南、宁夏，7所，占全国总数的0.60%；第五上海，10所，占全国总数的0.86%。与2017年比较，开办院校数位居前五位的省级行政区的排序没有变化，位居后五位的省级行政区没有变化，但排序稍有变化。2017年后五位的省级行政区排序为西藏（2所）、青海（3所）、宁夏（7所）、海南（8所）、上海（11所）。与2017年比较，31个省级行政区中，开办院校数有6个增加、7个持平、18个减少。

(2)专业点数。专业点数位居前五位的省级行政区依次为：第一河南，360个，占全国总数的7.88%；第二江苏，307个，占全国总数的6.72%；第三四川，284个，占全国总数的6.22%；并列第四山东、河北，268个，占全国总数的5.87%。专业点数位居后五位的省级行政区依次为：第一西藏，4个，占全国总数的0.09%；第二青海，20个，占全国总数的0.44%；第三海南，28个，占全国总数的0.61%；第四宁夏，32个，占全国总数的0.70%；第五上海，40个，占全国总数的0.88%。与2017年比较，专业点数位居前五位和后五位的省级行政区的排序没有变化，并且位居后五位的省级行政区中，只有青海省的专业点数较2017年增加2个，其余没有变化。与2017年比较，31个省级行政区中，专业点数有12个增加、5个持平、14个减少。

(3) 毕业生数。毕业生数位居前五位的省级行政区依次为：第一河南，25457人，占全国总数的7.83%；第二山东，25415人，占全国总数的7.82%；第三四川，22519人，占全国总数的6.93%；第四江苏，20862人，占全国总数的6.42%；第五江西，19426人，占全国总数的5.98%。毕业生数位居后五位的省级行政区依次为：第一西藏，241人，占全国总数的0.07%；第二青海，1230人，占全国总数的0.38%；第三宁夏，1323人，占全国总数的0.41%；第四北京，1576人，占全国总数的0.48%；第五海南，1710人，占全国总数的0.53%。与2017年比较，毕业生数位居前五位的省级行政区没有变化，但其排序及其占毕业生总数的比例都发生了较大变化，2017年排序为第一山东（7.71%）、第二四川（7.61%）、第三河南（7.40%）、第四江西（6.25%）、第五江苏（5.94%）；毕业生数位居后五位的省级行政区排序仅第五位发生了变化，2017年排序为第一西藏（0.04%）、第二青海（0.33%）、第三宁夏（0.45%）、第四北京（0.54%）、第五上海（0.64%）。与2017年比较，31个省级行政区中，毕业生数有4个增加、27个减少。

(4) 招生数。招生数位居前五位的省级行政区依次为：第一河南，23080人，占全国总数的8.46%；第二广东，19776人，占全国总数的7.25%；第三四川，18820人，占全国总数的6.90%；第四广西，17473人，占全国总数的6.41%；第五山东，16795人，占全国总数的6.16%。招生数位居后五位的省级行政区依次为：第一西藏，236人，占全国总数的0.09%；第二北京，779人，占全国总数的0.29%；第三青海，1209人，占全国总数的0.44%；第四吉林，1251人，占全国总数的0.46%；第五宁夏，1446人，占全国总数的0.53%。与2017年比较，招生数位居前五位的省级行政区的排序没有变化；招生数位居后五位的省级行政区及排序都发生了变化，2017 年的排序及其占总招生数的比例为：第一西藏（0.07%）、第二北京（0.34%）、第三吉林（0.42%）、第四青海（0.47%）、第五海南（0.66%）。与 2017 年比较，31 个省级行政区中，招生数有 18 个增加、13 个减少。

（5）在校生数。在校生数位居前五位的省级行政区依次为：第一河南，68679 人，占全国总数的 8.07%；第二广东，56708 人，占全国总数的 6.66%；第三山东，56527 人，占全国总数的 6.64%；第四四川，56027 人，占全国总数的 6.58%；第五江苏，54455 人，占全国总数的 6.40%。在校生数位居后五位的省级行政区依次为：第一西藏，707 人，占全国总数的 0.08%；第二北京，2970 人，占全国总数的 0.35%；第三青海，3613 人，占全国总数的 0.42%；第四吉林，4181 人，占全国总数的 0.49%；第五宁夏，4695 人，占全国总数的 0.55%。与 2017 年比较，在校生数位居前五位和后五位的省级行政区没有变化，但其排序及其占在校生总数的比例发生了较大变化，2017 年在校生数位居前五位的省级行政区及其占总在校生数的比例依次为：第一河南（7.65%）、第二山东（7.10%）、第三四川（6.78%）、第四广东（6.44%）、第五江苏（6.44%），位居后五位的依次为：第一西藏（0.08%）、第二青海（0.40%）、第三北京（0.40%）、第四吉林（0.55%）、第五宁夏（0.55%）。与 2017 年比较，31 个省级行政区中，在校生数有 5 个增加、26 个减少。

（6）招生数与毕业生数相比，有 24 个省级行政区减少，有 7 个增加。减少幅度位居前五位的省级行政区依次为：第一北京（50.57%），第二吉林（41.57%），第三安徽（38.47%），第四内蒙古（38.08%），第五江西（36.50%）。招生数较毕业生数增加的 7 个省级行政区，按增加幅度从大到小依次为贵州（34.18%）、宁夏（9.30%）、广西（7.71%）、甘肃（5.11%）、广东（4.54%）、海南（4.04%）、新疆（1.63%）。与 2017 年比较，减少幅度居前五位的省级行政区发生了变化，2017 年的排序为第一吉林（66.59%），第二北京（56.80%），第三江西（48.56%），第四重庆（45.26%），第五内蒙古（44.76%）；招生数大于毕业生数的省级行政区由 2017 年的 4 个增加为 7 个，2017 年的 4 个省级行政区为贵州（39.31%）、西藏（16.17%）、新疆（8.15%）、宁夏（2.68%），均处于西部地区。

1.2.1.3　土木建筑类专科生按专业培养情况

1. 土木建筑类专科生按专业类分布情况

2018 年全国高等建设职业教育 7 个专业类的学生培养情况见表 1-21。

2018年全国高等建设职业教育分专业类学生培养情况　　表1-21

专业类别	专业点		毕业人数		招生人数		在校人数		招生数较毕业生数增幅（%）
	数量	占比（%）	数量	占比（%）	数量	占比（%）	数量	占比（%）	
建筑设计类	1049	22.96	53277	16.39	68172	24.99	194434	22.85	27.96
城乡规划与管理类	72	1.58	2134	0.66	1507	0.55	4622	0.54	− 29.38
土建施工类	862	18.87	92219	28.36	66675	24.44	221287	26.00	− 27.70
建筑设备类	472	10.33	15453	4.75	13830	5.07	43154	5.07	− 10.50
建设工程管理类	1499	32.82	142444	43.81	104406	38.27	332955	39.12	− 26.70
市政工程类	257	5.63	8370	2.57	8913	3.27	25631	3.01	6.49
房地产类	357	7.82	11221	3.45	9294	3.41	28991	3.41	− 17.17
合计	4568	100.00	325118	100.00	272797	100.00	851074	100.00	− 16.09

2018年土木建筑类专科生按专业类分布情况如下：

（1）专业点数。土木建筑类专业的7个专业类共有专业点4568个，专业点数从大到小依次为：建设工程管理类（1499个，占32.82%）、建筑设计类（1049个，占22.96%）、土建施工类（862个，占18.87%）、建筑设备类（472个，占10.33%）、房地产类（357个，占7.82%）、市政工程类（257个，占5.63%）、城镇规划与管理类（72个，占1.58%）。与2017年相比，各专业类专业点数排序没有变化；7个专业类专业点总数增加了8个，增幅0.51%；专业点数增加的专业类有4个，按增幅大小依次为：第一建筑设计类（增加58个，增幅5.85%），第二市政工程类（增加12个，增幅4.90%），第三建设工程管理类（增加6个，增幅0.40%），第四土建施工类（增加3个，增幅0.35%）；专业点数减少的专业类有3个，按减幅大小依次为：第一房地产类（减少61个，减幅14.59%），第二建筑设备类（减少13个，减幅2.68%），第三城镇规划与管理类（减少2个，减幅2.70%）。

（2）毕业生数。7个专业类共有毕业生325118人，毕业生数从多到少依次为：建设工程管理类（142444人，占43.81%）、土建施工类（92219人，占28.36%）、建筑设计类（53277人，占16.39%）、建筑设备类（15453，占4.75%）、房地产类（11221人，占3.45%）、市政工程类（8370人，占2.57%）、城镇规划与管理类（2134人，占0.66%）。与2017年相比，各专业类毕业生数排序没有变化；7个专业类毕业生数减少了60812人，减幅15.76%；毕业生数增加的专业类1个，即城镇规划与管理类（增加87人，增幅4.25%）；毕业生数减少的专业类6个，按减幅大小依次为：建设工程管理类（减少32804人，减幅

18.72%），土建施工类（减少21205人，减幅18.70%），房地产类（减少2304人，减幅17.04%），建筑设备类（减少1929人，减幅11.10%），建筑设计类（减少2312人，减幅4.16%），市政工程类（减少345人，减幅3.96%）。

（3）招生数。7个专业类共招生272797人，招生数从多到少依次为：建设工程管理类（104406人，占38.27%）、建筑设计类（68172人，占24.99%）、土建施工类（66675人，占24.44%）、建筑设备类（13830人，占5.07%）、房地产类（9294人，占3.41%）、市政工程类（8913人，占3.27%）、城镇规划与管理类（1507人，占0.55%）。与2017年相比，建筑设计类与土建施工类的排列顺序发生互换，2017年排序及其占比为：建设工程管理类（39.02%）、土建施工类（24.83%）、建筑设计类（23.72%）、建筑设备类（5.27%）、房地产类（3.64%）、市政工程类(2.94%)、城镇规划与管理类(0.57%)；7个专业类招生数增加6126人，增幅2.30%；招生数增加的专业类4个，依次为：市政工程类（增加1061人，增幅13.51%），建筑设计类（增加4921人，增幅7.78%），土建施工类（增加465人，增幅0.70%），建设工程管理类（增加352人，增幅0.34%）；招生数减少的专业类3个，依次为：房地产类（减少426人，减幅4.38%），城镇规划与管理类（减少26人，减幅1.70%），建筑设备类（减少221人，减幅1.57%）。

（4）在校生数。7个专业类共有在校生851074人，在校生数从多到少依次为：建设工程管理类（332955人，占39.12%）、土建施工类（221287人，占26.00%）、建筑设计类（194434人，占22.85%）、建筑设备类（43154人，占5.07%）、房地产类（28991，占3.41%）、市政工程类（25631人，占3.01%）、城镇规划与管理类（4622人，占0.54%）。与2017年相比，各专业类在校生数排列顺序没有变化；7个专业类在校生数减少了49802人，减幅5.53%；在校生数增加的专业类2个，依次为：建筑设计类（增加13402人，增幅7.40%），市政工程类（增加669人，增幅2.68%）；在校生数减少的专业类5个，依次为：城镇规划与管理类（减少737人，减幅13.75%），建设工程管理类（减少37331人，减幅10.08%），土建施工类（减少21449人，减幅8.84%），房地产类（减少2464人，减幅7.83%），建筑设备类（减少1892人，减幅4.20%）。

（5）招生数与毕业生数相比，7个专业类中，只有建筑设计类、市政工程类增加，增幅分别为27.96%、6.49%；其余5个专业类均减少，减幅从大到小依次为：城乡规划与管理类（29.38%）、土建施工类（27.70%）、建设工程管理类（26.70%）、房地产类（17.17%）、建筑设备类（10.50%）。

综合前面分析可见，建设工程管理类、建筑设计类、土建施工类是土木建筑大类的主体。该3个专业类的专业点数、毕业生数、招生数、在校生数分别占总数的74.65%、88.56%、87.80%、87.97%。

2. 土木建筑类专科生按专业分布情况

（1）建筑设计类专业

2018年全国高等建设职业教育建筑设计类专业学生培养情况见表1-22。

2018年全国高等建设职业教育建筑设计类专业学生培养情况　　表1-22

专业	专业点		毕业人数		招生人数		在校人数	
	数量	占比(%)	数量	占比(%)	数量	占比（%）	数量	占比（%）
建筑设计	132	12.58	6953	13.05	8302	12.18	23378	12.02
建筑装饰工程技术	350	33.37	17639	33.11	17434	25.57	54939	28.26
古建筑工程技术	17	1.62	369	0.69	642	0.94	1431	0.74
建筑室内设计	251	23.93	17879	33.56	29619	43.45	81535	41.93
园林工程技术	172	16.40	7924	14.87	6609	9.69	21524	11.07
风景园林设计	79	7.53	649	1.22	3264	4.79	7367	3.79
建筑动画与模型制作	28	2.67	582	1.09	975	1.43	2546	1.31
建筑设计类其他专业	20	1.91	1282	2.41	1327	1.95	1714	0.88
合计	1049	100.00	53277	100.00	68172	100.00	194434	100.00

建筑设计类专业共有7个目录内专业。2018年，7个目录内专业均有院校开设，并开设了20个目录外专业（即表1-22中建筑设计类其他专业）。

开办院校数。7个目录内专业的开办院校数从多到少依次为：建筑装饰工程技术（350所，占比33.37%）、建筑室内设计（251所，占比23.93%）、园林工程技术（172所、占比16.40%）、建筑设计（132所，占比12.58%）、风景园林设计（79所，占比7.53%）、建筑动画与模型制作（28所，占比2.67%）、古建筑工程技术（17所，占比1.62%），排列顺序与上年相同。占比超过20%的专业有2个，依次为建筑装饰工程技术（33.37%）和建筑室内设计专业（23.93%），与上年相同；两个专业合计占比达57.30%，较上年增加0.29 %。与2017年比较，开办院校数增加的有5个专业，按增长幅度大小依次为：风景园林设计（增幅33.90%）、建筑动画与模型制作（增幅16.67%）、建筑室内设计（增幅9.13%）、建筑装饰工程技术（增幅4.48%）、建筑设计（增幅0.76%）；开办院校数减少的有1个专业，即园林工程技术（减幅0.58%）；开办院校数持平的有1个专业，即古建筑工程技术。

毕业生数。7个目录内专业的毕业生数从多到少依次为：建筑室内设计（17879人，占比33.56%）、建筑装饰工程技术（17639人，占比33.11%）、园林工程技术（7924人、占比14.87%）、建筑设计（6953人，占比13.05%）、风景园林设计（649人，占比1.22%）、建筑动画与模型制作（582人，占比1.09%）、古建筑工程技术（369人，占比0.69%），排列顺序较上年发生了变化，2017年排序为建筑装饰工程技术（33.80%）、建筑室内设计（23.21%）、园林工程技术（17.46%）、建筑设计（13.22%）、风景园林设计（5.95%）、建筑动画与模型制作（2.42%）、古建筑工程技术（1.72%）。占比超过20%的专业有2个，依次为建筑室内设计（33.56%）和建筑装饰工程技术（33.11%），排序与上年相反；两个专业合计占比达66.67%，较上年增加了2.96%。与2017年比较，毕业生数较上年增加的专业有3个，按增长幅度大小依次为：建筑动画与模型制作（增幅30.79%）、风景园林设计（增幅21.99%）、建筑室内设计（增幅7.09%）；较上年减少的专业有4个，按减少幅度大小依次为：古建筑工程技术（减幅25.15%）、建筑设计（减幅15.99%）、园林工程技术（减幅13.04%）、建筑装饰工程技术（减幅5.78%）。

招生数。7个目录内专业的招生数从多到少依次为：建筑室内设计（29619人，占比43.45%）、建筑装饰工程技术（17434人，占比25.57%）、建筑设计（8302人，占比12.18%）、园林工程技术（6609人、占比9.69%）、风景园林设计（3264人，占比4.79%）、建筑动画与模型制作（975人，占比1.43%）、古建筑工程技术（642人，占比0.94%），排序与上年同。占比超过20%的专业有2个，依次为建筑室内设计（43.45%）和建筑装饰工程技术专业（25.57%），与上年相同；两个专业合计占比为69.02%，较上年减少0.71%。与2017年比较，招生数增加的专业有5个，按增长幅度大小依次为：古建筑工程技术（增幅32.37%）、建筑动画与模型制作（增幅31.94%）、风景园林设计（增幅27.65%）、建筑设计（增幅13.76%）、建筑室内设计（增幅11.41%）；招生数减少的专业有2个，按减少幅度大小依次为：园林工程技术（减幅4.20%）、建筑装饰工程技术（减幅0.51%）。

在校生数。7个目录内专业的在校生数从多到少依次为：建筑室内设计（81535人，占比41.93%）、建筑装饰工程技术（54939人，占比28.26%）、建筑设计（23378人，占比12.02%）、园林工程技术（21524人、占比11.07%）、风景园林设计（7367人，占比3.79%）、建筑动画与模型制作（2546人，占比1.31%）、古建筑工程技术（1431人，占比0.74%），建筑设计与园林工程技术的排序较上年发生互换。占比超过20%的专业有2个，依次为建筑室内设计（41.93%）和建筑装饰工程技术专业（28.26%），与上年相同；两个专业合计占比达70.19%，较上年增加1.63%。与2017年比较，在校生数增加的专业有5个，按增长幅度大小依次为：风景园林设计（增幅44.45%）、建筑动画与模型制作（增幅22.17%）、建筑室内设计（增幅16.03%）、建筑设计（增幅3.87%）、建筑装饰工程技术（增幅2.05%）；在校生数减少的专业有2个，按减少幅度大小依次为：

古建筑工程技术（减幅7.56%）、园林工程技术（减幅6.54%）。

综上分析，建筑室内设计和建筑装饰工程技术是建筑设计类专业的主体，两个专业的开办院校数、毕业生数、招生数、在校生数分别占总数的57.30%、66.67%、69.02%、70.19%。

（2）城镇规划与管理类专业

2018年全国高等建设职业教育城镇规划与管理类专业学生培养情况见表1-23。

2018年全国高等建设职业教育城乡规划与管理类专业学生培养情况　　表1-23

专业	专业点		毕业人数		招生人数		在校人数	
	数量	占比（%）	数量	占比（%）	数量	占比（%）	数量	占比（%）
城乡规划	56	77.78	2008	94.10	2008	94.10	3742	80.96
城市信息化管理	7	9.72	30	1.41	30	1.41	519	11.23
村镇建设与管理	4	5.56	70	3.28	70	3.28	194	4.20
城乡规划与管理类其他专业	5	6.94	26	1.22	26	1.22	167	3.61
合计	72	100.00	2134	100.00	2134	100.00	4622	100.00

城乡规划与管理类专业共有3个目录内专业。2018年，3个目录内专业均有院校开设，并开设了5个目录外专业（即表1-23中城乡规划与管理类其他专业）。

开办院校数。3个目录内专业的开办院校数从多到少依次为：城乡规划（56所，占比77.78%），城市信息化管理（7所，占比9.72%），村镇建设与管理（4所，占比5.56%），排序与上年相同。占比超过20%的专业只有城乡规划专业（占比77.78%），与上年相同；占比较上年减少3.30%。与2017年比较，开办院校数增加的专业有1个，即城市信息化管理（增幅40.00%）；开办院校数减少的专业有1个，即城乡规划（减幅6.67%）；开办院校数持平的专业有1个，即村镇建设与管理。

毕业生数。3个目录内专业的毕业生数从多到少依次为：城乡规划（2008人，占比94.10%）、村镇建设与管理（70人，占比3.28%）、城市信息化管理（30人，占比1.41%），与上年比较，村镇建设与管理与城市信息化管理的排序发生了互换。占比超过20%的专业只有城乡规划专业（94.10%），与上年相同；占比较上年增加5.78%。与2017年比较，毕业生数较上年增加的专业有2个，按增长幅度大小依次为：村镇建设与管理（增幅52.17%）、城乡规划（增幅11.06%）；较上年减少的专业有1个，即城市信息化管理（减幅44.44%）。

招生数。3个目录内专业的招生数从多到少依次为：城乡规划（2008人，占比94.10%）、村镇建设与管理（70人，占比3.28%）、城市信息化管理（30人，占比1.41%），排列第二位、第三位的专业较上年发生了互换。占比超过20%的专业只有城乡规划专业（94.10%），排序与上年相同；占比较上年增加11.91%。与2017年比较，招生数较上年增加的专业有2个，按增长幅度大小依次为：村镇建设与管理（增幅118.75%）、城乡规划（增幅59.37%）；较上年减少的专业有1个，即城市信息化管理（减幅85.07%）。

在校生数。3个目录内专业的在校生数从多到少依次为：城乡规划（3742人，占比80.96%）、城市信息化管理（519人，占比11.23%）、村镇建设与管理（194人，占比4.20%），排序与上年相同。占比超过20%的专业只有城乡规划专业（80.96%），与上年相同；占比较上年减少7.6%。与2017年比较，在校生数较上年增加的专业有2个，按增长幅度大小依次为：城市信息化管理（增幅69.61%）、村镇建设与管理（增幅50.39%）；较上年减少的专业有1个，即城乡规划（减幅21.15%）。

综上分析，城乡规划与管理类专业分布极不均衡，城乡规划专业呈一花独放格局；同时，不论是开办院校数，还是毕业生数、招生数、在校生数均呈现大幅度起落态势，表明这类专业发展尚不成熟。

（3）土建施工类专业

2018年全国高等建设职业教育土建施工类专业学生培养情况见表1-24。

2018年全国高等建设职业教育土建施工类专业学生培养情况　　表1-24

专业	专业点		毕业人数		招生人数		在校人数	
	数量	占比（%）	数量	占比（%）	数量	占比（%）	数量	占比（%）
建筑工程技术	729	84.57	87876	95.29	58964	88.43	203841	92.12
建筑钢结构工程技术	28	3.25	1114	1.21	836	1.25	2451	1.11
地下与隧道工程技术	55	6.38	1965	2.13	3204	4.81	7454	3.37
土木工程检测技术	32	3.71	985	1.07	2426	3.64	5657	2.56
土建施工类其他专业	18	2.09	279	0.30	1245	1.87	1884	0.85
合计	862	100.00	92219	100.00	66675	100.00	221287	100.00

土建施工类专业共有4个目录内专业。2018年，4个目录内专业均有院校开设，并开设了18个目录外专业（即表1-24中土建施工类其他专业）。

开办院校数。4个目录内专业的开办院校数从多到少依次为：建筑工程技术（729所，占比84.57%）、地下与隧道工程技术（55所，占比6.38%）、土木工程检测技术（32所，占比3.71%）、建筑钢结构工程技术（28所，占比3.25%），排序与上年相同。占比超过20%的专业只有建筑工程技术（84.57%），与上年相同，但占比较上年减少了0.41%。与2017年比较，开办院校数增加的有2个专业，按增幅大小依次为：地下与隧道工程技术（增幅7.84%）、土木工程检测技术（增幅6.67%）；开办院校数减少的有2个专业，按减少幅度大小依次为：建筑钢结构工程技术（减幅3.45%）、建筑工程技术（减幅0.14%）。

毕业生数。4个目录内专业的毕业生数从多到少依次为：建筑工程技术（87876人，占比95.29%）、地下与隧道工程技术（1965人，占比2.13%）、建筑钢结构工程技术（1114人，占比1.21%）、土木工程检测技术（985人，占比1.07%），排列顺序与上年相同。占比超过20%的专业只有建筑工程技术专业（95.29%），与上年相同，但占比较上年减少了0.22%。与2017年比较，4个专业的毕业生数全部较上年减少，按减少幅度大小依次为：建筑工程技术（减幅18.88%）、地下与隧道工程技术（减幅14.15%）、建筑钢结构工程技术（减幅11.38%）、土木工程检测技术（减幅7.94%）。

招生数。4个目录内专业的招生数从多到少依次为：建筑工程技术（58964人，占比88.43%）、地下与隧道工程技术（3204人，占比4.81%）、土木工程检测技术（2426人，占比3.64%）、建筑钢结构工程技术（836人，占比1.25%），排列顺序与上年相同。占比超过20%的专业只有建筑工程技术（88.43%），与上年相同，但占比较上年减少1.7%。与2017年比较，招生数较上年增加的专业有3个，按增长幅度大小依次为：土木工程检测技术（增幅43.55%）、地下与隧道工程技术（增幅31.37%）、建筑钢结构工程技术（增幅12.67%）；较上年减少的专业有1个，即建筑工程技术（减幅1.19%）。

在校生数。4个目录内专业的在校生数从多到少依次为：建筑工程技术（203841人，占比92.12%）、地下与隧道工程技术（7454人，占比3.37%）、土木工程检测技术（5657人，占比2.56%）、建筑钢结构工程技术（2451人，占比1.11%）。占比超过20%的专业只有建筑工程技术（93.69%），与上年相同，但占比较上年减少了1.09%。与2017年比较，在校生数较上年增加的专业有2个，按增长幅度大小依次为：土木工程检测技术（增幅30.62%）、地下与隧道工程技术（增幅18.37%）；较上年减少的专业有2个，按增长幅度大小依次为：建筑工程技术（减幅10.36%）、建筑钢结构工程技术（增幅4.52%）。

综上分析，土建施工类专业分布极不均衡，建筑工程技术专业不论是开办院校数，还是毕业生数、招生数、在校生数均呈一枝独秀格局。

（4）建筑设备类专业

2018年全国高等建设职业教育建筑设备类专业学生培养情况见表1-25。

2018 年全国高等建设职业教育建筑设备类专业学生培养情况　　表 1-25

专业	专业点		毕业人数		招生人数		在校人数	
	数量	占比（%）	数量	占比（%）	数量	占比（%）	数量	占比（%）
建筑设备工程技术	83	17.58	2970	19.22	2255	16.31	7459	17.28
供热通风与空调工程技术	64	13.56	2477	16.03	1540	11.14	5860	13.58
建筑电气工程技术	94	19.92	3373	21.83	2161	15.63	7236	16.77
消防工程技术	30	6.36	486	3.15	1086	7.85	2211	5.12
建筑智能化工程技术	188	39.83	5762	37.29	6132	44.34	19181	44.45
工业设备安装工程技术	5	1.06	224	1.45	206	1.49	650	1.51
建筑设备类其他专业	8	1.69	161	1.04	450	3.25	557	1.29
合计	472	100.00	15453	100.00	13830	100.00	43154	100.00

建筑设备类专业共有 6 个目录内专业。2018 年，6 个目录内专业均有院校开设，并开设了 8 个目录外专业（即表 1-25 中建筑设备类其他专业）。

开办院校数。6 个目录内专业的开办院校数从多到少依次为：建筑智能化工程技术（188 所，占比 39.83%）、建筑电气工程技术（94 所，占比 19.92%）、建筑设备工程技术（83 所，占比 17.58%）、供热通风与空调工程技术（64 所，占比 13.56%）、消防工程技术（30 所，占比 6.36%）、工业设备安装工程技术（5 所，占比 1.06%），排列顺序与上年相同。占比超过 20% 的专业只有建筑智能化工程技术（占比 39.83%），2017 年有两个，即建筑智能化工程技术（占比 39.38%）和建筑电气工程技术（占比 21.24%）。与 2017 年比较，开办院校数增加的专业有 1 个，即消防工程技术（增幅 36.36%）；开办院校数减少的专业有 5 个，按减少幅度大小依次为：建筑智能化工程技术（减幅 1.57%）、建筑电气工程技术（减幅 8.74%）、建筑设备工程技术（减幅 4.60%）、供热通风与空调工程技术（减幅 9.86%）、工业设备安装工程技术（减幅 28.57%）。

毕业生数。6 个目录内专业的毕业生数从多到少依次为：建筑智能化工程技术（5762 人，占比 37.29%）、建筑电气工程技术（3373 人，占比 21.83%）、建筑设备工程技术（2970 人，占比 19.22%）、供热通风与空调工程技术（2477 人，占比 16.03%）、消防工程技术（486 人，占比 3.15%）、工业设备安装工程技术（244 人，占比 1.45%），排序与上年相同。占比超过 20% 的专业有 2 个，即建筑智能化工程技术（占比 37.29%）和建筑电气工程技术（占比 21.83%），与上年相同；2 个专业合计占比 59.12%，较上年增加了 1.92%。与 2017 年比较，毕业生数增加的专业有 1 个，即消防工程技术（增幅 23.98%）；毕业生数减少的专业有 5 个，按减少幅度大小依次为：工业设备安装工程技术（减幅 34.88%）、供热通风与空调工程技术（减幅 19.39%）、建筑设备工程技术（减幅 12.93%）、建筑电气工程技术（减幅 12.25%）、建筑智能化工程技术（减幅 5.53%）。

招生数。6 个目录内专业的招生数从多到少依次为：建筑智能化工程技术（6132 人，占比 44.34%）、建筑设备工程技术（2255 人，占比 16.31%）、建筑电气工程技术（2163 人，占比 15.63%）、供热通风与空调工程技术（1540 人，占比 11.14%）、消防工程技术（1086 人，占比 7.85%），排序与上年相同。占比超过 20% 的专业只有建筑智能化工程技术（占比 44.34%），与上年相同，但占比较上年减少了 1.36%。与 2017 年比较，招生数增加的专业有 2 个，按增加幅度大小依次为：消防工程技术（增幅 87.56%）、工业设备安装工程技术（增幅 20.47%）；毕业生数减少的专业有 4 个，按减少幅度大小依次为：供热通风与空调工程技术（减幅 18.99%）、建筑设备工程技术（减幅 8.00%）、建筑智能化工程技术（减幅 4.52%）、建筑电气工程技术（减幅 3.70%）。

在校生数。6 个目录内专业的在校生数从多到少依次为：建筑智能化工程技术（19181 人，占比 44.45%）、建筑设备工程技术（7459 人，占比 17.28%）、建筑电气工程技术（7236 人，占比 16.77%）、供热通风与空调工程技术（5860 人，占比 13.58%）、消防工程技术（2211 人，占比 5.12%）、工业设备安装工程技术（650 人，占比 1.51%），排列顺序中第二、第三位较上年发生了互换。占比超过 20% 的专业只有建筑智能化工程技术（占比 44.45%），与上年相同，但占比增加了 0.04%。与 2017 年比较，在校生数增加的专业有 3 个，按增加幅度大小依次为：消防工程技术（增幅 43.01%）、工业设备安装工程技术（增幅 4.84%）、建筑智能化工程技术（增幅 2.83%）；在校生数减少的专业有 3 个，按减少幅度大小依次为：供热通风与空调工程技术（减幅 16.80%）、建筑电气工程技术（减幅 14.08%）、建筑设备工程技术（减幅 9.22%）。

综上分析，建筑设备类专业分布较为均衡，建筑智能化工程技术专业是该类专业的主体，在开办院校数、毕业生数、招生数、在校生数等方面均处于优势地位；消防工程技术专业在开办院校数、毕业生数、招生数、在校生数等方面均呈现大幅增长态势。

（5）建设工程管理类专业

2018 年全国高等建设职业教育建设工程管理类专业学生培养情况见表 1-26。

2018 年，建设工程管理类 5 个目录内专业均有院校开设，并开设了 22 个目录外专业（即表 1-26 中建设工程管理类其他专业）。

2018年全国高等建设职业教育建设工程管理类专业学生培养情况　　表1-26

专业	专业点		毕业人数		招生人数		在校人数	
	数量	占比（%）	数量	占比（%）	数量	占比（%）	数量	占比（%）
建设工程管理	360	24.02	23876	16.76	15889	15.22	53883	16.18
工程造价	759	50.63	105475	74.05	76619	73.39	247462	74.32
建筑经济管理	60	4.00	3342	2.35	2448	2.34	7384	2.22
建设工程监理	253	16.88	8921	6.26	5373	5.15	18461	5.54
建设项目信息化管理	45	3.00	301	0.21	1313	1.26	2360	0.71
建设工程管理类其他专业	22	1.47	529	0.37	2764	2.65	3405	1.02
合计	1499	100.00	142444	100.00	104406	100.00	332955	100.00

开办院校数。5个目录内专业的开办院校数从多到少依次为：工程造价（759所，占比50.63%）、建设工程管理（360所，占比24.02%）、建设工程监理（253所，占比16.88%）、建筑经济管理（60所，占比4.00%）、建设项目信息化管理（45所，占比3.00%），排列顺序与上年相同。占比超过20%的专业有2个，即工程造价（占比50.63%）、建设工程管理（占比24.02%），与上年相同的；两个专业合计占比74.65%，较上年增加了0.03%。与2017年比较，开办院校数增加的有2个专业，按增加幅度大小依次为：建设项目信息化管理（增幅66.67%）、建设工程管理（增幅1.41%）；开办院校数持平的专业有1个，即工程造价；开办院校数减少的专业有2个，按减少幅度大小依次为：建设工程监理（减幅4.89%）、建筑经济管理（减幅1.64%）。

毕业生数。5个目录内专业的毕业生数从多到少依次为：工程造价（105475人，占比74.05%）、建设工程管理（23876人，占比16.76%）、建设工程监理（8921人，占比6.26%）、建筑经济管理（3342人，占比2.35%）、建设项目信息化管理（301人，占比0.21%），排列顺序与上年相同。占比超过20%的专业只有工程造价专业（占比74.05%），与上年相同，但占比增加了1.02%。与2017年比较，毕业生数增加的专业有1个，即建设项目信息化管理（增幅89.31%）；毕业生数减少的专业有4个，按减少幅度大小依次为：建设工程监理（减幅20.38%）、建筑经济管理（减幅18.47%）、工程造价（减幅17.58%）、建设工程管理（减幅2.15%）。

招生数。5个目录内专业的招生数从多到少依次为：工程造价（76619人，占比73.39%）、建设工程管理（15889人，占比15.22%）、建设工程监理（5373人，占比5.15%）、建筑经济管理（2448人，占比2.34%）、建设项目信息化管理（1313人，占比1.26%），排序与上年相同。占比超过20%的专业只有工程造价专业（占比73.39%），与上年相同，但占比增加了0.13%。与2017年比较，招生数增加的专业有 3 个，按增加幅度大小依次为：建设项目信息化管理（增幅 57.81%）、建筑经济管理（增幅 6.62%）、工程造价（增幅 0.50%）；毕业生数减少的专业有 2 个，按减少幅度大小依次为：建设工程监理（减幅 7.90%）、建设工程管理（减幅 6.71%）。

在校生数。5 个目录内专业的在校生数从多到少依次为：工程造价（247462 人，占比 74.32%）、建设工程管理（53883，占比 16.18%）、建设工程监理（18461，占比 5.54%）、建筑经济管理（7384，占比 2.22%）、建设项目信息化管理（2360 人，占比 0.71%），排列顺序与上年相同。占比超过 20% 的专业只有工程造价专业（占比 74.32%），与上年相同，但占比增加了 0.73%。与 2017 年比较，在校生数增加的专业有 1 个，即建设项目信息化管理（增幅 61.64%）；在校生数减少的专业有 4 个，按减少幅度大小依次为：建设工程监理（减幅 18.19%）、建设工程管理（减幅 13.03%）、建筑经济管理（减幅 11.89%）、工程造价（减幅 9.19%）。

综上分析，建设工程管理类专业分布不均衡，工程造价专业一枝独秀，其毕业生数、招生数、在校生数都超过该类专业的 70%；建设项目信息化管理专业的开办院校数、毕业生数、招生数、在校生数都呈大幅度增长态势。

（6）市政工程类专业

2018 年全国高等建设职业教育市政工程类专业学生培养情况见表 1-27。

2018 年全国高等建设职业教育市政工程类专业学生培养情况　　表 1-27

专业	专业点		毕业人数		招生人数		在校人数	
	数量	占比（%）	数量	占比（%）	数量	占比（%）	数量	占比（%）
城市燃气工程技术	28	10.89	978	11.68	846	9.49	2597	10.13
给水排水工程技术	71	27.63	2221	26.54	2297	25.77	6837	26.67
市政工程技术	157	61.09	5171	61.78	5625	63.11	16052	62.63
市政工程类其他专业	1	0.39	0	0.00	145	1.63	145	0.57
合计	257	100.00	8370	100.00	8913	100.00	25631	100.00

市政工程类专业共有 4 个目录内专业。2018 年，除环境卫生工程技术专业外，其余 3 个目录内专业均有院校开设，并开设了 1 个目录外专业（即表 1-27 中市政工程类其他专业）。

开办院校数。3 个目录内专业的开办院校数从多到少依次为：市政工程技术（157 所，占比 61.09%）、给水排水工程技术（71 所，占比 27.63%）、城市燃气工程技术（28 所，占比 10.89%），排列顺序与上年相同。占比超过 20% 的专业有 2 个，即市政工程技术（占比 61.09%）、给水排水工程技术（占比 27.63%），与上年相同；两个专业的合计占比为88.72%，较上年增加了1.78%。与2017年比较，开办院校数增加的专业有1个，即市政工程技术（增幅11.35%）；开办院校数减少的专业有2个，按减少幅度大小依次为：城市燃气工程技术（减幅3.45%）、给水排水工程技术（减幅1.39%）。

毕业生数。3个目录内专业的毕业生数从多到少依次为：市政工程技术（5173人，占比61.78%）、给水排水工程技术（2221人，占比26.54%）、城市燃气工程技术（978人，占比11.68%），排列顺序与上年相同。占比超过20%的专业有2个，即市政工程技术（占比61.78%）、给水排水工程技术（占比26.54%），与上年相同；两个专业的合计占比为88.32%，较上年增加了4.24%。与2017年比较，毕业生数增加的专业有1个，即市政工程技术（增幅8.79%）；毕业生数减少的专业有2个，按减少幅度大小依次为：城市燃气工程技术（减幅18.70%）、给水排水工程技术（减幅13.71%）。

招生数。3个目录内专业的招生数从多到少依次为：市政工程技术（5625人，占比63.11%）、给水排水工程技术（2297人，占比25.77%）、城市燃气工程技术（846人，占比9.49%），排列顺序与上年相同。占比超过20%的专业有2个，即市政工程技术（占比63.11%）、给水排水工程技术（占比25.77%），与上年相同；两个专业的合计占比为88.88%，较上年减少了0.22%。与2017年比较，3个专业招生数均增加，按增幅大小依次为：城市燃气工程技术（增幅38.92%）、市政工程技术（增幅16.51%）、给水排水工程技术（增幅5.95%）。

在校生数。3个目录内专业的在校生数从多到少依次为：市政工程技术（16052人，占比62.63%）、给水排水工程技术（6837人，占比26.67%）、城市燃气工程技术（2597人，占比10.13%），排列顺序与上年相同。占比超过20%的专业有2个，即市政工程技术（占比62.63%）、给水排水工程技术（占比26.67%），与上年相同；两个专业的合计占比为89.30%，较上年增加了1.16%。与2017年比较，3个专业在校生数均增加，按增幅大小依次为：市政工程技术（增幅7.32%）、给水排水工程技术（增幅2.95%）、城市燃气工程技术（增幅0.82%）。

综上分析，市政工程技术和给水排水工程技术专业是该类专业的主体专业，两个专业的开办院校数、毕业生数、招生数、在校生数分别占总数的88.72%、88.32%、88.88%、89.30%；该类专业中全部3个专业的招生数和在校生数均呈增长态势，尤其是市政工程技术专业，其开办院校数、毕业生数、招生数、在校生数4项指标全部较上年增加。

（7）房地产类专业

2018年全国高等建设职业教育房地产类专业学生培养情况见表1-28。

2018 年全国高等建设职业教育房地产类专业学生培养情况　　表 1-28

专业	专业点		毕业人数		招生人数		在校人数	
	数量	占比（%）	数量	占比（%）	数量	占比（%）	数量	占比（%）
房地产经营与管理	150	42.02	4851	43.23	3809	40.98	12052	41.57
房地产检测与估价	27	7.56	477	4.25	338	3.64	1458	5.03
物业管理	173	48.46	5716	50.94	4969	53.46	15302	52.78
房地产类其他专业	7	1.96	177	1.58	178	1.92	179	0.62
合计	357	100.00	11221	100.00	9294	100.00	28991	100.00

2018 年，房地产类 3 个目录内专业均有院校开设，并开设了 7 个目录外专业（即表 1-28 中房地产类其他专业）。

开办院校。3 个目录内专业的开办院校数从多到少依次为：物业管理（173 所，占比 48.46%）、房地产经营与管理（150 所，占比 42.02%）、房地产检测与估价（27 所，占比 7.56%），排列顺序与上年相同。占比超过 20% 的专业有 2 个，即物业管理（占比 48.46%）、房地产经营与管理（占比 42.02%），与上年相同；两个专业的合计占比为 90.48%，较上年增加了 4.12%。与 2017 年比较，3 个专业的开办院校数均减少，按减少幅度大小依次为：房地产检测与估价（减幅 37.21%）、房地产经营与管理（减幅 12.28%）、物业管理（减幅 8.95%）。

毕业生数。3 个目录内专业的毕业生数从多到少依次为：物业管理（5716 人，占比 50.84%）、房地产经营与管理（4851 人，占比 42.43%）、房地产检测与估价（477 人，占比 4.25%），排列顺序与上年相同。占比超过 20% 的专业有 2 个，即物业管理（占比 50.94%）、房地产经营与管理（占比 42.43%）与上年相同；两个专业的合计占比为 93.37%，较上年增加了 6.72%。与 2017 年比较，3 个专业的毕业生数均减少，按减少幅度大小依次为：房地产检测与估价（减幅 56.04%）、房地产经营与管理（减幅 14.85%）、物业管理（减幅 5.10%）。

招生数。3 个目录内专业的招生数从多到少依次为：物业管理（4969 人，占比 53.46%）、房地产经营与管理（3809 人，占比 40.98%）、房地产检测与估价（338 人，占比 3.64%），排列顺序与上年相同。占比超过 20% 的专业有 2 个，即物业管理（占比 53.46%）、房地产经营与管理（占比 40.98%），与上年相同；两个专业的合计占比为 94.44%，较上年增加了 2.57%。与 2017 年比较，有 1 个专业的招生数增加，即物业管理（增幅 0.77%）；有 2 个专业的招生数减少，按减少幅度大小依次为：房地产检测与估价（减幅 43.85%）、房地产经营与管理（减幅 4.75%）。

在校生数。3 个目录内专业的在校生数从多到少依次为：物业管理（15302

人，占比 52.78%）、房地产经营与管理（12052 人，占比 41.57%）、房地产检测与估价（1458 人，占比 5.03%），排列顺序与上年相同。占比超过 20% 的专业有 2 个，即物业管理（占比 52.78%）、房地产经营与管理（占比 41.57%），与上年相同；两个专业的合计占比为 94.35%，较上年增加了 1.07%。与 2017 年比较，3 个专业的在校生数均减少，按减少幅度大小依次为：房地产检测与估价（减幅 24.06%）、房地产经营与管理（减幅 4.80%）、物业管理（减幅 4.66%）。

综上分析，房地产经营与估价和物业管理是房地产类专业的主体专业，两个专业的开办院校数、毕业生数、招生数、在校生数分别占总数的 90.49%、93.37%、94.44%、94.35%；该类专业的开办院校数、毕业生数、在校生数均较上年较少，而招生数除物业管理专业有微小增长外，其余两个专业也较上年减少；房地产检测与估价专业的开办院校数、毕业生数、招生数、在校生数 4 项指标全面减少，最小减幅为 24.06%，最大减幅达 56.04%。

1.2.2 高等建设职业教育发展面临的问题

统计信息显示，2018 年全国高等建设职业教育办学点数量与在校生人数均有减少，办学点为 1165 个，较上年减少 19 个；在校生人数为 851074 人，较上年减少 49802 人。在习主席讲话和全国教育大会精神的鼓舞下，在“职教 20 条”“院校内部质量保证体系”“现代学徒制”“课程思政”等新政策、新模式、新机制的推动下，各院校对立德树人、内涵建设、体制机制建设、校企深度融合、技能培养、生源多样化应对策略等的重视程度不断提高。对建设行业发展动态的关注度进一步增强，对企业及岗位需求与人才培养的关系进一步理顺，对先进职教理念与专业进入课程的重要性认识进一步提升，对分类分层教育的研究不断深入，积极应对我国建设行业转型升级的新形势、新要求、新机遇、新挑战，主动服务建设行业、企业，主动适应岗位要求的自觉性、主动性和行动能力均有所增强。

2018 年是我国职业教育“利好政策”频出的一年，但在发展中仍存在诸多亟待解决的问题，政策的“落地速度”仍然不快，职业教育的定位、成效仍与政府、行业、企业及学生的要求存在相当的差距，这在一定程度上制约了高等建设职业教育的健康发展。特别是近几年高等建设职业教育在招生规模、办学点数量方面的缩减，生源质量持续下降等方面的深层原因需要各方面进行认真分析和研究。

1.2.2.1 政策引领有效、顶层设计先进，实施层面亟待落实

习近平总书记在 2018 年 9 月全国教育大会的重要讲话中着重指出“党的十八大以来，我们围绕培养什么人、怎样培养人、为谁培养人这一根本问题，

全面加强党对教育工作的领导，坚持立德树人。”“要努力构建德智体美劳全面培养的教育体系，形成更高水平的人才培养体系。要把立德树人融入思想道德教育、文化知识教育、社会实践教育各环节，贯穿基础教育、职业教育、高等教育各领域，学科体系、教学体系、教材体系、管理体系要围绕这个目标来设计，教师要围绕着个目标来教，学生要围绕这个目标来学。”这是继2014年全国职教会议以来教育领域的一次重要的会议，会议把教育的全面育人功能提高到一个新高度，进一步突出了教育在民族振兴、社会进步中的基石作用，进一步明确了教育是国之大计、党之大计的重要会议。

国家和教育行政部门继续出台促进职业教育发展的政策，加大了对职业教育投入的力度，院校建设成效显著，职业教育在社会的影响力有所提高，职业教育和院校的发展建设进入了良性发展黄金时期。教育部《关于开展现代学徒制试点工作的意见》《高等职业教育创新发展三年行动计划（2015～2017年）》《国家职业教育改革实施方案》等指导性行动计划的发布，对今后一个时期职业教育的发展制定了明确的规划与路线图。

从国际视野来看，职业教育发展离不开政府的大力引导与有效扶持、行业企业的热情关注与积极参与，职业教育是一种“院校与行业对接、院校与企业融合、知识与技能并重、育人与成才兼具”的教育，具有典型的“跨界”特色。由于高职教育从教育属性来说兼顾“教育与职业，教育与培训”的双重色彩，倡导以就业为导向。毕业生的“专业与素养、应用性与可持续”是衡量人才培养质量的重要尺度，毕业生规格与职业岗位要求“无缝对接”是高职教育孜孜以求的理想目标。院校教育对企业和社会资源参与教育的依赖程度较高，单靠职业院校的自身力量通常很难完成人才培养的全部任务。

近年来，推进职业教育发展的理论研究成果丰硕，顶层设计日渐完善，体系构建不断推进，多项促进职业教育发展的政策、规定也陆续出台。但这些政策在“落地与发挥实效”上仍然不够有力，具体的实施细则相对滞后，在推进制度与机制方面不够有力，在统筹协调方面没有形成“合力”，仍没有形成“多家参与、多方协力、齐抓共管”的机制。在行业企业参与职业教育法律与政策、校企深度融合制度建立与机制形成、调动企业参与人才培养积极性的配套激励政策、校外实训基地建设的体制机制、学生获取职业岗位证书有效途径的可行性研究、企业专家参与学校专业设计及教学活动的模式与激励制度等方面，均存在教育行政部门出台的政策得不到真正贯彻落实的问题。现实的需要是，政府要真正从国家的层面认真研究、出台必要的法律和规则，在政策层面积极推进、在机制方面认真设计、在协同方面有所突破、在实效方面狠抓落实，把构建中国特色职业教育体系看成是建设新时期中国特色社会主义的有机组成部分。

通过锲而不舍的努力，制定真正能够有效实施的，由政府、行业、企业、院校齐心协力抓职业教育的制度，形成良性发展的氛围，最终形成促进我国职业教育良性发展的机制与文化。

1.2.2.2　社会认同度有所降低，需理性应对

2015 年以来，高等建设职业教育的在校生规模持续缩减，相当数量院校的新生录取分数已经触碰到招生录取的最低控制线，生源数量不足、部分院校难以完成招生计划，而且生源质量也在逐年下降。由于大量民办高职院校升格为本科，部分本科院校向应用型转型，导致高等建设职业教育生源数量不足的现象日益加重。受招生政策的制约，高职院校在与应用型本科及民办本科高校竞争时处于劣势，留给高职的生源数量明显不足。不断扩大的单独招生比例、技能高考的推进和高职扩招在吸引生源的同时又进一步加大了社会对高职教育认识的偏差和生源质量的下降，这种政策能否成为推进高职招生“提声望、保质量、成规模、可持续”动力，还需要时间的检验。

高等建设职业教育招生规模从 2015 年峰值开始下降以来，这已经成为制约高等建设职业教育持续发展和自信心的制约因素之一。究其原因，除了院校本身在专业定位、人才特色、知识技能水平等人才质量方面的原因之外，主要是社会对从事基本建设行业工作的认同度较低，尤其是发达地区的考生不愿意报考土建类专业，部分面向一线生产及施工岗位的专业也不受学生及家长青睐，更多的学生和家长不愿意从事艰苦工作，越来越多的更高层级学生进入施工生产一线也动摇了高职学生对今后发展预期的自信心。但在同时，建筑企业对技术技能型人才的需求仍很旺盛，普遍存在“企业有需求、有岗位，进口难、出口旺”的结构性失衡问题。

高等职业教育作为我国高等教育的一种类型，长期以来受到学历层次局限在专科水平的限制。学历上的缺陷使学生在就业谋职、落户安家、薪酬待遇、转岗提高等方面受到了较多的限制和歧视，这已成为制约部分优秀高职院校继续发展的瓶颈之一，构建起由不同学历层级教育组成的职业教育体系已是迫在眉睫课题。

1.2.2.3　如何突出高职教育“类型化”特色，已成为亟待破解的难题

随着 600 所本科院校向应用型转型的推进，越来越多的本科院校开始注重技术应用领域的人才培养，越来越多的本科院校开始研究并应用“行动导向”课程模式，越来越多的本科院校开始把“怎么做”的知识作为课程的预期目标之一，越来越多的本科毕业生到建筑生产一线的技术及管理岗位就职。随着国家重视建筑生产一线人员的技能水平，建筑业转型升级把打造一支建筑产业队伍作为建设目标之一，加之我国在世界技能大赛屡创佳绩的推动，中职院校土

建类专业对专业核心能力的关注度逐渐向技能方面转移，办学特色更加鲜明。这种“上层重心下移，下层基础稳固”的局面使高等建设职业教育的传统空间有进一步被挤压的趋势，特别是建筑技术创新对高职就业岗位重心下移的需求对高职在新形势下如何持续发展提出了新课题、新挑战。

国家把高职教育定位为高等教育的一种类型，高职院校也把突出高职的类型特色作为追求的目标。但在对类型教育核心内涵的研究，尤其是在教育过程中的落实方面还有许多有待破解的问题，还没有真正摆脱“本科压缩型”的藩篱。在行业转型的大势下，高等建设职业教育如何能在构建类型特色方面有所作为已成为事关今后发展的大事。

1.2.2.4　行业转型对院校教育带来的深远影响有待深入研究，积极应对

当前，我国建筑业正处于转型升级的阶段，关系到行业发展的新目标、新理念、新技术的课题有待解决，如何最终实现建筑业的产业化、工业化是摆在业内人士面前的重大课题。行业的转型将形成新业态，这必然会对从业人员的岗位构成、岗位内涵、岗位职责带来新的变化，也会对从业人员的知识技能提出新的、更高的要求。

在现阶段，大部分院校对建筑业技术创新和管理创新（BIM、装配式建筑、综合管廊、智能建造、智慧工地、绿色建筑、智慧城市等）的动态给予了积极的关注，并在行动上有所作为，但也有少数院校对这个方面关注不够、投入不大、缺乏应对的策略。还在一定程度上存在对行业发展的新事物领会不准确，认识肤浅、愿意做表面文章、深入的“落地研究”不够的问题。

1.2.2.5　专业布局与专业优化仍需推进，新兴专业建设需提速

多年来，我国建筑业持续高速发展，为国民经济发展提供了有力的支持，为人民生活水平提高做出了突出的贡献。随之而来的是旺盛的市场人才需求，高等建设职业教育一直呈现“规模持续扩张、全社会广泛参与”的局面。这其中既有市场需求旺盛的因素，也有盲目跟风的选择，旺盛的需求在一定程度上掩盖了人才培养质量方面的缺失。在总体规模持续扩展的同时，结构性失衡的问题也比较突出。

据统计，2018年高等建设职业教育在校学生人数为851074人。目前，土木建筑专业大类分为七个专业类，即：建筑设计类、城镇规划与管理类、土建施工类、建筑设备类、工程管理类、市政工程类、房地产类，共设置32个专业，其中工程管理类在校生占比39.12%、土建施工类在校生占比26.00%、建筑设计类在校生占比22.85%，这三个专业类占整个土建类高职在校生总量的87.97%。分属于这三个专业类的工程造价、建筑工程技术、建筑装饰工程技术专业的在校生人数分别达到247462人、203841人、54939人，办学点数量分别

为759个、729个、350个。而与国家倡导和行业转型需求对接度较高的村镇建设与管理专业、钢结构工程技术专业、城市信息化管理专业的在校生人数分别为194人、2451人、519人，办学点数量分别为4个、28个、7个。不论是从规模，还是从发展速度上，均与行业需求严重脱节。

2018年，专业设置过于向“热门专业”集中的问题虽然有所缓解，但仍然没有从根本上解决，当前在校生整体规模缩减的同时，仍有相当数量的新开设办学点，这既有主干与传统专业适应岗位数量多、就业面广、市场需求量大和市场认同度高的客观反映，也有部分院校“盲目跟风、仓促上马、无序竞争”的乱象。

长期以来，参与高等建设职业教育办学院校的背景繁杂、比较混乱。有些院校只是为了解决办学规模和招生的问题，没有经过细致的市场调研和论证，不顾自身行业、专业背景、适应市场及资源的实际，匆忙开办高职土建类专业，甘于在“低投入、粗加工”的背景下办学，“重包装、轻内涵”，缺乏可持续发展的动力。部分院校前期调研不充分，不关注行业发展、技术进步和企业需求的实际，专业设置缺乏长远眼光，热衷于“抢市场、打快锤”的短期行为，缺乏创新意识、长远观点和积极投入的胆识，对具有潜在发展前景的新兴专业关注不够。在专业设置上盲目布点，没有形成以核心专业为引领的专业集群，很难形成相互支撑的发展团队，缺乏规模效益，不易实现资源共享，存在院校办学与企业需求不对称，信息不通畅，沟通不力的现象。在当前行业转型时期，又有部分学校对一些可能出现的办学新领域采用了“注重表皮，不注重内涵”应对方式，没有把精力放在对新事物的研究、领会和消化上，试图以新求胜。

1.2.2.6　生源多样化和扩招给院校教育教学提出了新课题

高职生源的多样化趋势继续走强，在原有的高中起点高考生源、高中起点单独招生生源、高中起点技能高考生源、初中起点生源、三校生生源的基础上，又增加了退伍军人、农民工、新型职业农民等生源。这在为高职教育提供了必要的生源保障之外，多样化的生源进一步提高了对教育教学多样化的要求。如何在“标准不降低”的前提下，设计出适合不同生源定位和特点的人才培养方案；如何在“标准多样化”研究方面取得突破；如何解决扩招之后出现的资源紧张问题；如何应对教学组织、学生管理、资源配置等方面可能出现的新问题，是关系到高等职业教育长远发展和社会公信力的大问题。

1.2.2.7　人才培养质量有待整体提升，专业标准的指导地位有待加强

经过多年的教改实践，大多数院校在专业准确定位、理性面对人才市场、人才培养方案设计与优化、合理资源配置、校企深度融合机制的探索、新技术融入、努力提高人才培养质量方面做了许多有益的尝试，办学理念、办学实力、

办学自律性和整体质量有所提高。其中国家及省级示范校、骨干校在其中发挥了积极的引领、示范与骨干作用。但也存在部分高职院校在办学理念、专业设置、培养目标、适应岗位、课程体系及资源配置方面与市场要求存在偏差与脱节。仍习惯于眼光向内、关门办学，不关注我国建筑业转型升级的动态和趋势，不研究人才知识技能的更新，人才规格与行业企业需求严重脱节。还存在专业培养目标定位不准、描述不清，适应的岗位及岗位群轮廓不够清晰、合理，院校教育与岗位知识技能要求对接不上的现象。

部分院校还沉浸在“低成本办学、低投入快产出”的环境当中，在队伍建设、基地建设、资源建设方面投入很少或盲目投入，还习惯沉浸于“旺盛的市场需求，掩盖教育的不足”的局面当中。培养的人才多属于粗放的“毛坯型”，与培养“毕业即就业，能上岗、能顶岗”的成品型人才的目标存在相当大差距，学校没有真正完成“教书育人，与岗位无缝对接”的任务，把相当多的岗前培训和继续教育的责任留给了用人单位。

课程体系创新不力、衔接不紧密，课程设置与培养目标契合度不高，课程内容和教学手段相对陈旧，仍然存在“随意设课、因师设课，以不变应万变”的现象，对信息化技术的应用研究不到位，或把其作为减轻教师劳动付出的工具，或把其作为“炫目”的工具，对信息化技术融入教育教学的核心价值研究不到位。没有引入人才质量行业认证的理念与做法，制定的课程标准、评价指标体系没有企业专家参与，评价结论不够科学、准确。

经过不断的建设和积累，当前国家及省级示范校、骨干校以及行业内高职院校的办学实力及资源配置相对齐整，很多院校已达到国内先进水平。越来越多的院校对内涵建设和资源配置的重视程度显著提高，但仍有相当数量的院校存在办学实力较弱，资源严重匮乏的现象：

（1）缺乏合格的专业带头人。个别专业带头人业务能力和对专业建设的把控能力不强，甚至不具备本专业的教育背景，没有企业工作经历或经历浅薄，自身实力较差。有些院校存在把专业带头人“行政化”的现象，不论专业背景和业务能力，随意调岗、轮岗，在一定程度上影响了专业的可持续发展。

（2）师资数量不足、质量不高。普遍存在教师年龄和性别结构不够合理、岗前培训和教育理论缺失、进入课堂的门槛较低、专任教师数量不足的现象。部分办学点教师的专业方向不能覆盖专业的教学核心环节，企业实践经历不足，不足以适应教学需求。

（3）研究水平不高、实践能力不强。专任教师多是“出了本科院校门，就进了高职院校门”，学校在引进专任教师时也把学历、专业和毕业院校作为核心要素，对综合素质关注度不够。许多新教师对职业教育特色和内涵缺乏切身体会及深入研究，导致一些应用型课程的教学效果受到影响。

（4）配套教学资源相对匮乏、质量不高。个别院校仍然依靠通用机房、定额、图集、参考书和少数低端仪器等简陋的辅助资源作为教学的支撑，而且更新不及时。教师“照本宣科”、学生“纸上谈兵”的现象普遍存在。有些院校虽然拥有部分校内教学资源，但缺乏整体设计、配套水平低、共享度差、系统性不强、应用效果不够理想。受出版界竞争的影响，许多教师热衷于使用“自编教材”，导致教材的质量整体不高，教学辅助功效降低。

（5）存在投入不足或盲目投入的问题。少数院校仍然热衷于“白手起家、低成本办学”，在师资队伍建设和教学资源配置方面投入不足。有些院校对有限的建设资金使用的合理论证不够，资金的使用效率不高，使用效果不理想，存在“形象工程、摆设工程，新建即落后、粗放建设”的现象。

1.2.2.8 “校企深度融合”仍是人才培养有待解决的关键问题

当前，“校企合作”已经发展到“校企深度融合”的新层面，这为高等建设职业教育办学描绘出了新的、更高的前景。“协同创新”“现代学徒制”“服务行业、服务地方经济”等新理念的实施，为校企深度融合注入了新活力，也为土建类高职人才培养拓展了新空间。

校企深度融合是职业教育突出特色，积极利用行业企业资源是院校完成人才培养的有力保障和必要途径。“综合实践与顶岗实习”是实践教学的核心环节，也是校企深度融合的核心任务之一。高等建设职业教育担负着为建筑生产一线培养适应基层技术及管理岗位要求的高素质技术技能型人才的责任，在现阶段，单靠学校的资源和力量很难完成这个任务。自从我国大力发展高职教育以来，在国家政策的引领下，在经过不长的探索和比对期之后，大多数高职院校均把“校企合作、工学结合”作为人才培养的主攻方向，创建了“2+1”、“2.5+0.5”及“411”等多种人才培养模式，在实践中也取得了一定的成效，得到了各方面的认同。但在实践的“破冰期”之后，这种模式在不同程度上遇到了合作水平提升不力、合作领域扩展不大、合作机制建设滞后、管理不够精细、学生配合不力、企业支撑不力的“天花板”。

目前，校企深度融合的制度建设还相对滞后，全社会参与、互利共赢的机制还没有真正地建立起来，多数高职院校的“校企合作”仍然停留在靠校友和感情维系校企合作、提供低成本劳动力来吸引企业参与的阶段，缺乏制度保障与可持续发展的推动力，也缺乏“利益共享、风险共担”的法律机制。校企合作动力和热情不均等，“学校热、企业冷”的现象普遍存在，“互动、共赢”的局面仍未真正形成。校企合作多数局限在学生顶岗实习这一环节，合作领域尚没有遍布教学全过程，与“双主体教学，双身份育人”的目标存在较大距离，合作水平也有待提升。在顶岗实习阶段，企业提供的岗位与学生的实习教学需求（岗位的对口率、轮岗的要求）仍然存在一定的矛盾与偏差。严密顶岗实习过程管理、科学设计评价指标方面还有许多工作要做。对学生企业实习实践的评价主体多为院校教师，企业专家的参与度不高。现代学徒制提出的“双主体、双身份”育人理念有可能成为破解以上问题的有效办法，但目前仍存在诸多法律、制度、体制和机制方面的问题，需要有智慧、有力度的顶层设计和各方面的协力攻关。

1.2.2.9 专业发展和水平不均衡，部分院校“不达标”

目前仍有相当数量的院校在专业定位、内涵建设方面投入的精力不够，尤其是在人才培养方案编制方面投入的思考不多，对国家颁布的《专业教学标准》重视不够、领会不深、执行不力。在专业建设上缺乏准确定位和顶层设计，对行业、企业、岗位的关注度不够，对课程体系关注多，对课程的价值和实效关注少。市场调研和论证不够充分，满足于“拿来主义”，自身特色体现的不够充分，人才培养方案的“同质化”现象比较普遍。缺乏对行业发展和岗位变迁的细分研究，与市场需求对接得不紧密。校本人才培养方案和教学文件多处于“有无”阶段，与人才培养方案配套的课程标准存在缺失或执行不严的现象，院校教学质量内部监控体系建设相对滞后，对教学设计、教学过程及教学结果的评价仍处于粗放型阶段，没有真正形成“过程评价”体系。仍然存在重课堂教学、轻实践教学的现象。教学督导体系的功能发挥不够充分，许多时候只是解决了“有没有”的问题，“重督轻导”的局面没有真正改观。部分院校在制定人才培养方案时没有认真关注行业的发展动态，仍然按照自身的行业背景和自身对专业的理解去设置课程体系。课程设置不够合理、内容陈旧，在一定程度上存在课程之间合作、衔接、支撑不够，课程体系存在缺失和空挡，“链条效应”不够鲜明，“相互支撑”不力的问题。

部分院校推进课程改革的力度不够，教学手段相对滞后，多数仍在采用传统的教学模式。理论研究的成果没有在教学活动中得到有效实施，课程改革的效应仍然没有真正惠及广大学生。一线教师、尤其是“双师素质”教师数量存在缺口、质量不高、可持续性不强，企业兼职教师的数量不足、也不够稳定。教师的教育理念、教学方法和职业操守有待进一步提高，在教学中没有充分体现“教师为主导、学生为主体”的教学思想，“因材施教、师生互动，讲求教育教学的增量效益”的理念在日常教学中没有得到真正的应用。对信息化教学手段的积极意义和对职业教育促进作用价值认识较为浮浅，经常把信息化教学手段当成减轻教师工作负担的工具，往往处于“表象化”的层面，注重表现、忽视内涵，没有从课程实效与学生需求的角度来有机应用。

1.2.2.10　部分院校与行业脱节，习惯于“关门办学”

2018年，涉足高等建设职业教育的院校与办学点达到1165个，遍布国内各个省区市，办学主体、办学体制也存在较大差异。一般来说，行业内院校与建设行业对接较为紧密，院校之间的沟通也较为频繁、有效。但院校之间交流互动仍然普遍存在“面不广、量不大”的现象，缺乏抱团取暖、协同发展的主动意识和积极行动。相当数量行业外的部分院校仍然处于“自娱自乐、关门办学”的状态，对行业发展关注度不够，对专业发展前沿问题缺乏研究。

在全国有一千余所院校开设有土建类高职专业的现状下，目前参与中国建设教育协会高等职业与成人教育专业委员会活动的会员单位只有近200个，这其中还包括40余家本科继续教育学院、出版单位及科技企业。据统计，全国住房和城乡建设职业教育教学指导委员会能够有效联系到的高职院校也只有500余所，这其中多为行业内院校和办学规模大、办学历史长的省级高职院校。大多数开设有土建类专业的高职院校，尤其是边远省区、地市级及民办院校仍然游离在专业指导机构或学术社团的视线之外，没有与这些组织建立联系，也缺少和兄弟院校沟通的欲望，习惯处于“单打独斗、自我发展”的境地。这种局面导致院校之间信息不畅、沟通不力、互动交流不够，行业动态、人才新需求、专业建设与发展的前沿信息、新规范、新技术和最新的研究成果往往不能及时传递到全部院校，导致专业指导机构、行业社团和核心院校的指导与引领作用无法发挥，也不利于形成团队的合力与共同发声的良好环境。

1.2.2.11　教师队伍建设仍需加强，“双师”教师培养有效途径仍需探索

当前，高职院校师生比不合理、教师教学任务繁重的现象仍没有得到根本的缓解。受到学校编制、用人门槛的限制，专任教师，尤其是优秀的专任教师数量严重不足，欠发达地区一线教师的流失现象仍然严重。由于本科及以上层次的教育与高职教育属于不同的类型，从这些院校引进的教师面临着比较繁重的“岗前培训、转观念、再教育”的任务，但实际上在高职院校新进的“大学生”教师往往没有经过认真的培训和再学习就承担了满额的教学任务，过早的成为“成熟的教学型教师”，没有去企业实习、参与工程实践的机会，有了机会往往也没有加以充分的利用。许多青年教师对积累工程实践经验的价值和紧迫感存在认识上的偏差，不愿意沉下去积累对今后工作有益的东西，习惯于“愿意动口、不愿意动手，自己不会，却想指挥别人”，在一定程度上影响了人才培养质量，也不利于他们自身的发展。

从企业引进兼职教师参与院校教学，尤其是工程与实践类课程教学，这是一个解决当前师资问题的积极办法，也是探索校企深度融合的有效途径。但是在实施的时候经常遇到行业企业一流专家很难承担日常教学任务，院校所在地

企业资源相对匮乏和薪酬缺乏吸引力的问题，导致行业企业专家主要是参与专业论证、专题讲座等阶段性教学工作，参与日常教学的比例较低，功效不突出。

1.2.3　促进高等建设职业教育发展的对策建议

针对目前高等建设职业教育普遍存在的主要问题，在政府不断出台扶持政策的支持与推动下，主要应在以下九个方面着重进行理论研究、积极实践和自身建设。

1.2.3.1　政策引领，积极推进，狠抓落实

把握住当前我国职业教育仍处于发展黄金时期的难得机遇，把握住国家倡导培养“大国工匠”的时代需求，认真学习、深入领会习近平总书记在全国教育大会重要讲话的精神，认真贯彻国务院《国家职业教育改革实施方案》《关于加快发展现代职业教育的决定》和全国职教会议确定发展职业教育的路线图，结合《高等职业教育创新发展三年行动计划（2015 ~ 2017 年）》的认证验收，把诸多利好的政策和措施作为促进高等建设职业教育发展的有力抓手。在认真学习和领会职业教育发展顶层设计核心内涵的同时，更要把政策“尽快落地、有效实施、发挥功效”当成亟待完成的重要任务。

政府部门要创新工作思路和方法，在广泛调查研究、认真倾听基层呼声的基础上出台“有智慧、能落地、可实施”的政策和规则，职业院校也要解放思想，积极开展实践。通过政府引领、企业支持、社会关注，让有关政策和先进的职教理念得到配套制度的有力支持，使之早日进入学校，进入课堂，让院校和学生受益。

行业主管部门应继续保持和发扬重视教育，重视人才培养，重视队伍建设的优良传统，加大对高等建设职业教育的关注、指导和扶持力度，从有利于为党的事业培养合格接班人和为住建行业输送又好又多合格人才的高度来关注政策的落实。积极发挥国务院职业教育工作部际联席会议的职能和功效，做好“顶层设计”，协调有关部门，理清相互的管理责任，开拓工作思路，出台能够真正调动企业积极性，有利于校企合作、共同培养人才而且能真正实施的政策与制度。

在现代职教集团、混合所有制办学、现代学徒制育人、建立学分银行、校内外实训基地建设、各层级教育互通衔接、高职本科试点、学生企业实践、“1+X”证书等方面为院校办学提供更加有力的政策支持。只有这些有利于高等建设职业教育发展的政策真正“落地并有效实施”，才能够实现有利于院校发展、有利于人才培养、有利于提升社会认同度，有利于服务行业服务企业、实现高等建设职业教育可持续发展的目标。

1.2.3.2 适应转型，开拓空间，应对挑战

近年来，在中央城市工作会议的重要精神的推动下，国家和行业主管部门陆续出台了《住房城乡建设事业“十三五”规划纲要》《中共中央国务院关于进一步加强城市规划建设管理工作的若干意见》、国务院办公厅《关于大力发展装配式建筑的指导意见》、住房和城乡建设部《2016 ~ 2020 年建筑业信息化发展纲要》等一系列重要文件。这些文件对今后一个时期我国住房和城乡建设事业提出了转型发展的目标、任务、技术路线提出了明确的要求。

以 BIM 技术应用为核心的建筑信息化，以构建建筑工业化体系为目标的装配式建筑，以实现农村人口转移为标志的新型城镇化，以提高管理水平和宜居程度为目的智慧城市、城市综合管廊与海绵城市，以实现“新业态”为标志的智能建造、以实现建筑可持续发展为前景的绿色建筑等新概念、新技术和新的管理模式正在成为我国住房和城乡建设领域可持续发展的新动力、新内容，建筑业管理模式的改革也为我国住房和城乡建设的发展提出了新要求。职业院校应当密切关注、积极学习、主动适应这些新政策、新事物、新环境，借鉴本科院校“新工科”的理念，结合高职教育的定位和社会责任，在新专业设计、现有专业优化和融合方面开展研究和实践，行业、企业和院校结合设计人才培养教学方案和教学资源。在把握住发展新机遇的同时，也要做好应对新挑战的准备。

1.2.3.3 突出特色，立德树人、全面发展

正确面对当前高等建设职业教育面临的生源数量不足、生源构成复杂、生源质量不高、办学水平不一的现实。认真剖析行业企业对高职技术技能型人才规格、关键指标和发展预期的期望，积极开展因材施教和分类分层教育的研究与实践，使不同起点的学生都能各有所得，探索“多措并举、殊途同归”育人效果。

在突出学生技术应用能力的同时，要下大气力研究培养学生职业操守、道德品质、团队意识、创新能力、健康心理的有效途径。借助国家倡导“课程思政”的契机，把育人理念融入院校教育的全过程，坚持德育为先的育人要求，探索出一条适应我国高等建设职业教育人才培养实际需求的育人手段。

1.2.3.4 技能为先，彰显特色，创新发展

建筑业作为我国的国民经济支柱产业之一，长期以来在拉动经济发展、解决就业、造福民生方面发挥了重要作用。为了适应行业发展的要求，建筑业规模不断扩大，尤其对一线技术技能人才的需求量一直持高不下，旺盛的人才需求也为高等建设职业教育提供了广阔的发展空间。全国住房和城乡建设职业教育教学指导委员会、中国建设教育协会应在住房和城乡建设部、教育部的指导和统领下，利用竞赛、会议、论坛、宣贯等渠道和媒介宣传、通

报、推介建筑业的发展动态和趋势，使各院校了解、领会和掌握行业、企业对人才的需求。要主动宣传建筑业转型对提高建筑技术含量、实现建筑产业化、对从业人员知识技能等方面的新变化、新需求，发展的新理念、新前景，提高社会认同度，努力消除社会对建筑业在认识上的疑虑和偏差，吸引更多的学生投身建筑业。

各院校要对认真学习、深入领会我国住房和城乡建设事业转型升级的内涵，尤其要密切关注新技术、新材料、新的施工方式的发展动态，做出合理的预判，并在人才培养过程中加以体现。要理性面对建筑业技术创新对一线技术技能型人才知识技能的新要求，准确定位、合理把控，把新技术的核心与院校教育教学紧密结合。在准确领会行业转型升级的深远意义、技术路径、核心价值的基础上，要合理开设新专业、及时优化老专业和传统专业，大胆开拓、积极创办新专业。要创新人才培养方案、创新课程模式、构建优质教育教学资源，培养出更好、更多的创新创业人才，更好地为行业服务、为企业服务、为地方经济服务。

1.2.3.5　核心引领，注重内涵，协同发展

充分发挥国家和省级示范校、骨干校、“双高校”及行业内核心院校在人才培养、专业与课程改革、院校与资源建设方面的示范、引领、骨干作用。整合优势院校的优质资源，归纳和优化先进院校办学的成功经验，并利用各种媒介加以推广。发挥全国住房和城乡建设职业教育教学指导委员会、中国建设教育协会的专家机构与社团组织的作用，通过多种载体，及时向各院校传递行业发展动态和企业对人才需求方面的信息，制定有关的专业教学标准等指导文件，并通过多种形式进行宣贯，利用会议、论坛、竞赛、成果奖评等形式推广和交流先进的职教理念、教育教学模式。

引领各院校根据自身的办学定位、基础条件、资源配置、市场实际等要素开展具有特色的建设与创新，进一步提高规范办学和院校正规化建设的水平。借助教育行政部门在职业院校推进内部质量保证体系的契机，引导规范办学、突出自律、精益求精促发展的理念。

结合“双高”项目，把加强内涵建设、特色建设、专业群建设作为院校发展建设的持续动力，调动各方面的积极性，结合院校发展的整体规划，大力促进“三教改革”，在办学的全过程树立“质量第一、抓好内涵、创建品牌、持续发展”的理念。在世界主流教育思想的引领下，有机吸收国外（境外）的先进职教经验，并有所创新。积极探索在高等建设职业教育领域实施行动导向课程、现代学徒制、CDIO教育模式、极限学习、分类分层教学等新型人才培养和课程模式的有效途径，通过行之有效的人才培养过程来达到培养高质量创新创业

人才的目标。认真学习和领会教育部《院校人才培养质量“诊改”制度》文件的内涵和做法，规范院校的办学行为，对不同院校进行分类指导，实现优胜劣汰，保证人才培养质量。

1.2.3.6　开阔视野、精准定位，开展服务

高等建设职业教育应理性面对当前及今后一个时期仍然会存在的招生、生源质量、资源配置等方面存在的困难，根据普遍存在的“生源不同、层次不一”的实际，积极开展“因材施教，分层教学 ”方面的探索。要积极创新思维，从发挥社会服务职能、为行业人才培养服务、为学生职业生涯发展服务的角度出发，积极拓展渠道，认真实施“1+X”项目，在完成学历教育的同时，眼光向外，转变观念，加大对业内人士培养培训的工作力度、提升服务能力。真正把为行业服务、为地方经济服务作为今后院校发展新的增长点，把社会服务能力作为助推学历教育水平提升的助推动力，把提升育人功能作为院校教育教学的核心任务。在打造一支胜任教育培训需要，具备工程服务能力的“双师素质”专任教师队伍方面有所作为，使院校的服务领域逐步从全日制人才培养向教育培训、标准及工法研究、应用技术研究与创新、工程咨询与社会服务的领域扩展。通过服务能力的提高、服务领域的扩大、服务手段的更新来扩大院校的市场、提升院校的社会认同度，促进院校的发展。

认真研究建筑业转型升级“新业态”形势下生产与施工一线对岗位的设置、职责、知识和技能的新变化、新要求，把进一步突出高职学生技能水平、适应建筑技术含量提升的要求，理性应对就业岗位重心可能进一步下移作为人才培养的重要任务，理性面对、准确定位、积极引导。

1.2.3.7　借助新技术，推进教学改革

认真对待信息化技术参与和融入院校教育教学的实际，继续认真落实教育部《教育信息化“十三五”规划》精神，积极推进信息化技术融入专业、融入课程的进程，构建“人人皆学、时时可学、处处能学”的学习氛围。通过信息化技术的应用，探索适应高等建设职业教育特点、适应高职学生学习习惯、有利于教师教学和学生学习的有效途径。要积极推介行之有效的信息化教学方法与手段，使之“既好看、又好用”。鼓励教师与有关技术公司组建开发团队协同攻关，借助技术优势早日实现“仿真度高、人机互动、过程可控、感知性强”的实训环境。

充分利用当前职业教育发展的黄金时期和国家加大对职业教育投入的有利时机，以内涵建设为核心，搞好师资队伍、实训基地、教学资源配置的建设，把资源配置与教学需要有机结合。关注和应对我国住房和城乡建设转型升级的整体态势，在建筑信息化、装配式建筑、新型城镇化建设、智能建造、绿色建

筑新技术应用于教学方面进行积极的探索和实践。不断更新教学手段，探索适应高职生源实际和学习兴趣的教学情境和教学方法，进一步提升人才培养质量，为国民经济发展做出更大的贡献。

1.3 2018年中等建设职业教育发展状况分析

1.3.1 中等建设职业教育发展的总体状况

据教育部公布的年度教育统计数据，2018年全国共有中等职业学校10229所，较2017年的10671所减少442所，减少比例为4.14%。全国中等职业学校中，普通中等专业学校为3322所，占比32.48%；成人中等专业学校为1097所，占比10.72%；职业高中学校为3431所，占比33.54%；中等技术学校为2379所，占比23.26%。全国中等职业学校的学校数占全国高中阶段教育学校总数24320所的比例为42.06%。

2018年全国中职教育招生数557.05万人，较2017年的582.43万人减少25.38万人，减少比例为4.36%。全国中职教育招生数中，普通中等专业学校的招生数为241.93万人，占比43.43%；成人中等专业学校的招生数为46.25万人，占比8.30%；职业高中学校的招生数为140.32万人，占比25.19%；中等技术学校的招生数为128.55万人，占比23.08%。全国中职教育招生数占全国高中阶段教育招生数1349.76万人的比例为41.27%。

2018年全国中职教育在校生数1555.26万人，较2017年的1592.49万人减少37.23万人，减少比例为2.34%。全国中职教育在校生数中，普通中等专业学校的在校生数为699.42万人，占比44.97%；成人中等专业学校在校生数为113.12万人，占比7.27%；职业高中学校的在校生数为401.08万人，占比25.79%；中等技术学校的在校生数为341.64万人，占比21.97%。全国中职教育在校生数占全国高中阶段教育在校生数3934.67万人的比例为39.53%。

2018年，开办中等职业教育土木建筑类专业的学校为1599所，占全国中职学校总数的15.63%。开办学校数较2017年的1667所减少68所，减少比例为4.08%。开办土木建筑类专业点数2663个，较2017年的2772个减少109个专业点，减少比例为3.93%。毕业生数139062人，较2017年的184653人减少45591人，减少比例为24.69%；招生人数142655人，较2017年的144469人减少1814人，减少比例为1.26%；在校生规模达390216人，较2017年的408245人减少18029人，减少比例为4.42%。

图 1-9、图 1-10 分别示出 2016 ~ 2018 年全国土木建筑类中等职业教育开办学校、开办专业情况和学生培养情况。

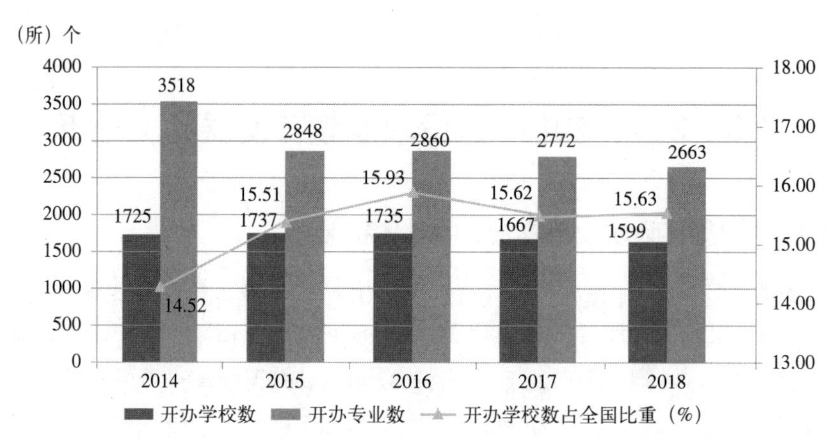

图 1-9 2016 ~ 2018 年全国土木建筑类中等职业教育开办学校、开办专业情况

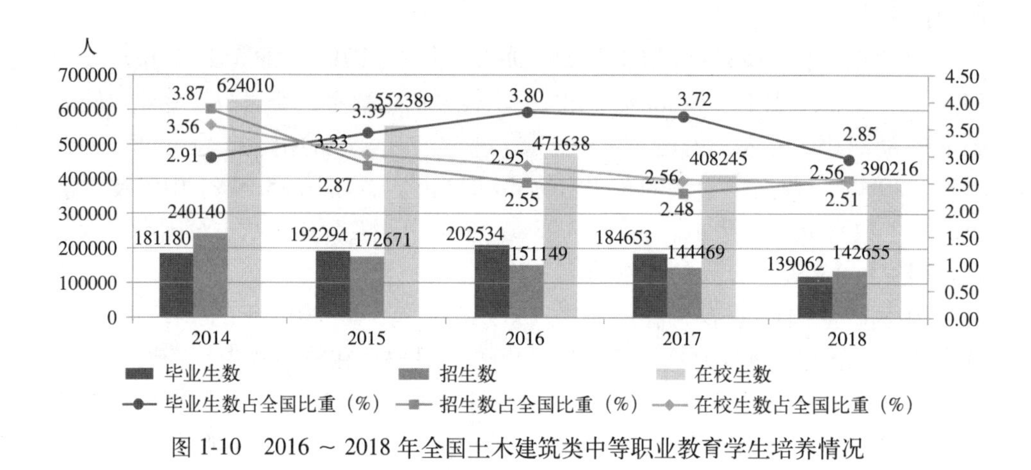

图 1-10 2016 ~ 2018 年全国土木建筑类中等职业教育学生培养情况

1.3.1.1 土木建筑类中职教育学生按学校类别培养情况

1. 土木建筑类中职教育学生按学校类别分布情况

2018 年开办中职教育土木建筑类的学校分为七类，即：调整后中等职业学校（普通中等专业学校）、职业高中学校、中等技术学校、成人中等专业学校、中等师范学校、附设中职班和其他中职机构。与 2017 年相比，开办的学校类别未发生变化。

2018 年土木建筑类中职教育学生按学校类别的分布情况见表 1-29。

2018 年土木建筑类中职教育学生按学校类别分布情况　　表 1-29

学校类别	开办学校		开办专业		毕业人数		招生人数		在校人数	
	数量	占比（%）	数量	占比（%）	数量	占比（%）	数量	占比（%）	数量	占比（%）
调整后中等职业学校	224	14.01	397	14.91	26072	18.75	27569	19.33	72067	18.47
职业高中学校	550	34.40	727	27.30	37658	27.08	40973	28.72	109476	28.06
中等技术学校	439	27.45	832	31.24	46179	33.21	47843	33.54	138516	35.50
附设中职班	318	19.89	601	22.57	21602	15.53	19425	13.62	53778	13.78
成人中等专业学校	42	2.63	69	2.59	5606	4.03	5987	4.20	13741	3.52
其他中职机构	25	1.56	36	1.35	1942	1.40	858	0.60	2638	0.68
中等师范学校	1	0.06	1	0.04	3	0.00	0	0.00	0	0.00
合 计	1599	100.00	2663	100.00	139062	100.00	142655	100.00	390216	100.00

按表 1-29 分析，2018 年土木建筑类中职教育学生按学校类别的分布情况如下：

在全国 3322 所调整后中等职业学校中，224 所开办土木建筑类专业，占调整后中等职业学校总数的 6.74%，占开办土木建筑类专业中等职业学校总数的 14.01%。调整后中等职业学校开办的专业点 397 个、毕业生数 26072 人、招生人数 27569 人、在校人数 72067 人，分别占土木建筑类专业中职教育总数的 14.91%、18.75%、19.33%、18.47%。

在全国 3431 所职业高中学校中，550 所开办土木建筑类专业，占职业高中学校总数的 16.03%，占开办土木建筑类专业中等职业学校总数的 34.40%。职业高中学校开办的专业点 727 个、毕业生数 37658 人、招生人数 40973 人、在校人数 109476 人，分别占土木建筑类专业中职教育总数的 27.30%、27.08%、28.72%、28.06%。

全国 2379 所中等技术学校中，439 所开办土木建筑类专业，占中等技术学校总数的 18.45%，占开办土木建筑类专业中等职业学校总数的 27.45%。中等技术学校开办的专业点 832 个、毕业生数 46179 人、招生人数 47843 人、在校人数 138516 人，分别占土木建筑类专业中职教育总数的 31.24%、33.21%、33.54%、35.50%。

在全国 1097 所成人中等专业学校中，42 所开办土木建筑类专业，占成人中等专业学校总数的 3.83%，占开办土木建筑类专业中等职业学校总数的 2.63%。成人中等专业学校开办的专业点 69 个、毕业生数 5606 人、招生人数 5987 人、在校人数 13741 人，分别占土木建筑类专业中职教育总数的 2.59%、4.03%、

4.20%、3.52%。

在全国1214个附设中职班（不计入全国学校数）中，318个开办土木建筑类专业，占附设中职班总数的26.19%，占开办土木建筑类专业中等职业学校总数的19.89%。附设中职班开办的专业点601个、毕业生数21602人、招生人数19425人、在校人数53778人，分别占土木建筑类专业中职教育总数的22.57%、15.53%、13.62%、13.78%。

在全国285个其他中职机构（不计入全国学校数）中，25个开办土木建筑类专业，占其他中职机构总数的8.77%，占开办土木建筑类专业中等职业学校总数的1.56%。其他中职机构开办的专业点36个、毕业生数1942人、招生人数858人、在校人数2638人，分别占土木建筑类专业中职教育总数的1.35%、1.40%、0.60%、0.68%。

按表1-29的统计数据分析，调整后中等职业学校、职业高中学校和中等技术学校等三个学校类别的开办学校数为1213所，占开办中职教育土木建筑类专业学校总数的75.86%；开办专业数为1956个，占开办土木建筑类专业点总数的73.45%；毕业生人数达109909人，占土木建筑类专业毕业生总数的77.05%；招生人数达116385人，占比达81.58%；在校生人数达320059人，占比达82.02%，每所学校平均在校生数为264人。

与2017年相比，土木建筑类中职生按学校类别分布情况的变化如下：

调整后中等职业学校的开办数、开办的土木建筑类专业点数、毕业生数、在校生数分别减少5所、13个、7320人、1850人，下降幅度分别为2.18%、3.17%、21.92%、2.50%；招生人数增加2566人，增加幅度为10.26%。

职业高中学校的开办数、开办的土木建筑类专业点数、毕业生数、招生人数、在校生数分别减少40所、38个、13149人、4433人、4942人，下降幅度分别为6.78%、4.97%、25.88%、9.76%、4.32%。

中等技术学校的开办数、开办的土木建筑类专业点数、毕业生数、招生人数、在校生数分别减少1所、15个、16682人、1301人、4266人，下降幅度分别为0.23%、1.77%、26.54%、2.65%、2.99%。

成人中等专业学校的开办数、开办的土木建筑类专业点数、招生人数、在校生数分别减少5所、11个、185人、1778人，下降幅度分别为10.64%、13.75%、3.00%、11.46%；毕业生数增加201人，增加幅度为3.72%。

附设中职班的开办数、开办的土木建筑类专业点数、毕业生数、在校生数分别减少11所、21个、8192人、2875人，下降幅度分别为3.34%、3.38%、27.50%、5.07%；招生人数增加2168人，增加幅度为12.56%。

其他中职机构的开办数、开办的土木建筑类专业点数、毕业生数、招生数、在校生数分别减少6所、11个、449人、629人、2318人，下降幅度分别为18.75%、22.92%、18.76%、42.30%、46.77%。

2. 土木建筑类中职教育学生按学校隶属关系分布情况

土木建筑类中职教育学生的学校隶属关系分为四类：一是隶属教育行政部门，包括省级教育部门、地级教育部门和县级教育部门；二是隶属行业行政主管部门，包括国务院国有资产监督管理委员会、中央其他部门、省级其他部门、地级其他部门和县级其他部门；三是隶属企业，包括中国建筑集团有限公司、地方企业；四是属于民办学校。与2017年比较，2018年土木建筑类中职教育学生的学校隶属关系类别没有变化。

2018年全国土木建筑类中等职业教育学生按学校隶属关系的分布情况见表1-30。

2018年土木建筑类中职教育学生按学校隶属关系分布情况 **表1-30**

学校隶属关系		开办学校		开办专业		毕业人数		招生人数		在校人数	
		数量	占比（%）	数量	占比（%）	数量	占比（%）	数量	占比（%）	数量	占比（%）
教育行政部门	省级教育部门	98	6.13	202	7.59	13424	9.65	14473	10.15	37730	9.67
	地级教育部门	306	19.14	576	21.63	27563	19.82	28837	20.21	78534	20.13
	县级教育部门	611	38.21	795	29.85	42439	30.52	45462	31.87	123776	31.72
	小计	1015	63.48	1573	59.07	83426	59.99	88772	62.23	240040	61.52
行业行政主管部门	国务院国有资产监督管理委员会	2	0.12	7	0.26	444	0.32	445	0.31	1134	0.29
	中央其他部门	1	0.06	2	0.08	118	0.08	114	0.08	329	0.08
	省级其他部门	160	10.01	389	14.61	25137	18.08	20860	14.62	61519	15.76
	地级其他部门	106	6.63	201	7.55	10577	7.61	10053	7.05	27731	7.11
	县级其他部门	11	0.69	20	0.75	708	0.51	813	0.57	2215	0.57
	小计	280	17.51	619	23.25	36984	26.60	32285	22.63	92928	23.81
企业	中国建筑集团有限公司	1	0.06	8	0.30	243	0.17	372	0.26	780	0.20
	地方企业	14	0.88	28	1.05	1643	1.18	1324	0.93	5182	1.33
	小计	15	0.94	36	1.35	1886	1.35	1696	1.19	5962	1.53
民办		289	18.07	435	16.33	16766	12.06	19902	13.95	51286	13.14
合计		1599	100.00	2663	100.00	139062	100.00	142655	100.00	390216	100.00

按表1-30分析，2018年土木建筑类中职教育学生按学校隶属关系的分布情

况如下：

开办中职教育土木建筑类专业的学校中，隶属教育行政部门的学校为1015所，占开办中职教育土木建筑类专业学校总数的63.48%，其开办的专业点1573个、毕业生人数83426人、招生人数88772人、在校生人数240040人，分别占土木建筑类专业中职教育总数的59.07%、59.99%、62.23%、61.52%。

开办中职教育土木建筑类专业的学校中，隶属行业行政主管部门的学校为280所，占开办中职教育土木建筑类专业学校总数的17.51%，其开办的专业点619个、毕业生人数36984人、招生人数32285人、在校生人数92928人，分别占土木建筑类专业中职教育总数的23.25%、26.60%、22.63%、23.81%。

开办中职教育土木建筑类专业的学校中，隶属企业的学校为15所，占开办中职教育土木建筑类专业学校总数的0.94%，其开办的专业点36个、毕业生人数1886人、招生人数1696人、在校生人数5962人，分别占土木建筑类专业中职教育总数的1.35%、1.35%、1.19%、1.53%。

开办中职教育土木建筑类专业的学校中，民办学校共289所，占开办中职教育土木建筑类专业学校总数的18.07%，其开办的专业点435个、毕业生人数16766人、招生人数19902人、在校生人数51286人，分别占土木建筑类专业中职教育总数的16.33%、12.06%、13.95%、13.14%。

按在校生规模，四类隶属关系的学校从大到小依次为：隶属教育行政部门的学校（占比61.52%）、隶属行业行政主管部门的学校（占比23.81%）、民办学校（占比13.14%）、企业开办学校（占比1.53%）。我国由教育行政部门和行业行政主管部门开办土木建筑类专业中职教育的学校在校生规模，合计占比达85.33%。

与2017年相比，土木建筑类中职学生按学校隶属关系分布情况的变化如下：

隶属教育行政部门的学校开办数、开办的土木建筑类专业点数、毕业生数、在校生数分别减少27所、30个、26616人、1973人，下降幅度分别为2.59%、1.87%、24.19%、0.82%。招生人数增加1958人，增加幅度为2.26%。

隶属行业行政主管部门的学校开办数、开办的土木建筑类专业点数、毕业生数、招生人数、在校生数分别减少28所、67个、14062人、3244人、15340人，下降幅度分别为9.09%、9.77%、27.55%、9.13%、14.17%。

隶属企业的学校开办数、开办的土木建筑类专业点数、毕业生数、招生人数分别减少2所、0个、374人、252人，下降幅度分别为11.76%、0%、16.55%、12.93%。在校生数增加213人，增加幅度为3.70%。

民办学校开办数、开办的土木建筑类专业点数、毕业生数、招生人数、在校生数分别减少11所、12个、4539人、276人、929人，下降幅度分别为3.67%、

2.68%、21.30%、1.37%、1.78%。

按在校生规模，四类隶属关系的学校从大到小的顺序未变，占比变化为：隶属教育行政部门的学校占比提升 2.24%，隶属行业行政主管部门的学校占比下降 2.71%，民办学校占比增加 0.35%，企业开办学校占比增加 0.12%。

1.3.1.2　土木建筑类中职教育学生按地区培养情况

1. 土木建筑类中职教育学生按各大区域分布情况

根据华北（含京、津、冀、晋、蒙）、东北（含辽、吉、黑）、华东（含沪、苏、浙、皖、闽、赣、鲁）、中南（含豫、鄂、湘、粤、桂、琼）、西南（含渝、川、贵、云、藏）、西北（含陕、甘、青、宁、新）等六个区域板块划分，2018 年土木建筑类中职教育学生按各大区域板块分布情况，见表 1-31。

2018 年土木建筑类中职教育学生按区域板块分布情况　　表 1-31

区域板块	开办学校		开办专业		毕业人数		招生人数		在校人数		招生数较毕业生数增幅（%）
	数量	占比（%）	数量	占比（%）	数量	占比（%）	数量	占比（%）	数量	占比（%）	
华北	220	13.76	335	12.58	13078	9.40	11897	8.34	37907	9.72	− 9.03
东北	110	6.88	189	7.10	4347	3.13	2873	2.01	11175	2.86	− 33.91
华东	469	29.33	807	30.30	45248	32.54	45791	32.10	126145	32.33	1.20
中南	332	20.76	565	21.22	33715	24.24	36980	25.92	102597	26.29	9.68
西南	300	18.76	524	19.68	33749	24.27	34805	24.40	85694	21.96	3.13
西北	168	10.51	243	9.13	8925	6.42	10309	7.23	26698	6.84	15.51
合计	1599	100.00	2663	100.00	139062	100.00	142655	100.00	390216	100.00	2.58

据表 1-31 分析，2018 年土木建筑类中职教育学生按各大区域分布的特点如下：

开办学校数从多到少依次为：华东、中南、西南、华北、西北、东北地区，分别为 469、332、300、220、168、110 所。处于前两位的华东、中南地区共 801 所，占六大区域总数的 50.09%。处于后两位的西北、东北地区共 278 所，占总数的 17.39%。

专业点数从多到少依次为：华东、中南、西南、华北、西北、东北地区，分别为 807、565、524、335、243、189 个。处于前两位的华东、中南地区共 1372 个，占六大区域总数的 51.52%。处于后两位的西北、东北地区共 432 个，占总数的 16.22%。

毕业生人数从多到少依次为：华东、西南、中南、华北、西北、东北地区，分别为 45248、33749、33715、13078、8925、4347 人，分别占总数的 32.54%、

24.27 %、24.24%、9.40%、6.42%、3.13%。处于前两位的华东、西南地区共78997 人，占六大区域总数的 56.81%。处于后两位的西北、东北地区共 13272 人，占总数的 9.54%。

招生人数从多到少依次为：华东、中南、西南、华北、西北、东北地区，分别为 45791、36980、34805、11897、10309、2873 人，分别占总数的32.10%、25.92%、24.40%、8.34%、7.23%、2.01%。处于前两位的华东、中南地区共 82771 人，占六大区域总数的 58.02%。处于后两位的西北、东北地区共13182 人，占总数的 9.24%。

在校生人数从多到少依次为：华东、中南、西南、华北、西北、东北地区，分别为 126145、102597、85694、37907、26698、11175 人，分别占总数的32.33%、26.29%、21.96%、9.72%、6.84%、2.86%。处于前两位的华东、中南地区共 228742 人，占六大区域总数的 58.62%。处于后两位的西北、东北地区共 37873 人，占总数的 9.71%。

从统计分析可见，在各大区域的开办学校数、专业点数、毕业生人数、招生人数、在校生人数等五项数据中，华东和中南地区均处于前两位，且两地区的数据之和都超过六大区域总数的一半，达到 50.09% ~ 58.62%。可以看出，中等建设职业教育的区域发展情况，与区域人口规模、经济发展水平和中等建设职业教育的发展水平等方面是一致的。

与 2017 年相比，2018 年土木建筑类中职教育学生按各区域分布变化有以下特点：

开办学校数均为减少。2017 年各大区域的开办学校数从多到少依次为：华东 477 所、中南 343 所、西南 315 所、华北 233 所、西北 176 所、东北 123 所。2018 年各大区域按开办学校数减少幅度从大到小依次为：东北减少 13 所，降幅10.57%；华北减少 13 所，降幅 5.58%；西南减少 15 所，降幅 4.76%；西北减少 8 所，降幅 4.55%；中南减少 11 所，降幅 3.21%；华东减少 8 所，降幅 1.68%。

在校生规模继续减少。2017 年各大区域在校生人数从多到少依次为：华东131487 人、中南 104156 人、西南 90326 人、华北 41999 人、西北 27267 人、东北 13010 人。2018 年各大区域按在校生规模减小幅度从大到小依次为：东北减少 1835 人，降幅 14.10%；华北减少 4092 人，降幅 9.74%；西南减少 4632 人，降幅 5.13%；华东减少 5342 人，降幅 4.06%；西北减少 569 人，降幅 2.09%；中南减少 1559 人，降幅 1.50%。

招生数较毕业生数增幅指标显著好转。2017 年各大区域的招生数较毕业生数增幅指标均为负值：中南地区为－16.47%、华东地区为－20.20%、华北地区为－20.90%、东北地区－21.48%、西北地区为－22.44%、西南地区－28.87%。

2018年各大区域按招生数较毕业生数增幅指标从大到小依次为：西北地区15.51%、中南地区为9.68%、西南地区3.13%、华东地区1.20 %、华北地区－9.03%、东北地区－33.91%。仅东北地区的指标继续下滑，降幅增大。

2．土木建筑类中职教育学生按省级行政区分布情况

2018年土木建筑类中职教育学生按省级行政区分布情况，见表1-32。

2018年土木建筑类中职教育学生按省级行政区分布情况　　表1-32

各省市自治区	开办学校		开办专业		毕业人数		招生人数		在校人数		招生数较毕业生数增幅（%）
	数量	占比（%）	数量	占比（%）	数量	占比（%）	数量	占比（%）	数量	占比（%）	
北京	15	0.94	30	1.13	948	0.68	150	0.11	1412	0.36	－84.18
天津	5	0.31	15	0.56	987	0.71	783	0.55	3176	0.81	－20.67
河北	94	5.88	123	4.62	5416	3.89	6612	4.63	19453	4.99	22.08
山西	45	2.81	72	2.70	3392	2.44	2517	1.76	8217	2.11	－25.80
内蒙古	61	3.81	95	3.57	2335	1.68	1835	1.29	5649	1.45	－21.41
辽宁	28	1.75	53	1.99	1498	1.08	1225	0.86	3785	0.97	－18.22
吉林	44	2.75	65	2.44	1218	0.88	877	0.61	3922	1.01	－28.00
黑龙江	38	2.38	71	2.67	1631	1.17	771	0.54	3468	0.89	－52.73
上海	8	0.50	26	0.98	1765	1.27	1741	1.22	5379	1.38	－1.36
江苏	89	5.57	164	6.16	9610	6.91	9111	6.39	27452	7.04	－5.19
浙江	63	3.94	125	4.69	8494	6.11	7625	5.35	22930	5.88	－10.23
安徽	87	5.44	129	4.84	6717	4.83	9268	6.50	23319	5.98	37.98
福建	77	4.82	151	5.67	7928	5.70	7053	4.94	16939	4.34	－11.04
江西	45	2.81	71	2.67	2813	2.02	2722	1.91	8555	2.19	－3.23
山东	100	6.25	141	5.29	7921	5.70	8271	5.80	21571	5.53	4.42
河南	151	9.44	245	9.20	14228	10.23	14739	10.33	42276	10.83	3.59
湖北	36	2.25	60	2.25	3611	2.60	3915	2.74	10346	2.65	8.42
湖南	55	3.44	89	3.34	4557	3.28	4992	3.50	14367	3.68	9.55
广东	45	2.81	84	3.15	5582	4.01	5602	3.93	15578	3.99	0.36
广西	37	2.31	67	2.52	5315	3.82	6970	4.89	18060	4.63	31.14
海南	8	0.50	20	0.75	422	0.30	762	0.53	1970	0.50	80.57
重庆	50	3.13	75	2.82	5823	4.19	3921	2.75	10159	2.60	－32.66
四川	100	6.25	146	5.48	12806	9.21	11848	8.31	27491	7.05	－7.48
贵州	56	3.50	115	4.32	6344	4.56	7216	5.06	19340	4.96	13.75

续表

各省市自治区	开办学校		开办专业		毕业人数		招生人数		在校人数		招生数较毕业生数增幅（%）
	数量	占比（%）	数量	占比（%）	数量	占比（%）	数量	占比（%）	数量	占比（%）	
云南	88	5.50	176	6.61	8503	6.11	11460	8.03	27667	7.09	34.78
西藏	6	0.38	12	0.45	273	0.20	360	0.25	1037	0.27	31.87
陕西	38	2.38	51	1.92	1198	0.86	1101	0.77	3315	0.85	− 8.10
甘肃	49	3.06	71	2.67	2370	1.70	2744	1.92	6707	1.72	15.78
青海	12	0.75	18	0.68	706	0.51	837	0.59	2193	0.56	18.56
宁夏	14	0.88	26	0.98	987	0.71	1293	0.91	3351	0.86	31.00
新疆	55	3.44	77	2.89	3664	2.63	4334	3.04	11132	2.85	18.29
合计	1599	100.00	2663	100.00	139062	100.00	142655	100.00	390216	100.00	2.58

据表 1-32 分析，2018 年土木建筑类中职教育学生按省级行政区分布的特点如下：

开办学校数占全国总数 5% 以上的依次为：河南 151 所（9.44%）、四川与山东各 100 所（6.25%）、河北 94 所（5.88%）、江苏 89 所（5.57%）、云南 88 所（5.50%）、安徽 87 所（5.44%）。开办学校数占全国总数不足 1% 的有：北京 15 所（0.94%）、宁夏 14 所（0.88%）、青海 12 所（0.75%）、海南与上海各 8 所（0.50%）、西藏 6 所（0.38%）、天津 5 所（0.31%）。

专业点数占全国总数 5% 以上的依次为：河南 245 个（9.20%）、云南 176 个（6.61%）、江苏 164 个（6.16%）、福建 151 个（5.67%）、四川 146 个（5.48%）。专业点数占全国总数不足 1% 的有：宁夏和上海各 26 个（0.98%）、海南 20 个（0.75%）、青海 18 个（0.68%）、天津 15 个（0.56%）、西藏 12 个（0.45%）。

毕业生人数占全国总数 5% 以上的依次为：河南 14228 人（10.23%）、四川 12806 人（9.21%）、江苏 9610 人（6.91%）、云南 8503 人（6.11%）、浙江 8494 人（6.11%）、福建 7928 人（5.70%）、山东 7921 人（5.70%）。毕业生人数占全国总数不足 1% 的有：吉林 1218 人（0.88%）、陕西 1198 人（0.86%）、宁夏 987 人（0.71%）、天津 987 人（0.71%）、北京 948 人（0.68%）、青海 706 人（0.51%）、海南 422 人（0.30%）、西藏 273 人（0.20%）。

招生人数占全国总数 5% 以上的依次为：河南 14739 人（10.33%）、四川 11848 人（8.31%）、云南 11460 人（8.03%）、安徽 9268 人（6.50%）、江苏 9111 人（6.39%）、山东 8271 人（5.80%）、浙江 7625 人（5.35%）、贵州 7216 人（5.06%）。招生人数占全国总数不足 1% 的有：宁夏 1293 人（0.91%）、辽宁

1225人（0.86%）、陕西1101人（0.77%）、吉林877人（0.61%）、青海837人（0.59%）、天津783人（0.55%）、黑龙江771人（0.54%）、海南762人（0.53%）、西藏360人（0.25%）、北京150人（0.11%）。

在校生人数占全国总数5%以上的依次为：河南42276人（10.83%）、云南27667人（7.09%）、四川27491人（7.05%）、江苏27452人（7.04%）、安徽23319人（5.98%）、浙江22930人（5.88%）、山东21571人（5.53%）。在校生人数占全国总数不足1%的有：辽宁3785人（0.97%）、黑龙江3468人（0.89%）、宁夏3351人（0.86%）、陕西3315人（0.85%）、天津3176人（0.81%）、青海2193人（0.56%）、海南1970人（0.50%）、北京1412人（0.36%）、西藏1037人（0.27%）。

招生数较毕业生数增幅指标，有16个省级行政区为正值，即招生数大于毕业生数。招生数较毕业生数增幅最大的是海南，增幅达80.57%；增幅在30%～40%的依次为安徽（37.98%）、云南（34.78%）、西藏（31.87%）、广西（31.14%）、宁夏（31.00%）；增幅在20%～30%的为河北（22.08%）；增幅在10%～20%的依次为青海（18.56%）、新疆（18.29%）、甘肃（15.78%）、贵州（13.75%）；增幅在0～10%的依次为湖南（9.55%）、湖北（8.42%）、山东（4.42%）、河南（3.59%）、广东（0.36%）。

招生数较毕业生数增幅指标，有15个省级行政区为负值，即招生数小于毕业生数。招生数较毕业生数减少幅度最大的是北京（－84.18%），其次是黑龙江（－52.73）和重庆（－32.66%）。减少幅度为20%～30%的依次为吉林（－28.00%）、山西（－25.80%）、内蒙古（－21.41%）、天津（－20.67%）；减少幅度为10%～20%的依次为辽宁（－18.22%）、福建（－11.04%）、浙江（－10.23 %）；减少幅度在10%以下的依次为陕西（－8.10%）、四川（－7.48%）、江苏（－5.19%）、江西（－3.23%）、上海（－1.36%）。

与2017年相比，2018年土木建筑类中职教育学生按省级行政区分布情况变化如下：

开办学校数。在31个省级行政区中，有5个增加，7个持平，19个减少。数量增加的5个省级行政区及其增量依次为浙江和新疆各3所，安徽2所，广西和青海各1所。持平的7个省级行政区为天津、山西、上海、江西、海南、云南、西藏。数量减少达5所及以上的省级行政区有9个，依次为四川9所，内蒙古和陕西各8所，福建、山东和湖南各6所，辽宁、黑龙江和贵州各5所。

在校生规模。2018年在校生规模较上年有所增加的省级行政区有10个，增幅前5位的依次为：海南（9.26%）、贵州（4.24%）、青海（3.59%）、江苏（3.56%）、西藏（3.39%）。2018年在校生规模较上年有所减少的21个省级行政区中，降幅超过20%的依次为北京（－31.39%）、黑龙江（－24.59%）、重庆（－20.62%）；降幅为10%～20%的依次为陕西（－13.81%）、吉林（－12.92%）、内蒙古（－12.89%）、山西（－12.00%）、福建（－11.67%）、四川（－11.49%）、天津（10.00%）。

1.3.1.3　土木建筑类中职教育学生按专业培养情况

中等建设职业教育以《中等职业学校专业目录（2010年修订）》土木水利类（代码0400）设置的建筑工程施工等18个专业为主，并包括各省级行政区开设专业目录外的土木水利类专业或专业（技能）方向。

2018年土木建筑类中等职业教育学生按专业分布情况，见表1-33。

2018年土木建筑类中职教育学生按专业分布情况　　表1-33

专业	开办学校		毕业人数		招生人数		在校人数	
	数量	占比（%）	数量	占比（%）	数量	占比（%）	数量	占比（%）
建筑工程施工	1071	40.22	73883	53.13	71610	50.20	188680	48.35
建筑装饰	423	15.88	17727	12.75	23696	16.61	63287	16.22
古建筑修缮与仿建	8	0.30	103	0.07	97	0.07	351	0.09
城镇建设	16	0.60	546	0.39	679	0.48	1811	0.46
工程造价	420	15.77	17742	12.76	17066	11.96	50366	12.91
建筑设备安装	41	1.54	1070	0.77	1102	0.77	3165	0.81
楼宇智能化设备安装与运行	104	3.91	1916	1.38	2776	1.95	7835	2.01
供热通风与空调施工运行	8	0.30	245	0.18	131	0.09	714	0.18
建筑表现	19	0.71	438	0.31	914	0.64	2001	0.51
城市燃气输配与应用	8	0.30	501	0.36	617	0.43	1510	0.39
给水排水工程施工与运行	20	0.75	484	0.35	574	0.40	1242	0.32
市政工程施工	43	1.61	1261	0.91	1554	1.09	4618	1.18
道路与桥梁工程施工	105	3.94	5507	3.96	4433	3.11	13459	3.45
铁道施工与养护	32	1.20	2769	1.99	2171	1.52	6824	1.75
水利水电工程施工	79	2.97	4546	3.27	4012	2.81	11417	2.93
工程测量	139	5.22	5132	3.69	6129	4.30	17903	4.59
土建工程检测	24	0.90	693	0.50	615	0.43	1509	0.39
工程机械运用与维修	62	2.33	2719	1.96	2973	2.08	8273	2.12
土木水利类专业	41	1.54	1780	1.28	1506	1.06	5251	1.35
合计	2663	100.00	139062	100.00	142655	100.00	390216	100.00

按表1-33分析，2018年土木建筑类中职教育学生按专业分布情况如下：

开办学校数超百所的专业共6个，依次为：建筑工程施工（1071所，占40.22%）、建筑装饰（423所，占15.88%）、工程造价（420所，占15.77%）、工程测量（139所，占5.22%）、道路与桥梁工程施工（105所，占3.94%）、楼宇智能化设备安装与运行（104所，占3.91%）。6个专业开办学校数合计2262所，占比84.94%。开办学校数较少的专业为古建筑修缮与仿建、供热通风与空调施工运行、城市燃气输配与应用（各8所，分别占0.30%）。

毕业生人数超过万人的共3个专业，依次为：建筑工程施工（73883人，占53.13%）、工程造价（17742人，占12.76%）、建筑装饰（17727人，占12.75%）。毕业生人数排后续三位的专业依次为：道路与桥梁工程施工（5507人，占3.92%）、工程测量（5132人，占3.69%）、水利水电工程施工（4546人，占3.27%）。毕业生数较少的专业是供热通风与空调施工运行（245人，占0.18%）、古建筑修缮与仿建（103人，占0.07%）。

招生人数超过万人的共3个专业，依次为：建筑工程施工（71610人，占50.20%）、建筑装饰（23696人，占16.61%）、工程造价（17066人，占11.96%）。招生人数排后续三位的专业依次为工程测量（6129人，占4.30%）、道路与桥梁工程施工（4433人，占3.11%）、水利水电工程施工（4012人，占2.81%）。招生人数较少的专业是供热通风与空调施工运行（131人，占0.09%）、古建筑修缮与仿建（97人，占0.07%）。

在校生人数超过万人的共6个专业，依次为：建筑工程施工（188680人，占48.35%）、建筑装饰（63287人，占16.22%）、工程造价（50366人，占12.91%）、工程测量（17903人，占4.59%）、道路与桥梁工程施工（13459人，占3.45%）、水利水电工程施工（11417人，占2.93%）。在校生人数较少的专业是供热通风与空调施工运行（714人，占0.18%）、古建筑修缮与仿建（351人，占0.09%）。

招生数较毕业生数的增幅，有10个目录内专业为正值，即招生数大于毕业生数，按增幅大小依次为：建筑表现（108.68%）、楼宇智能化设备安装与运行（44.89%）、建筑装饰（33.67%）、城镇建设（24.36%）、市政工程施工（23.24%）、城市燃气输配与应用（23.15%）、工程测量（19.43%）、给排水工程施工与运行（18.60%）、工程机械运用与维修（9.34%）、建筑设备安装（2.99%）。招生数较毕业生数的增幅为负值，即招生数小于毕业生数的目录内专业，按降幅大小依次为：供热通风与空调施工运行（－46.53%）、铁道施工与养护（－21.60%）、道路与桥梁工程施工（－19.53%）、水利水电工程施工（－11.75%）、土建工程检测（－11.26%）、古建筑修缮与仿建（－5.83%）、工程造价（－3.81%）、建筑工程施工（－3.08%）。土木水利类目录外专业的招生数也小于毕业生数，降幅为－15.39%。

依据2018年按专业分布的数据统计可以看出，建筑工程施工、工程造价、建筑装饰专业的开办学校数、毕业生数、招生数和在校生数，继续分别排列前三位。三个专业的开办学校数合计为1914所，占71.87%；毕业生数合计109352人，占78.64%；招生人数合计112372人，占78.77%；在校生数合计302333人（占77.48%）。

与2017年相比，2018年土木建筑类中职教育学生按专业分布情况的变化如下：

建筑工程施工专业：2017年的开办学校数、毕业生数、招生数、在校生数依次为1135所、104156人、70620人、201890人，2018年的数值变化和变化幅度依次为减少64所（－5.64%）、减少30273人（－29.07%）、增加990人（1.40%）、减少13210人（－6.54%）。

建筑装饰专业：2017年的开办学校数、毕业生数、招生数、在校生数依次为412所、20956人、22015人、61215人，2018年的数值变化和变化幅度依次为增加11所（2.67%）、减少3229人（－15.41%）、增加1681人（7.64%）、增加2072人（3.38%）。

古建筑修缮与仿建专业：2017年的开办学校数、毕业生数、招生数、在校生数依次为7所、96人、141人、315人，2018年的数值变化和变化幅度依次为增加1所（14.29%）、增加7人（7.29%）、减少44人（－31.21%）、增加36人（11.43%）。

城镇建设专业：2017年的开办学校数、毕业生数、招生数、在校生数依次为20所、916人、646人、1887人，2018年的数值变化和变化幅度依次为减少4所（－20.00%）、减少370人（－40.39%）、增加33人（5.11%）、减少76人（－4.03%）。

工程造价专业：2017年的开办学校数、毕业生数、招生数、在校生数依次为438所、24853人、19748人、55018人，2018年的数值变化和变化幅度依次为减少18所（－4.11%）、减少7111人（－28.61%）、减少2682人（－13.58%）、减少4652人（－8.46%）。

建筑设备安装专业：2017年的开办学校数、毕业生数、招生数、在校生数依次为46所、1971人、1238人、3371人，2018年的数值变化和变化幅度依次为减少5所（－10.87%）、减少901人（－45.71%）、减少136人（－10.99%）、减少206人（－6.11%）。

楼宇智能化设备安装与运行专业：2017年的开办学校数、毕业生数、招生数、在校生数依次为102所、2029人、2353人、7263人，2018年的数值变化和变化幅度依次为增加2所（1.96%）、减少113人（－5.57%）、增加423人（17.98%）、增加572人（7.88%）。

供热通风与空调施工运行专业：2017年的开办学校数、毕业生数、招生数、在校生数依次为12所、300人、296人、868人，2018年的数值变化和变化幅度依次为减少4所（－33.33%）、减少55人（－18.33%）、减少165人（－55.74%）、减少154人（－17.74%）。

建筑表现专业：2017年的开办学校数、毕业生数、招生数、在校生数依次为18所、601人、618人、1760人，2018年的数值变化和变化幅度依次为增加1所（5.56%）、减少163人（－27.12%）、增加296人（47.90%）、增加241人（13.69%）。

城市燃气输配与应用专业：2017年的开办学校数、毕业生数、招生数、在校生数依次为8所、351人、497人、1405人，2018年的数值变化和变化幅度依次为持平、增加150人（42.74%）、增加120人（24.14%）、增加105人（7.47%）。

给水排水工程施工与运行专业：2017年的开办学校数、毕业生数、招生数、在校生数依次为21所、515人、554人、1587人，2018年的数值变化和变化幅度依次为减少1所（－4.76%）、减少31人（－6.02%）、增加20人（3.61%）、减少345人（21.74%）。

市政工程施工专业：2017年的开办学校数、毕业生数、招生数、在校生数依次为48所、1906人、1748人、4472人，2018年的数值变化和变化幅度依次为减少5所（－10.42%）、减少645人（－33.84%）、减少194人（－11.10%）、增加146人（3.26%）。

道路与桥梁工程施工专业：2017年的开办学校数、毕业生数、招生数、在校生数依次为112所、6383人、5069人、15060人，2018年的数值变化和变化幅度依次为减少7所（－6.25%）、减少876人（－13.72%）、减少636人（－12.55%）、减少1601人（－10.63%）。

铁道施工与养护专业：2017年的开办学校数、毕业生数、招生数、在校生数依次为33所、3340人、2947人、7528人，2018年的数值变化和变化幅度依次为减少1所（－3.03%）、减少571人（－17.10%）、减少776人（－26.33%）、减少704人（－9.36%）。

水利水电工程施工专业：2017年的开办学校数、毕业生数、招生数、在校生数依次为80所、4927人、3245人、11011人，2018年的数值变化和变化幅度依次为减少1所（－1.25%）、减少381人（－7.73%）、增加767人（23.64%）、增加406人（3.69%）。

工程测量专业：2017年的开办学校数、毕业生数、招生数、在校生数依次为137所、5932人、6703人、17262人，2018年的数值变化和变化幅度依次为增加2所（1.46%）、减少800人（－13.49%）、减少574人（－8.56%）、增加641人（3.71%）。

土建工程检测专业：2017年的开办学校数、毕业生数、招生数、在校生数依次为24所、804人、685人、1910人，2017年的数值变化和变化幅度依次为持平、减少111人（－13.81%）、减少70人（－10.22%）、减少401人（－20.99%）。

工程机械运用与维修：2017年的开办学校数、毕业生数、招生数、在校生数依次为69所、2765人、3245人、8478人，2018年的数值变化和变化幅度依次为减少7所（－10.14%）、减少46人（－1.66%）、减少272人（－8.38%）、减少205人（－2.42%）。

土木水利类专业（目录外）：2017年的开办学校数、毕业生数、招生数、在校生数依次为50所、1852人、2101人、5945人，2018年的数值变化和变化幅度依次为减少9所（－18.00%）、减少72人（－3.89%）、减少595人（－28.32%）、减少6940人（－11.67%）。

2017年按专业分布的数据统计排列前三位的建筑工程施工、建筑装饰、工程造价专业，三个专业的开办学校数合计为1985所，毕业生数合计为149965人，招生数合计为112383人，在校生数合计为318123人。2018年开办学校数合计减少71所，减少幅度为3.58%；毕业生数合计减少40613人，减少幅度为27.08%；招生数合计减少11人，减少幅度为0.01%；在校生数合计减少15790人，减少幅度为4.96%。

依据2018年按专业分布的变化情况分析，在专业目录内的土木水利类18个专业中，开办学校数增幅前三位的专业是：古建筑修缮与仿建（14.29%）、建筑表现（5.56%）、建筑装饰（2.67%）；降幅较大的末三位是：建筑设备安装（－10.87%）、城镇建设（－20.00%）、供热通风与空调施工运行（－33.33%）。

在专业目录内的土木水利类18个专业中，毕业生数有递增的两个专业是：城市燃气输配与应用（42.74%）、古建筑修缮与仿建（7.29%）；降幅较大的末三位是：市政工程施工（－33.84%）、城镇建设（－40.39%）、建筑设备安装（－45.71%）。

在专业目录内的土木水利类18个专业中，招生数增幅前三位的是：建筑表现（47.90%）、城市燃气输配与应用（24.14%）、水利水电工程施工（23.64%）；降幅较大的末三位是：铁道施工与养护（－26.33%）、古建筑修缮与仿建（－31.21%）、供热通风与空调施工运行（－55.74%）。

在专业目录内的土木水利类18个专业中，在校生数增幅前三位的是：建筑表现（13.69%）、古建筑修缮与仿建（11.43%）、楼宇智能化设备安装与运行(7.88%)；降幅较大的末三位是：供热通风与空调施工运行（－17.74%）、土建工程检测（－20.99%）、给水排水工程施工与运行（－21.74%）。

1.3.2 中等建设职业教育发展的趋势

依据中等职业教育土木建筑类专业近几年的相关数据作分析对比，我国中等建设职业教育发展呈现以下趋势。

1.3.2.1 开办学校数继续减少

2016～2018年开办中职教育土木建筑类专业的学校数分别为1735所、1667所、1599所，2017年比2016年减少68所，减少幅度为3.92%；2018年比2017减少68所，减少幅度为4.08%。开办学校数呈现连续两年减少的趋势。

从2016～2018年的学校类别分布情况分析，调整后中等职业学校的开办学校数分别为236所、229所、224所，2017年比2016年减少7所，减少幅度为2.97%；2018年比2017减少6所，减少幅度为2.62%。职业高中学校的开办学校数分别为619所、590所、550所，2017年比2016年减少29所，减少幅度为4.68%；2018年比2017减少40所，减少幅度为6.78%。中等技术学校的开办学校数分别为456所、440所、439所，2017年比2016年减少16所，减少幅度为3.51%；2018年比2017减少1所，减少幅度为0.24%。成人中等专业学校的开办学校数分别为52所、47所、42所，2017年比2016年减少5所，减少幅度为9.62%；2018年比2017减少5所，减少幅度为10.64%。以上四类学校在2017年和2018年均呈现开办学校数连续减少的趋势。职业高中学校和成人中等专业学校的开办学校数减少幅度相对较大，并呈现减少幅度连续两年递增的趋势。

从2016～2018年的学校隶属关系分布情况分析，隶属教育行政部门的开办学校数分别为1077所、1042所、1015所，2017年比2016年减少35所，减少幅度为3.25%；2018年比2017减少27所，减少幅度为2.59%。隶属行业行政主管部门的开办学校数分别为325所、308所、280所，2017年比2016年减少17所，减少幅度为5.23%；2018年比2017减少28所，减少幅度为9.09%。属于民办学校的开办数分别为314所、300所、289所，2017年比2016年减少14所，减少幅度为4.46%；2018年比2017减少11所，减少幅度为3.67%。隶属企业的开办学校数分别为19所、17所、15所，2017年比2016年减少2所，减少幅度为10.53%；2018年比2017减少2所，减少幅度为11.76%。隶属行业行政主管部门的学校和隶属企业的学校，开办学校数的减少幅度相对较大，并呈现减少幅度连续两年递增的趋势。

1.3.2.2　开办专业点数继续减少

2016 ~ 2018 年开办中职教育土木建筑类专业点数分别为 2860 个、2772 个、2663 个，2017 年比 2016 年减少 88 个，减少幅度为 3.08%；2018 年比 2017 减少 109 个，减少幅度为 3.93%。开办专业点数呈现连续下降。

2016 ~ 2018 年全国各区域板块开办中职教育土木建筑类专业点的分布变化情况，见表 1-34。

2016 ~ 2018 年全国各区域板块开办中职教育土木建筑类专业的分布变化情况　表 1-34

区域板块	开办专业数				2016 年		2017 年		2018 年		2016 ~ 2018 年	
	2015 年	2016 年	2017 年	2018 年	增量	增幅（%）	增量	增幅（%）	增量	增幅（%）	累计增量	累计增幅（%）
中南	549	599	577	565	+50	+9.11	－ 22	－ 3.67	－ 12	－ 2.08	16	2.91
西南	542	546	535	524	+4	+0.74	－ 11	－ 2.01	－ 11	－ 2.06	－ 18	－ 3.32
华东	883	861	837	807	－ 22	－ 2.49	－ 24	－ 2.79	－ 30	－ 3.58	－ 76	－ 8.61
华北	373	370	346	335	－ 3	－ 0.80	－ 24	－ 6.49	－ 11	－ 3.18	－ 38	－ 10.19
西北	271	261	258	243	－ 10	－ 3.69	－ 3	－ 1.15	－ 15	－ 5.81	－ 28	－ 10.33
东北	230	223	219	189	－ 7	－ 3.04	－ 4	－ 1.79	－ 30	－ 13.70	－ 41	－ 17.83
合计	2848	2860	2772	2663	+12	+0.42	－ 88	－ 3.08	－ 109	－ 3.93	－ 185	－ 6.50

2016 ~ 2018 年全国各省级行政区开办中职教育土木建筑类专业的分布变化情况，见表 1-35。

2016 ~ 2018 年各省级行政区开办中职教育土木建筑类专业的分布变化情况　表 1-35

地区	开办专业数				2016 年		2017 年		2018 年		2016 ~ 2018 年	
	2015 年	2016 年	2017 年	2018 年	增量	增幅（%）	增量	增幅（%）	增量	增幅（%）	累计增量	累计增幅（%）
西藏	8	8	12	12	0	0.00	4	50.00	0	0.00	4	50.00
青海	15	16	17	18	1	6.67	1	6.25	1	5.88	3	20.00
广西	56	59	67	67	3	5.36	8	13.65	0	0.00	11	19.64
广东	75	88	83	84	13	17.33	－ 5	－ 5.68	1	1.20	9	12.00
天津	14	14	15	15	0	0.00	1	7.14	0	0.00	1	7.14
甘肃	67	73	70	71	6	8.96	－ 3	－ 4.11	1	1.43	4	5.97
湖南	85	95	95	89	10	11.76	0	0.00	－ 6	－ 6.32	4	4.71

续表

<table>
<tr><th rowspan="2">地区</th><th colspan="4">开办专业数</th><th colspan="2">2016 年</th><th colspan="2">2017 年</th><th colspan="2">2018 年</th><th colspan="2">2016 ~ 2018 年</th></tr>
<tr><th>2015 年</th><th>2016 年</th><th>2017 年</th><th>2018 年</th><th>增量</th><th>增幅（%）</th><th>增量</th><th>增幅（%）</th><th>增量</th><th>增幅（%）</th><th>累计增量</th><th>累计增幅（%）</th></tr>
<tr><td>河南</td><td>237</td><td>262</td><td>247</td><td>245</td><td>25</td><td>10.55</td><td>－15</td><td>－5.73</td><td>－2</td><td>－0.81</td><td>8</td><td>3.38</td></tr>
<tr><td>安徽</td><td>126</td><td>135</td><td>130</td><td>129</td><td>9</td><td>7.14</td><td>－5</td><td>－3.70</td><td>－1</td><td>－0.77</td><td>3</td><td>2.38</td></tr>
<tr><td>山西</td><td>71</td><td>73</td><td>71</td><td>72</td><td>2</td><td>2.82</td><td>－2</td><td>－2.74</td><td>1</td><td>1.41</td><td>1</td><td>1.41</td></tr>
<tr><td>贵州</td><td>114</td><td>123</td><td>113</td><td>115</td><td>9</td><td>7.89</td><td>－10</td><td>－8.13</td><td>2</td><td>1.77</td><td>1</td><td>0.88</td></tr>
<tr><td>浙江</td><td>124</td><td>124</td><td>124</td><td>125</td><td>0</td><td>0.00</td><td>0</td><td>0</td><td>1</td><td>0.81</td><td>1</td><td>0.81</td></tr>
<tr><td>北京</td><td>30</td><td>30</td><td>31</td><td>30</td><td>0</td><td>0.00</td><td>1</td><td>+3.33</td><td>－1</td><td>－3.23</td><td>0</td><td>0.00</td></tr>
<tr><td>重庆</td><td>75</td><td>76</td><td>77</td><td>75</td><td>1</td><td>1.33</td><td>1</td><td>+1.32</td><td>－2</td><td>－2.60</td><td>0</td><td>0.00</td></tr>
<tr><td>云南</td><td>176</td><td>176</td><td>175</td><td>176</td><td>0</td><td>0.00</td><td>－1</td><td>－0.57</td><td>1</td><td>0.57</td><td>0</td><td>0.00</td></tr>
<tr><td>江苏</td><td>170</td><td>160</td><td>164</td><td>164</td><td>－10</td><td>－5.88</td><td>4</td><td>2.50</td><td>0</td><td>0.00</td><td>－6</td><td>－3.53</td></tr>
<tr><td>上海</td><td>27</td><td>26</td><td>26</td><td>26</td><td>－1</td><td>－3.70</td><td>0</td><td>0.00</td><td>0</td><td>0.00</td><td>－1</td><td>－3.70</td></tr>
<tr><td>宁夏</td><td>27</td><td>28</td><td>29</td><td>26</td><td>1</td><td>3.70</td><td>1</td><td>3.57</td><td>－3</td><td>－10.34</td><td>－1</td><td>－3.70</td></tr>
<tr><td>吉林</td><td>69</td><td>69</td><td>76</td><td>65</td><td>0</td><td>0.00</td><td>7</td><td>10.15</td><td>－11</td><td>－14.47</td><td>－4</td><td>－5.80</td></tr>
<tr><td>河北</td><td>133</td><td>132</td><td>127</td><td>123</td><td>－1</td><td>－0.75</td><td>－5</td><td>－3.79</td><td>－4</td><td>－3.15</td><td>－10</td><td>－7.52</td></tr>
<tr><td>湖北</td><td>67</td><td>69</td><td>62</td><td>60</td><td>2</td><td>2.99</td><td>－7</td><td>－10.14</td><td>－2</td><td>－3.23</td><td>－7</td><td>－8.96</td></tr>
<tr><td>江西</td><td>78</td><td>71</td><td>73</td><td>71</td><td>－7</td><td>－8.97</td><td>2</td><td>2.82</td><td>－2</td><td>－2.74</td><td>－7</td><td>－8.97</td></tr>
<tr><td>新疆</td><td>85</td><td>76</td><td>81</td><td>77</td><td>－9</td><td>－10.59</td><td>5</td><td>6.58</td><td>－4</td><td>－4.94</td><td>－8</td><td>－9.41</td></tr>
<tr><td>四川</td><td>169</td><td>163</td><td>158</td><td>146</td><td>－6</td><td>－3.55</td><td>－5</td><td>－3.07</td><td>－12</td><td>－7.59</td><td>－23</td><td>－13.61</td></tr>
<tr><td>山东</td><td>170</td><td>158</td><td>150</td><td>141</td><td>－12</td><td>－7.06</td><td>－8</td><td>－5.06</td><td>－9</td><td>－6.00</td><td>－29</td><td>－17.06</td></tr>
<tr><td>福建</td><td>188</td><td>187</td><td>170</td><td>151</td><td>－1</td><td>－0.53</td><td>－17</td><td>－9.09</td><td>－19</td><td>－11.18</td><td>－37</td><td>－19.68</td></tr>
<tr><td>黑龙江</td><td>90</td><td>85</td><td>84</td><td>71</td><td>－5</td><td>－5.56</td><td>－1</td><td>－1.18</td><td>－13</td><td>－15.48</td><td>－19</td><td>－21.11</td></tr>
<tr><td>内蒙古</td><td>125</td><td>121</td><td>102</td><td>95</td><td>－4</td><td>－3.20</td><td>－19</td><td>－15.70</td><td>－7</td><td>－6.86</td><td>－30</td><td>－24.00</td></tr>
<tr><td>辽宁</td><td>71</td><td>69</td><td>59</td><td>53</td><td>－2</td><td>－2.82</td><td>－10</td><td>－14.49</td><td>－6</td><td>－10.17</td><td>－18</td><td>－25.35</td></tr>
<tr><td>海南</td><td>29</td><td>26</td><td>23</td><td>20</td><td>－3</td><td>－10.34</td><td>－3</td><td>－11.54</td><td>－3</td><td>－13.04</td><td>－9</td><td>－31.03</td></tr>
<tr><td>陕西</td><td>77</td><td>68</td><td>61</td><td>51</td><td>－9</td><td>－11.69</td><td>－7</td><td>－10.29</td><td>－10</td><td>－16.39</td><td>－26</td><td>－33.77</td></tr>
<tr><td>合计</td><td>2848</td><td>2860</td><td>2772</td><td>2663</td><td>12</td><td>0.42</td><td>－88</td><td>－3.08</td><td>－109</td><td>－3.93</td><td>－185</td><td>－6.50</td></tr>
</table>

2016 ~ 2018 年西藏和青海开办专业的基数虽然较小，但近几年的累计增幅名列前茅，青海还是唯一连续三年递增的省级行政区。近三年开办专业点数的波动幅度变化小，开办专业点的数量较为稳定的省级行政区有山西、浙江、北京、重庆、云南、江苏、上海等。

2016 ~ 2018 年开办专业数连续三年呈现递减趋势、三年累计降幅较大的省级行政区有陕西（– 33.77%）、海南（– 31.03%）、辽宁（– 25.35%）、内蒙古（– 24.00%）、黑龙江（– 21.11%）、福建（– 19.68%）、山东（– 17.06%）、四川（– 13.61%）等。

1.3.2.3　招生数和在校生规模进一步下降

2016 ~ 2018 年中等建设职业教育的招生数分别为 151149 人、144469 人、142655 人，2016 年比 2015 年（招生数 172671 人）减少 21522 人，降幅为 12.46%；2017 年比 2016 年减少 6680 人，降幅为 4.42%；2018 年比 2017 年减少 1814 人，降幅为 1.26%；近三年招生数累计减少 30016 人，降幅达 17.38%。从变化趋势分析，近三年招生数呈现连续下降趋势，但下降幅度逐年有较大收敛。

2016 ~ 2018 年招生数连续排列前三位的学校类别为调整后中等职业学校、职业高中学校和中等技术学校，招生数合计占比达 80% 以上。2016 ~ 2018 年中等建设职业教育各类学校招生人数的分布变化情况，见表 1-36。

2016 ~ 2018 年中等建设职业教育各类学校招生人数的分布变化情况　　表 1-36

学校类型	招生人数			2017 年		2018 年	
	2016 年	2017 年	2018 年	增量	增幅（%）	增量	增幅（%）
调整后中等职业学校	27465	25003	27569	– 2462	– 8.96	+2566	10.26
职业高中学校	43818	45406	40973	+1588	3.62	– 4433	– 9.76
中等技术学校	53193	49144	47843	– 4049	– 7.61	– 1301	– 2.65
成人中等专业学校	5296	6172	5987	+876	16.54	– 185	– 3.00
附设中职班	19624	17257	19425	– 2367	– 12.06	+2168	12.56
其他中职机构	1753	1487	858	– 266	– 15.17	– 629	– 42.30
中等师范学校	0	0	0	0	0.00	0	0.00
合　计	151149	144469	142655	– 6680	– 4.42	– 1814	– 1.26

调整后中等职业学校的招生数近两年累计增加 104 人，增幅为 0.38%；职业高中学校的招生数近两年累计减少 2845 人，降幅为 6.49%；中等技术学校的招生数近两年累计减少 5350 人，降幅为 10.06%。从变化趋势分析，调整后中等职业学校和附设中职班的招生数由下降转变为较大幅度的增加，职业高中学校和成人中等专业学校的招生数呈现下降，中等技术学校招生数的逐年下降幅度呈现较快的收敛趋势，其他中职机构的招生数呈现下降幅度增大。

2016 ~ 2018 年中等建设职业教育的在校生规模分别为 471638 人、408245 人、390216 人，2016 年比 2015 年（在校生数 552389 人）减少 80751 人，降幅为14.62%；2017年比2016年减少63393人，降幅为13.44%；2018年比2017年减少18029人，降幅为4.42%；近三年在校生数累计减少162173人，降幅达29.36%。从变化趋势分析，近三年在校生数呈现连续下降趋势，但2018年的下降幅度有较大收敛。

2016～2018年中等建设职业教育各类学校在校生数的分布变化情况，见表1-37。

2016～2018年中等建设职业教育各类学校在校生数的分布变化情况　　表1-37

学校类型	在校生数			2017年		2018年	
	2016年	2017年	2018年	增量	增幅(%)	增量	增幅(%)
调整后中等职业学校	87574	73917	72067	－13657	－15.59	－1850	－2.50
职业高中学校	126539	114418	109476	－12121	－9.58	－4942	－4.32
中等技术学校	164180	142782	138516	－21398	－13.03	－4266	－2.99
成人中等专业学校	15189	15519	13741	+330	+2.17	－1778	－11.46
附设中职班	72253	56653	53778	－15600	－21.59	－2875	－5.07
其他中职机构	5882	4952	2638	－930	－15.81	－2314	－46.73
中等师范学校	21	4	0	－17	－80.95	－4	－100.00
合 计	471638	408245	390216	－63393	－13.44	－18029	－4.42

调整后中等职业学校的在校生数近两年累计减少15507人，降幅为17.71%；职业高中学校的在校生数近两年累计减少17063人，降幅为13.48%；中等技术学校的在校生数近两年累计减少25664人，降幅为15.63%。从变化趋势分析，调整后中等职业学校、职业高中学校、中等技术学校和附设中职班在校生数的逐年下降幅度呈现较快的收敛，成人中等专业学校和其他中职机构的在校生数呈现下降幅度增大。

中等职业教育开办学校数和开办专业点数继续减少、招生数和在校生规模进一步下降的趋势，与各地区优化调整学校布局、撤并专业或学校有很大关系。如河南省于2015年启动优化中等职业学校布局工作，采取撤销、合并、划转等形式，整合一批"弱、小、散"学校，以推动教育资源向优质学校集中，进一步提升人才培养质量，深化产教融合；江西省于2015年出台中职教育新政，提出3年内撤并200余所中职学校，重点办好300所以内达标中等职业学校；广西壮族自治区同样提出"到2020年，全区中等职业学校由目前的333所调整为240所左右"的目标；北京市则于2018年提出"未来核心区不再办职业教育，职业院校禁限产业专业将撤并"。

在当前阶段，中职教育仍然是当前我国大部分地区发展经济、促进就业、改善民生的重要途径与支撑。尤其对于贫困地区而言，作为唯一能够到达最底层、最偏远、最落后地区的中职教育，已经成为消除贫困的最有效手段。尽管如此，当前中职教育人才培养质量与行业企业的要求仍存在明显差距，迫切需要注重内涵、深化改革、提高质量。这也是未来中等职业教育尤其需要加以关注和解决的问题。

第2章 2018年建设继续教育和职业培训发展状况分析

2.1 2018年建设行业执业人员继续教育与培训发展状况分析

2.1.1 建设行业执业人员继续教育与培训的总体状况

2.1.1.1 执业人员概况

自20世纪80年代末，建设部及有关部门在事关国家公众生命财产安全的工程建设领域相继设立了监理工程师、勘察设计注册工程师、注册建筑师、建造师、注册城市规划师、造价工程师、房地产估价师、房地产经纪人和物业管理师（根据国发〔2015〕11号，国务院决定取消物业管理师注册执业资格认定）等9项执业资格制度，基本覆盖了工程建设各专业领域，形成了相对完善的执业资格制度体系，在有效提升相关人员整体从业水平的同时，有效保障了工程质量安全。近年来，随着政府简政放权、行政审批改革的不断深入，部分执业资格制度也在发生着调整和变化。最新统计数据显示，截至2018年底，全国住房城乡建设领域取得各类执业资格人员共约210万人（不含二级），注册人数约131万人。

2.1.1.2 执业人员考试与注册情况

1. 执业人员考试情况

执业资格考试是对执业人员实际工作能力的一种考核，是人才选拔的过程，也是知识水平和综合素质提高的过程。随着经济社会的飞速发展，建设行业对于执业人员的要求也在不断更迭，各类执业资格考试的组织模式与相关标准也在不断进行着适应性调整。

（1）为统一和规范造价工程师职业资格设置和管理，提高工程造价专业人员素质，提升建设工程造价管理水平，住房和城乡建设部、交通运输部、水利部和人力资源社会保障部于2018年7月20日联合印发了《关于印发〈造价工程师职业资格制度规定〉〈造价工程师职业资格考试实施办法〉的通知》（建人〔2018〕67号）。同年12月，经人力资源社会保障部审定，住房和城乡建设部印发了《全国一级造价工程师职业资格考试大纲》和《全国二级造价工程师职业资格考试大纲》。

（2）为进一步加强对从业人员实践能力的考核，切实选拔出具有较好理论水平和施工现场实际管理能力的人才，由住房和城乡建设部组织编写、人力资源社会保障部审定通过的《一级建造师执业资格考试大纲（2018年版）》于2018年11月正式印发。

(3) 根据《国家安全监管总局 人力资源社会保障部关于印发〈注册安全工程师分类管理办法〉的通知》(安监总人事〔2017〕118号) 有关要求，自2018年1月1日起，注册安全工程师按照高级、中级、初级（助理）设置级别，专业类别划分为：煤矿安全、金属非金属矿山安全、化工安全、金属冶炼安全、建筑施工安全、道路运输安全、其他安全（不包括消防安全）。其中，中级注册安全工程师职业资格考试实行全国统一考试，考试科目分为公共科目和专业科目，建筑施工安全类别专业科目考试大纲的编制和命审题工作由住房和城乡建设部负责。

住房和城乡建设部相关部门、有关行业学（协）会高度重视执业资格制度改革与考试考务相关工作。一是根据建设行业实际需求与发展趋势，积极推动执业资格考试研究成果落地转化。为进一步做好一、二级注册建筑师考试工作，提升考试效度，优化试题结构，部执业资格注册中心对2018年度全国一、二级注册建筑师考试部分科目试题题量进行了调整。二是加强考试相关数据分析与后评价工作，指导命题专家不断提高试题时效性与区分度，在确保试题质量的同时，维持通过率保持相对稳定。三是强化命题专家和考试工作人员的保密教育，完善相关保密管理制度，确保各类执业资格考试工作规范有序开展。

2018年，全国共有约166万人次报名参加住房城乡建设领域执业资格全国统一考试（不含二级），当年共有约26万人通过考试并取得资格证书。其中参考人数最多的是一级建造师，约94万人次参加考试，当年取得资格人数约13万人。2018年参加住房城乡建设领域执业资格全国统一考试人员的专业分布情况见表2-1。

2018年参加住房城乡建设领域执业资格全国统一考试人员的专业分布情况　　表2-1

序号	专业	2018年参加考试人数	比例（%）
1	一级注册建筑师	54593	3.28
2	一级建造师	939763	56.49
3	一级注册结构工程师	16111	0.97
4	注册土木工程师（岩土）	11880	0.71
5	注册公用设备工程师	16970	1.02
6	注册电气工程师	10924	0.66
7	注册化工工程师	1547	0.10
8	注册土木工程师（水利水电工程）	1734	0.10
9	注册土木工程师（港口与航道工程）	552	0.03
10	注册环保工程师	1822	0.11

续表

序号	专业	2018 年参加考试人数	比例（%）
11	注册城乡规划师	38025	2.29
12	一级造价工程师	223941	13.46
13	房地产估价师	16717	1.00
14	房地产经纪人	53819	3.23
15	监理工程师	73256	4.40
16	注册安全工程师	202069	12.15
合计		1663723	100.00

2. 执业人员注册情况

2018 年，住房城乡建设部相关部门及各省（区、市）住房城乡建设主管机构严格贯彻落实《行政许可法》和注册管理有关规定，秉持“科学、规范、公正、严明”的工作准则，不断提高信息化建设水平，着力简化审批流程，切实提高工作效率和服务水平。一是优化服务意识，加强业务学习，严格按照注册规程、时限开展审批工作。二是完善电子化注册管理流程，及时上线、优化电子化注册申报与审批系统，提高注册审批效率。三是持续开展对违规注册行为的查处，严格依照各专业注册管理规定，加强对投诉举报情况的受理与核查工作，优化执业环境。

为贯彻落实国务院深化“放管服”改革要求，优化审批服务，提高审批效率，切实减轻企业和个人负担，根据《关于一级建造师执业资格实行电子化申报和审批的通知》（建办市〔2018〕48 号）有关精神，住房和城乡建设部决定对一级建造师执业资格实行电子化申报和审批。自 2018 年 10 月 22 日起，一级建造师初始注册、增项注册、重新注册、注销等申请事项实现了全流程网上申报、网上审批。同时，通知明确一级建造师执业资格认定工作实行承诺制，由申请人和其聘用企业对申报信息真实性和有效性进行承诺，并承担相应法律责任。

截止 2018 年底，住房城乡建设领域执业人员部分专业累计取得资格人数和注册人数情况见表 2-2。

住房城乡建设领域执业资格人员（不含二级）部分专业分布及注册情况统计表　表 2-2

序号	类别	取得资格人数	注册人数
1	一级注册建筑师	36660	34843
2	勘察设计注册工程师	182237	133982
3	一级建造师	826768	648000

续表

序号	类别	取得资格人数	注册人数
4	监理工程师	314420	208618
5	造价工程师	239420	170696
6	房地产估价师	62902	56570
7	房地产经纪人	84196	34889
8	注册城乡规划师	30245	24031
9	注册安全工程师	327472	—
总计		2104320	1311629

2.1.1.3　执业人员继续教育情况

继续教育是主要指针对专业技术人员知识和技能更新、补充、拓展和提升的教育培训活动，旨在帮助其不断完善知识结构，持续提高专业技术水平，是人才培养不可或缺的重要环节。建设领域执业人员的继续教育培训内容主要围绕住房城乡建设部重点工作及建设领域最新政策，涉及国内外相关法律法规、技术创新、标准规范、管理政策等方面的前沿理念和最新研究成果。通过对于相关知识、技能的学习，可有效促进执业人员持续提高执业水平，对保障工程质量起到积极影响。2018 年，在住房和城乡建设部的领导下，全国各省（区、市）有关单位、行业学（协）会积极筹措，深化落实，在完善培训组织实施流程、培育高水平教师队伍、抓好培训内容建设和多措共举优化服务等方面做了一些有益的探索。

（1）完善培训组织实施流程，提升继续教育规范化水平。各级住房城乡建设主管部门及相关机构应对“放管服”改革要求，积极筹措，稳妥应对，通过完善相关法制体系建设，逐步引导继续教育培训工作朝着规范化、系统化方向发展。根据国发〔2015〕58 号文件有关精神，各地在近年相继出台了继续教育过渡性管理办法，并按照有关要求对培训工作的组织实施流程进行了梳理。依照《关于调整辽宁省建设行业执业人员继续教育组织管理工作的通知(试行)》(辽住建注〔2017〕6 号）和《辽宁省建设执业人员继续教育考试管理暂行规定》(辽住建注〔2017〕11 号）有关要求，辽宁省建设执业继续教育协会作为省内落实建设领域继续教育相关政策的专业性社团，研究制定了《辽宁省建设执业继续教育培训机构申报条件和评估考核程序》，并在 2018 年度严格参照有关标准组织了多次申报与验收，认定了一批具备较高培训水平的培训机构，初步建立了规范化、体系化的建设领域继续教育组织实施机制。

（2）培育高水平教师队伍，切实保障培训质量。《国务院办公厅关于促进建筑业持续健康发展的意见》（国办发〔2017〕19号）明确提出要加强建筑领域专业技术人员的教育培训相关工作，教师队伍作为保障继续教育质量的核心力量，各级住房城乡建设管理部门的高度重视相关师资培育工作。部干部学院作为国家级专业技术人员继续教育基地的承建单位，结合行业发展需要，统筹协调，以点带面，紧扣师资力量建设，积极落实继续教育水平提升相关工作，助力保障执业资格继续教育培训质量。2018年5月，为保证全国各地注册建筑师继续教育质量，部干部学院举办了"全国注册建筑师继续教育必修教材（之十一）师资培训班"，旨在提升教师自身授课水平，为下一阶段在全国范围内全面开展注册建筑师继续教育培训工作打下了坚实基础。

（3）抓好培训内容建设，服务行业发展需要。2018年，各省（区、市）建设行业继续教育管理机构认真贯彻各执业资格继续教育的有关规定，结合各地实际情况，持续加强继续教育内涵建设，助力行业健康发展。在广泛咨询省内专业人员意见，经专家论证，山东省建设执业资格注册中心于2018年相继印发了《山东省注册房地产估价师继续教育培训方案（2018—2020年度）》《山东省注册结构工程师第八注册期继续教育培训方案》《山东省注册城乡规划师继续教育方案（2017—2019年度）》和《山东省注册造价工程师继续教育方案（2018—2019年度）》四份文件，明确了各类执业资格执业人员在相应注册周期内应学习的课程内容，充分体现了省内建设行业的实际需求与动态变化，引导继续教育切实服务于行业发展。

（4）多措共举优化服务，提高执业人员自主学习意愿。2018年，各省（区、市）执业人员继续教育管理部门秉持"服务于执业人员"的指导思想，通过提供多样化学习内容、灵活调整培训班次、开通网络教育培训平台等手段，借力优化服务增强执业人员主动参加培训的意愿。广西建设执业资格注册中心为进一步落实建筑业"放管服"改革要求，缓解继续教育工学矛盾，应相关执业人员要求，有针对性地对继续教育培训系统相关学习内容进行了系统更新完善。四川省建设岗位培训与执业资格注册中心于2018年1月正式开通了网络教育培训平台，旨在借力"互联网+"模式，满足执业人员在教育培训发展方面的需要，着力缓解工学矛盾，降低培训成本，执业人员除通过PC端操作外，还可通过"四川建设人才在线教育平台"微信服务号、"四川省建设岗培注册中心"微信订阅号等方式进入学习平台。

2.1.2 建设行业执业人员继续教育与培训存在的问题

2018年，建设行业执业人员继续教育与培训工作着力强化了内涵建设，在培训教学管理流程方面也得到了一定的提升，但仍存在不少问题和困难，需要各方进一步加强研究。

2.1.2.1 培训监管难度大幅提升

（1）培训质量评估体系待完善，标准化监管工作难以落实。培训单位作为市场化机构，存在着“重利轻质”的现象，质量评估标准的缺失令管理机构难以开展有效的监督管理行为，相关奖惩措施的执行难度较大。

（2）事中事后监管无从发力。市场化模式下的继续教育培训呈现出明显的分散性特点，培训数据收集难度较大。同时，相关管理机构与部门对于特定数据进行跟踪、分析的经验尚未形成，难以开展行之有效的管理与指导。

2.1.2.2 共赢模式的培训机制待完善

（1）统一的市场化培训机制有待建立。国发〔2015〕58号文件发布后，各类执业资格的继续教育组织实施方式由原来的定点化逐步向市场化过渡，受限于继续教育相关要求及管理体制机制的顶层设计有待完善，市场化机构在相关领域的参与形式尚不明确，一定程度上制约了执业人员继续教育工作在新形势下的发展进程。

（2）教学质量制约执业人员参培意愿。部分市场化培训机构作为第三方教育机构，对建筑行业主流发展趋势的认识存在滞后性，在继续教育课程编制、师资配备等方面存在不同程度的问题，管理机构、企业和培训机构之间的信息共享机制尚未建立，制约了培训质量的优化升级，对增强执业人员参培意愿存在不利影响。

2.1.2.3 信息化建设程度滞后

（1）继续教育网络平台功能有待完善。近年来，各地相继开通的在线教育学习平台系统功能较为单一，AI智能、实时交互、行为分析、考评分析等功能尚未普及，执业人员使用体验有待优化，也不利于管理机构通过大量的参培数据开展行之有效的分析研究。

（2）继续教育平台相对独立，制约行政审批效率提升。现有继续教育平台大多独立设置，未与注册管理系统形成实时数据对接，严重制约了注册审批工作全流程数字化进程，制约了相关工作效率的提升。

2.1.2.4 教育培训模式待优化

（1）教育培训方式以传统面授为主。传统继续教育的培训方式已难以满足当下执业人员的参培需求，可能出现因时间冲突而无法参加特定场次培训课程的情况，进而直接影响到注册、执业等相关事宜，与实际工作情况相冲突。

（2）多样化学时认定有待普及。虽然部分执业资格在继续教育相关要求中提出了参加论坛、出版著作等多样化的学时认定标准，但在具体落地实施方面仍存在不同程度的制约因素，执行效果并不理想。

2.1.3 促进建设行业执业人员继续教育与培训发展的对策建议

随着全国深化“放管服”改革转变政府职能电视电话会议的召开，优化市场秩序、便利企业办事、提高公共服务质量等改革目标被提到了全新高度，相关改革也逐步向落地见效发力，为走向市场化的继续教育工作带来了全新的发展机遇。同时，随着“产教融合”这一热词在教育领域内的持续升温，如何破解继续教育培训和实际产业需求“两张皮”的问题，成为当前各类培训活动亟待解决的重要课题。鉴于现阶段行业发展情况，执业人员继续教育工作应重点在深化推进产教融合、强化培训内容建设、激活培训市场活力和加大数字化资源培育等方面狠下功夫，充分发挥继续教育应有之作用，为建设事业的平稳发展提供有力支撑。

2.1.3.1 进一步强化培训内容建设，搭建复合型课程体系

结合住房城乡建设领域重点工作任务，有针对性、创造性地加强继续教育教材体系化建设，助力人才培养模式适应新时代行业需求。

(1) 积极引入数字化信息技术，从建设行业执业人员与施工现场紧密关联的特点出发，借力 VR 等视觉数字技术，将沉浸式学习模式融入教材开发过程中，使原本平面化的纸质教材转变成为立体化、可视化的多媒体数字教材，优化执业人员学习体验。

(2) 结合国家新时代发展趋势，着力搭建适应全球化发展理念的复合型课程体系，将更丰富的多元化、国际化、定制化课程内容植入继续教育培训过程，服务“一带一路”倡议，助力企业“走出去”战略。

2.1.3.2 加大数字化资源培育，平衡地域教育水平差异

进一步强化互联网 + 与继续教育工作的融合，借力数字化平台与信息化时代教育理念，以融合型培训模式为依托，将优质化、标准化、规范化的继续教育资源在全国普及。

(1) 开拓思路，在开通在线教育平台的基础上，继续探索执业人员继续教育与更具时代特点的教育方式之间的契合点，促进碎片化学习理念与传统授课模式之间的融合，形成“系统学习为主、碎片学习辅助”的 7 × 24 全时化继续教育模式。

(2) 借助数字化、信息化的教学授课模式，将优质教育培训资源与经济欠发达的偏远地区共享，在平衡因地域等原因造成的教育水平差异的同时，促进前沿建设工程技术、理念在全国、全行业范围内的普及。

2.1.3.3　激活培训市场主体，共享“人才强企”红利

坚持简政放权、放管结合、优化服务的改革理念，将“持续性人才培养理念”贯穿到企业经营行为之中，积极营造有利于多元化市场主体共同参与的继续教育培训环境。

（1）从政府管理部门角度切入，充分利用金融、财税等经济手段，促进企业支持执业人员积极参与继续教育相关活动，持续不断提升企业人才队伍素质，使企业切实分享“人才强企”的红利，从而形成良性循环。

（2）继续推进执业人员继续教育市场化改革，通过完善顶层制度设计，持续不断优化营商环境，为企业直接参与、组织内外部继续教育培训活动提供更加便利的条件，引导具备相应条件与资质的企业积极建立自有人才培训基地，以“在岗培训”缓解工学矛盾。

2.1.3.4　积极推进产教融合，提升继续教育培训效度

全面贯彻国家政策对人才战略的指导意见，顺应人才体制改革理念，着力将“产教融合”贯穿到人才培养的全过程，推动继续教育效果持续优化升级。

（1）着力形成执业资格继续教育多措共举、多方参与机制，促进“产教融合”向纵深发展。

（2）依据行业、企业与人员三方需求，研究制定执业资格继续教育培训方案、培训大纲，借力继续教育解决行业与企业在发展过程中遇到的实际问题。

（3）优化教育培训授课模式和学时认定规则，充分调动参培人员积极性与热情。在培训过程中，重点强调理论知识与现场案例之间的结合，以直观经验促进知识性内容的理解与内化。

2.2　2018年建设行业专业技术人员继续教育与培训发展状况分析

2.2.1　建设行业专业技术人员继续教育与培训的总体状况

2.2.1.1　通过考试获得各类专业技术人员证书情况

2018年，全国通过考试获得各类专业技术人员证书共有约76.30万人次，其中施工员突破20万人、质量员、资料员取证人数突破10万人。同时，通过换证发放的全国统一证书共计43.44万人，施工员、质量员换证人数突破10万人。另外，本省（市区）证书发放合计22.39万人，其中通过考试发放的证书数量约25.35万，通过换证发放的证书数量约10.55万。参见表2-3。

2018 年施工现场专业人员岗位培训证书统计表 **表 2-3**

项目名称	代码	计量单位	2018 年实际发放数量
一、通过考试发放的全国统一证书合计	11	本	762952
1. 施工员	12	本	249926
2. 质量员	13	本	182375
3. 材料员	14	本	85565
4. 机械员	15	本	65545
5. 劳务员	16	本	81682
6. 资料员	17	本	110532
7. 标准员	18	本	40522
二、通过换证发放的全国统一证书合计	19	本	434372
1. 施工员	20	本	155707
2. 质量员	21	本	126074
3. 材料员	22	本	62686
4. 机械员	23	本	34050
5. 劳务员	24	本	39066
6. 资料员	25	本	67610
7. 标准员	26	本	2472
三、本省（区市）证书发放合计	27	本	223854
1. 通过考试发放的证书数量	28	本	253489
2. 通过换证发放的证书数量	29	本	105549

说明：本省（区市）证书，是指未达到核发全国统一证书条件的省份发放的证书，或已获批核发全国统一证书的省份在新旧证书过渡期间发放的旧版证书，以及针对全国统一证书未涵盖岗位发放的证书。

2.2.1.2 专业技术人员职业培训管理情况

（1）不断规范完善培训考核工作。河北省对现场专业人员考核工作是否属于职业资格清理范围，及时向住房和城乡建设部请示的同时，在政策框架内最大限度地组织开展全省现场专业人员考核，满足企业对现场专业人才的急迫需求。考核结束，及时制发证书，并将人员证书信息在厅网站进行公示，方便企业和个人查询。进一步完善专业人员考核管理信息系统。全省现场专业人员考核管理信息系统在线网络考核基本满足要求。同时证书变更、勘误等管理实现了系统流转，降低了成本、提高了效率。辽宁省组建了培训学习、考试一体化的监管系统。参学人员报名、继续教育组织计划、培训机构培训班次、选修课课件学习、考试申请、合格证明打印等均通过系统统一监管完成。

（2）完善工作机制。内蒙古住房和城乡建设厅为了推动住建事业长远发展，以“打造一支规模适度、结构合理、素质较高的住建人才队伍，为自治区建设事业提供坚强的人才保证和智力支持”为目标，对全区住建人才现状进行了多次实地调研、数据统计和行业分析，编制了《内蒙古自治区住房和城乡建设厅系统人才队伍建设三年行动计划》，对2018～2020年住建行业人才培养和引进工作逐级分解，并要求逐步落实。

（3）注重创新考培模式，确保专业人员培训考核健康发展。为提高专业技术人员和管理人员业务素质，各省市积极协调各培训单位和企业，采取网络教育、集中面授、撰写专业学术论文等多种方式开展继续教育。为切实提高职业培训的针对性和有效性，按照不同类型、不同群体，大力开展各种专项培训。

（4）加强考试考务管理。上海市全面推进无纸化机考模式。为了突破传统考试模式的束缚，对土建质量员、安装施工员、质量员、机械员等采用上海教材的考试科目进行无纸化抽题组卷，严格遵守住房和城乡建设部考核大纲以及试卷题型与分值标准，并加密传输到软件公司，尽可能减少中间环节的疏漏隐患，从而提高了操作性与安全性。

（5）推进培训工作市场化。辽宁省广泛吸纳优质培训机构参与全省建设执业人员继续教育培训工作，完善行业内部相关制度、制定行业自律准则，营造公平竞争、破除垄断、建立优胜劣汰的继续教育服务市场环境。用人单位在本单位资质等级和从业范围内，根据执业人员从业实际需要开展业务培训，结合执业人员业绩出具近一个注册期内符合工程规模要求的业绩证明代替选修课培训的全部内容，同时需对业绩证明的真实性负责，并接受建设主管部门的核查。业绩取证系统为“全国建筑市场监管公共服务平台”；专业讲座、网络课件等其他形式的培训认定范围仅适用于选修课培训内容，对符合要求的由厅注册中心核定选修课学时后统一对外发布。

2.2.2 建设行业专业技术人员继续教育与培训存在的问题

2018年，各省市根据住房和城乡建设部的部署和行业发展需要，开展建筑业从业人员继续教育和培训工作，取得了不错的成绩。同时，也发现了一些问题和不足。

（1）施工现场专业人员信息化考试工作推进力度不够。自2014年开展信息考试试点以来，尽管考试岗位和科目逐年增多，但由于宣传力度不够、软硬件设施配置滞后、考试经验欠缺、相关工作思考不够深入等原因，导致信息化考试工作推进不尽人意。

（2）重视程度不够，培训积极性不高。参加考试的许多考生认为岗位证书“含金量”不大，与自己的工资不挂钩，只是企业需要，不像一、二级建造师考试涉及个人利益，所以不认真考试。个别考生认为培训费用是单位出的，考好考坏一个样，自己又没什么损失，考不过那是单位的事，所以造成考试是企业着急，考生不着急，有些企业还得求着考生来考试。

（3）培训内容安排还需要更具实用性和操作性。目前培训内容多侧重于理论性和知识性，并且在高层次创新型专业技术培训方面比较薄弱。

（4）培训方式还比较陈旧。目前大多数还是以课堂教学为主，教学方法不够新颖。

（5）师资渠道不畅，高端师资信息缺少。

2.2.3　促进建设行业专业技术人员继续教育与培训发展的对策建议

2.2.3.1　面临的形势

为贯彻落实《中共中央印发〈关于深化人才发展体制机制改革的意见〉的通知》《中共中央办公厅 国务院办公厅印发〈关于分类推进人才评价机制改革的指导意见〉的通知》精神，坚持以人为本、服务行业发展、贴近岗位需求、突出专业素养，各地建设行政主管部门、行业组织和教育培训机构都不断加强和改进施工现场专业人员职业培训工作。

（1）行业发展势头放缓，行业人员学习需求减弱。2018 年，我国建筑业企业主动适应经济发展新常态，增长态势和盈利能力放缓。为了激发市场活力，为企业松绑，建设行政管理部门调整了一批与建设企业资质相关的审批要求，企业组织专业技术人员参加培训的积极性在减弱，而从业人员的学习自觉性还没有完全培养起来，造成培训人数较 2017 年有较大规模下降。

（2）证书样式不统一，持证者流动作业受影响。住房和城乡建设部对各地开展的专业技术人员培训进行评估，部分省市未达到统一核发全国证书的标准，只能发放本省（区市）证书。该部分持证者在本省（区市）内从业过程较顺畅，至外省从业会受到不同程度的影响。

（3）培训项目不能完全满足企业需求。近些年，建筑施工的“绿色化、工业化、信息化”是行业发展的大趋势，随着管理的细化和管理水平的提升，企业岗位设置在不断增加，出现了一些新兴岗位。而行业教育培训的课程的建设速度不能与行业发展完全同步，存在一定的滞后现象。另外，今年的企业培训需求也出现了更加个性化的需求，通用岗位的培训内容已经不能完全适应每个企业的需求。

（4）教材与人才技能需求存在差距。目前，行业专业技术人员培训所使用的教材在内容和展现形式上与人才技能需求还存在一定的差距。如：教材不能不覆盖新兴技术和岗位；传统纸质教材较多，新型信息化微课程少；以传统知识结构编写的教材多，以工作任务流程编写的教材少等。

（5）继续教育体系不健全。施工现场专业人员职业标准还不完善，教学大纲更新周期较长，在教育培训过程中，知识技能的教授比例较高，职业道德、安全生产等内容相对不足，工程实践以及新技术、新工艺、新材料、新设备等内容不够充足等。继续教育的针对性、时效性不能满足从业人员的需求。

2.2.3.2　对策和建议

（1）明确指导思想和工作目标。积极贯彻各级建设行政主管部门的政策方针，充分调动企业积极性，落实企业对施工现场专业人员职业培训主体责任，发挥企业和行业组织、职业院校等各类培训机构优势，不断完善施工现场专业人员职业教育培训机制，培育高素质技术技能人才和产业发展后备人才，促进施工现场专业人员职业培训规范健康发展。

（2）完善职业培训体系。坚持执行统一标准，调动各方积极参与，构建企业、行业组织、职业院校和社会力量共同参与的施工现场专业人员职业教育培训体系。充分调动企业职业培训工作积极性，鼓励龙头骨干企业建立培训机构，按照职业标准和岗位要求组织开展施工现场专业人员培训。鼓励社会培训机构、职业院校和行业组织按照市场化要求，发挥优势和特色，提供施工现场专业人员培训服务。

（3）提升职业培训质量。将职业培训考核要求与企业岗位用人统一起来，指导企业使用具备相应专业知识水平的施工现场专业人员。加强培训质量管控，完善培训机构评价体系、诚信体系，引导培训机构严格遵循职业标准，按纲施训，促进职业培训质量不断提升。

（4）按标准大纲教学，统一考核评价。各地应依据职业标准、培训考核评价大纲，结合工程建设项目施工现场实际需求，组织各级各类教育培训活动，尽量使用全国统一测试题库，组织考核评价工作。培训机构按照要求完成培训内容，组织参训人员进行培训考核，对考核合格者颁发培训合格证书，作为施工现场专业人员培训后具备相应专业知识水平的证明。

（5）加强继续教育。不断完善施工现场专业人员职业标准，建立知识更新大纲，强化职业道德、安全生产、工程实践以及新技术、新工艺、新材料、新设备等内容培训，增强职业培训工作的针对性、时效性。探索更加务实高效的继续教育组织形式，积极推广网络教育、远程教育等方式。各地应充分发挥各类人才培养基地、继续教育基地、培训机构作用，开展形式多样的施工现场专业人员继续教育，促进从业人员专业能力提升。

（6）规范服务管理。各地应充分利用住房和城乡建设行业从业人员培训管理信息系统，为企业、培训机构和参训人员提供便利服务，规范培训合格证书发放和管理，实现各省（自治区、直辖市）施工现场专业人员培训数据在全国范围内互联互通。全面推行培训合格证书电子化，结合施工现场实名制管理，提高证书管理和使用效率。

（7）加强教学质量评估。各地应加强对开展职业培训的企业和培训机构师资、实训等软件硬件条件、培训内容等监督指导，及时公开信息。加强诚信体系建设，逐步将企业、培训机构守信和失信行为信息记入诚信档案。

2.3 2018年建设行业技能人员培训发展状况分析

2.3.1 我国农民工的总体状况

国家统计局2019年4月29日发布了“2018年农民工监测调查报告”。该报告对农民工的规模、分布及流向、基本特征、就业情况，以及进城农民工居住状况、随迁儿童教育情况、社会融合情况进行了分析与统计。

2.3.1.1 农民工总量增速放缓

我国农民工数量从2012年的26261万人增长到2018年的28836万人，总量逐年增加，但是增速呈下滑趋势，2018年农民工人数的增速仅有0.64%，较2017年只增长了184万人。参见图2-1。

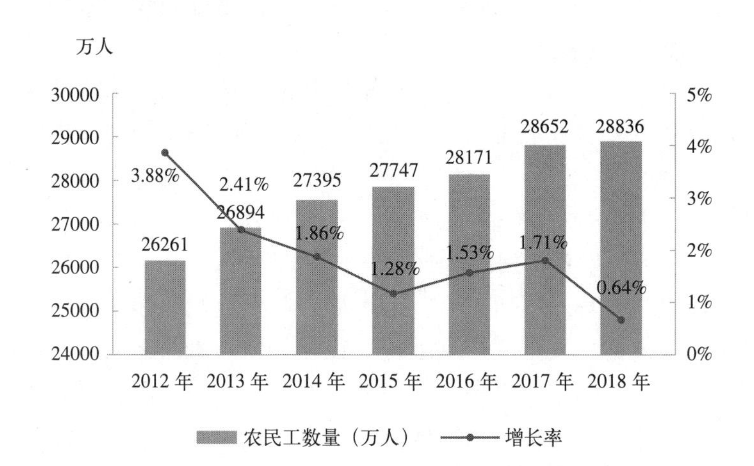

图2-1 2012～2018年农民工总量及增速

2.3.1.2 农民工年龄不断增大

农民工平均年龄不断增大，从2014年的38.3岁增加到2018年的40.2岁。

农民工年龄构成方面，到 2018 年，40 岁以上农民工占比达 48%，将近一半的农民工年龄偏大，农民工老龄化问题不容忽视。参见图 2-2 和图 2-3。

图 2-2 2014 ～ 2018 年农民工平均年龄

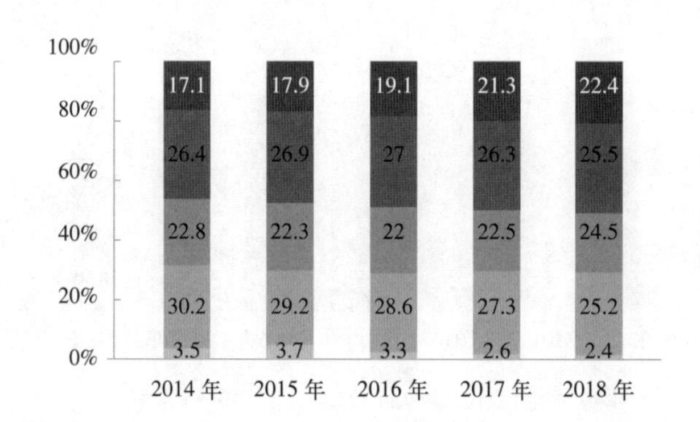

图 2-3 2014 ～ 2018 年农民工年龄构成情况

2.3.1.3 建筑业农民工用工现状

1. 从事建筑业农民工占比逐年降低，数量逐年减少

我国建筑业农民工数量占整个农民工数量比重逐年下降，到 2018 年建筑业农民工占比只有 18.6%，说明新一代农民工对建筑业热情有所下降。参见图 2-4 和图 2-5。

建筑业农民工数量在 2014 年达到巅峰，为 6109 万人，之后每年呈负增长态势，到 2018 年建筑业农民工数量下降到 5363 万人。

造成农民工总量增加而建筑业农民工数量下降的主要原因如下：

（1）上一代农民工返乡带来供给下降。随着婴儿潮一代农民工步入中年，已不再适合背井离乡从事强度较大的劳动，加之农村劳动力中的大多数并没

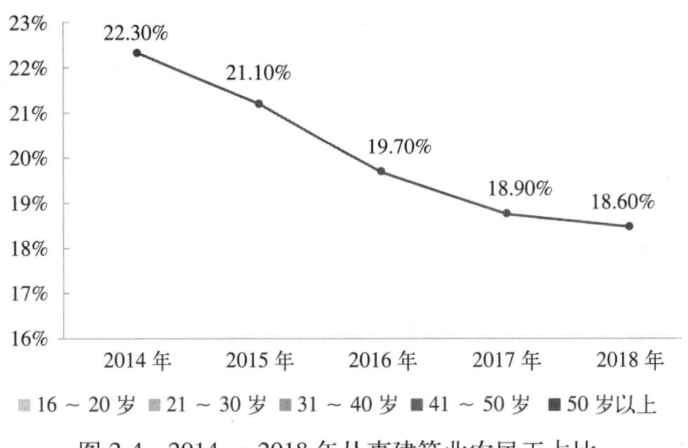

图 2-4　2014 ~ 2018 年从事建筑业农民工占比

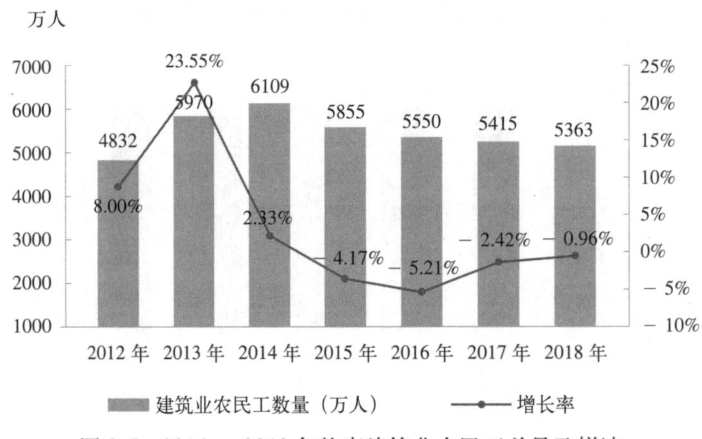

图 2-5　2014 ~ 2018 年从事建筑业农民工总量及增速

有获得市民身份，在劳动报酬、子女就学、公共卫生、住房租购及社会保障等方面与城镇居民并不能享受同等待遇，同时由于户籍限制、子女教育、归属感等隐性生活成本，造成上一代农民工对城市生活没有过多的向往。而与之相反的是，政府不断加大农业扶持力度，农村生活条件不断改善，农民收入不断提高，所以离工返乡的中年农民工不断增多，造成了供给下降，这一点在建筑业特别明显。

（2）新生代农民工从事建筑行业的比例下降。新生代农民工占农民工总量的比重持续提升，从 2014 年的 47% 增加到 2018 年的 51.5%，然而从事建筑业农民工占比却在逐年下降，这说明新生代农民工在行业选择上似乎对建筑行业不怎么“感兴趣”。这与建筑行业特点有关，建筑业的环境不固定，工作、生活环境比较差，建筑工地的安全性又比较低，对人员的体力要求也比较高，项目制的断续生产模式，也使建筑工人的收入具有不确定性。

上一代农民工返乡，新一代农民工对建筑行业“不感兴趣”，不仅仅造成建筑行业农民工数量减少，还让建筑行业农民工老龄化问题越来越严重。

2. 建筑业对农民工需求逐年增加

2018 年我国城镇化率为 58.52%，与发达国家 80% 的城镇化率相比，还有很大的城镇化空间。这就意味着建筑行业对劳动力需求量仍将不断增加，建筑业劳动力需求量以每年 0.97% 的速度增长，而一线建筑工人中有超过 90% 的工人为农民工。一方面，从事建筑行业的农民工不断减少，另一方面，建筑对农民工需求仍在不断增加，这就造成了建筑企业普遍存在招工难，当前建筑企业劳动力已经出现供不应求的紧张局面，普工平均缺口 25% 以上，技术工种平均缺口 30% 以上。

2.3.2　建设行业技能人员培训的总体状况

2.3.2.1　技能人员培训情况

2018 年住房和城乡建设部根据制定的建设行业农民工技能培训规划，对从业人员的教育培训工作，施工现场专业人员岗位培训、建设职业技能培训、农民工业余学校等情况进行调查。并将培训任务分解到各省市，再由各省市分解到各地市，明确责任。同时建立年度培训工作通报制度，督促各地认真落实。针对建设行业农民工数量庞大的实际情况，把建筑业的有关工种进行分类，集中力量抓影响工程质量和安全生产的关键工种，重点是木工、砌筑工、混凝土工、钢筋工、防水工、架子工等。全年培训 1576367 人次，其中技师、高级技师 2178 人次、高级工 61464 人次、中级工 1236883 人次、初级工 144095 人次、普工 133449 人次。

2.3.2.2　技能人员技能考核情况

各地市结合建筑行业实际情况，与时俱进、开拓创新、精心组织、有效实施，深化了职业技能培训与鉴定工作重要性和紧迫性的认识，建立了职业技能培训与鉴定工作与组织模式，提高了职业技能培训与鉴定工作的质量和效果。高度重视建筑技能人才的培养和教育工作，出台专门文件，进一步规范和细化建筑职业技能鉴定的工作方法和机制，鉴定站的各项工作均依规管理，积极支持，充分发挥鉴定站的主动性和能动性，对工作中存在的困难快速解决，有力地推进了建筑职业技能鉴定工作。

截至 2018 年，住房和城乡建设部已对建设行业的各个工种的职业技能标准、鉴定规范和鉴定题库进行了颁布，编写了近百种农民工培训教材，设立培训基地 1687 个，鉴定机构 710 个，考评员配备 25389 人。

2.3.2.3　技能人员技能竞赛情况

为贯彻落实党中央、国务院关于加强高技能人才培养工作的要求，建设一支规模宏大、结构合理、技术精湛、作风过硬的建筑职工队伍，住房和城乡建设部、人力资源社会保障部、中华全国总工会、共青团中央共同举办了各级各类全国建筑业职业技能大赛。全国累计开展竞赛活动2700多场，参赛人员达100万人。根据《关于开展全国建筑业职业技能大赛的通知》精神，住房和城乡建设部、人力资源社会保障部、中华全国总工会、共青团中央，对取得成绩的技术工人授予“全国五一劳动奖章”“全国技术能手”“全国技术状元”“全国青年岗位能手”（年龄在35岁以下）和“全国建设行业技术能手”等荣誉称号。技能大赛的举办充分展示了农民工良好的职业素质和精湛的技能水平，为建设行业广大技术工人切磋技艺、交流经验、提高技能，激发了建设行业产业工人“学技能、比技术、争当能工巧匠”的积极性，促进了建设行业技能人才队伍素质的整体提高。

2.3.3　建设行业技能人员培训面临的问题

建筑业农民工的素质，直接影响到建筑工程质量、工程造价、施工进度和施工安全等一系列问题。尤其是大跨建筑、高层和超高层建筑如雨后春笋，此类现代建筑中新产品、新工艺、新技术、新设备不断涌现，对新生代的建筑农民工提出更高的要求。建筑业农民工的技能培训刻不容缓。

2.3.3.1　农民工自我提升意识薄弱

（1）农民工市民化进展影响其对技能培训的认识。虽然新型城镇化建设的步伐不断迈进，但是城市二元社会结构依然强化着农民工与城市居民之间的界限，扼杀农民工的市民化意识，阻碍其市民化进展。这使得大多数建筑业农民工采用“候鸟式”两栖就业：农忙时，回家拿镰刀和锄头；农闲时，到城里拿瓦刀和灰桶。这种亦工亦农的状况，使得一些农民工认为参加技能培训是多余的，没有必要投入时间和金钱参加技能培训。

（2）建筑市场准入制度影响农民工对技能培训的认识。我国建筑市场准入制度尚不完善，在建筑施工过程中，有些岗位不需要技能或较高技能，农民未经培训，即可充当普工，仅需通过简单的传帮带，便能掌握基本技能，似乎没有必要经过系统的技能培训。无证农民工可以自由地在建筑行业中就业，加之“民工荒”现象的存在，此类农民工与持有职业技能证书的工人几乎是同工同酬。在此情境下，农民工对技能培训的认识是扭曲的，严重影响了其参加培训的积极性。甚至有些技能要求本来很高的岗位，也不能做到“先培训、后上岗”，而是让那些“似懂非懂”的农民工即学即干。

(3)就业途径影响农民工对技能培训的认识。建筑业农民工的就业途径是“血缘、地缘和人缘”。主要是通过亲戚、老乡和朋友关系招募，彼此了解，常年合作，通常在施工班组里不接纳陌生人。农民工是否经过技能培训不是就业的主要影响因素。

2.3.3.2 用工单位不愿培训农民工

(1) 高流失率影响用工单位培训农民工。目前，几乎所有的建设工程施工项目，在合同签订时，都会要求施工单位向建设主管部门的专用账户存入“农民工保证金”。只要出现农民工投诉、讨薪，就会从该账户取款应急。此种运行机制，能够有效地解决拖欠农民工工资的情况，但是也带来了负面影响，农民工不严格履行劳务合同，“想加薪，就停工；想跳槽，能立刻结账”。在这样的大背景下，农民工与企业之间往往缺乏长期稳定的合约关系，农民工的流动性增大。加上建设工程项目固有的特性，“今年项目在山西，明年项目可能到北京或上海”，使得施工单位员工流失率很高。农民工的跳槽和频繁流动，使得企业对农民工技能培训的投资容易发生收益外溢现象，因此用工单位更看中短期的成本收益分析，对农民工进行技能培训的积极性不高。

(2) 高蓄水量影响用工单位培训农民工。虽然近几年“民工荒”时常出现，但是总体而言，还是有很多农民工无法就业，根本原因就是待遇太低。随着城镇化建设、农业机械化与现代化的发展，劳务市场像个大水库，存储了数以亿计的农民工，蓄水量很高。用工单位只要适当提高待遇，就能随时随地从劳动力市场获得合格的劳动力。为降低经营成本，用人单位宁愿承受为农民工提供稍高一些的工资待遇而不愿负担农民工的技能培训成本，形成了用工单位对农民工“重用轻养”的现象。换而言之，市场现状削弱了用工单位对农民工进行技能培训的意愿。

2.3.3.3 政府部门对农民工技能培训存在不足

(1) 主体角色扮演不到位。为实施农民工技能培训工程，农业部、人力资源社会保障部等六部委出台了《农民工培训规划》，确立了政府在农民工培训实施中的主体地位，明确了政府的组织领导职能。从2004年开始各部委相继推出了“阳光工程”“雨露计划”“温暖工程”以及专门针对建筑业农民工的组建农民工业余学校等政策。在这些政策的扶持下，建筑业农民工的技能培训取得了较大的成效，但是，一些地方政府没有把自己摆在农民工职业培训责任主体地位，在农民工就业服务和培训的深度和广度方面，做得明显不够。技能培训局限于农民工输出地，农民工只有在户口所在地的培训机构培训才能获得培训补贴，显著缩小了农民工培训工作的覆盖面。使得很多已外出务工人员不能就近参加输入地的培训。许多工程建设项目设置了“农民工业余学校”，只是在工地食堂门上挂上牌子，作为摆设，应付主管部门检查，并未实施农民工技能培训。

（2）农民工培训补助经费偏少。随着城镇化建设的推进，我国农民工培训的资金主要来源仍然是由中央财政拨付、地方财政配套、企事业培训部门出资及参加培训者自付四部分构成。各级财政支持是农民工技能培训资金来源的主体，一些地方政府没有足够的配套资金或是没有成功进入国家审批的培训示范点，就不会得到中央财政的资金转移。由于我国农村劳动力转移的数量巨大，目前政府对农民工参加培训的补贴金额平摊下来只有人均 200 ~ 300 元，而培训学费加上交通费和食宿费用，估计在 1000 ~ 2000 元，缺口较大。虽不能说是杯水车薪，但技能培训补助经费确实偏少。而且，不同地区的培训补贴标准差距很大，贫困地区政府财政仅够甚至不够维持自身的发展，还要依靠中央政府的财政转移来维持生计，自然也就对农民工技能培训更显力不从心。

2.3.4 促进建设行业技能人员培训发展的对策建议

2018 年建筑业产业工人队伍的形成已成趋势。改革建筑用工制度势在必行。建筑业农民工一直以无序的、散乱的、体制外的状态存在，向产业化工人转型，是社会的需要，也是建筑业改革的内在需求。2018 年，住房和城乡建设部已经下发征求意见文件，拟取消建筑施工劳务资质审批，企业将有了劳务用工的自主权。目前，全国建筑工人管理服务信息平台也正在建立，建筑工人实名制管理已在各地陆续开展。

建筑业必须加快培养建筑人才。通过校企合作、师傅带徒弟等方式，通过加强工程现场管理人员和建筑工人的教育培训，加快人才培养力度、健全职业技能标准体系，引导企业将工资分配向关键技术技能岗位倾斜，是建筑产业工人形成的重要保障。

2.3.4.1 政策引导，农民工技能培训立法

在 14 亿人口的发展中大国实现城镇化，要解决好“三农”问题，涉及 2.69 亿农民工的工作与生活。然而，我国尚未对农民工就业培训的相 关活动颁布明确的法律条文。即使当前的法律法规，例如农业法（1993 年）、劳动法（1995 年）、教育法（1995 年）、职业教育法（1996 年）等法规皆对就业培训在某一方面进行了阐述，但是这些条文律法不是专门为农民工培训而设立的，存在着客体制定不明确、法规内容针对性不强、规范性不够、奖惩措施不详细等诸多问题。

《农民工技能培训法》应明确政府、用工单位和农民工等在技能培训方面享有的权利和应承担的义务。从立法高度制订相关政策：

（1）财政支持政策。设立农民工技能培训专项基金，农民工的部分甚至大部分技能培训经费由政府负责解决；

(2) 税收优惠政策。推行实施税收减免政策，减轻农民工和企业负担，鼓励推进农民工就业技能培训工作；

(3) 收入分配政策。在农民工中建立技术等级制（可分初级、中级和高级三种），制定实施技能人才奖励办法，促进农民工向产业工人转化；

(4) 多元投入政策。考虑政府导向投入、企业法定投入、个人自愿投入、社会补充投入，集多方力量，实施农民工技能培训。

2.3.4.2　广开门路，解决农民工技能培训经费问题

依据约翰•斯通的教育成本分担理论，农民工技能培训经费应该是“谁受益谁负担”。在新型城镇化建设过程中，建筑业农民工实施技能培训，受益的各方都应承担一定份额的资金。其中国家是培训的最大受益方，同时也是最大的责任方，理应也必须承担教育成本的最大头。各级财政部门应加大投入，并依据住建部颁布的《建筑业农民工技能培训示范工程实施意见》(2008年)，加大农民工培训资金的监管力度，确保培训资金有效使用。

农民工技能培训，建筑企业作为用人单位，是直接受益者，也应出一定的资金。但是企业为了降低成本，往往不出或少出培训经费，对农民工的培训大都采取成本较低的学徒制。政府职能部门应考虑将建筑企业的职工教育经费，按企业资质等级以教育税的形式上缴，从而使企业实实在在地履行农民工技能培训责任。

农民工自己也应拿出一定的培训经费。确实困难无法支付的，国家可以提供贷款，以后逐步偿还。或者模仿住房、医疗等基金，在工资中按比例直接提取，纳入农民工培训基金账户。

2.3.4.3　搭建平台，帮助农民工圆“技能梦”

多数农民工梦想精通一门手艺，赚钱才有底气，但是常常苦于没有门路。因此政府职能部门有义务搭建农民工圆梦服务平台，帮助农民工圆“技能梦”。引导农民工由“体能型”就业向“技能型”就业转变。

就业信息服务平台。为提高建筑业农民工培训就业的效率，政府职能部门应建立公共就业服务机构，省市工会、妇联等部门应发挥重要作用，建立与职业培训机构之间的联动机制，定期发布劳务需求信息，举办定向、定岗和订单培训，有效实现培训与就业一体化。

技能竞赛交流平台。创新推选技能人才的培养与选拔机制，通过岗位练兵、先进操作演示、职业技能大赛等多种形式，建立竞赛、表彰、奖励的长效机制，促进技能人才脱颖而出，调动农民工参与技能培训的积极性。

企业文化建设平台。通过创建企业农民工培训学校，成立工会和党组织，开展丰富多彩的企业文化活动，将职业技能培训与企业文化渗透融为一体，增

加农民工队伍的凝聚力、战斗力和归宿感。

2.3.4.4 规范用工，赋予企业培训农民工的责任

建筑业农民工的素质，不仅决定建筑质量、进度、造价和安全生产，而且决定建筑业的竞争力和长远发展。必须加强相关部门的沟通协调，逐步完善和落实建筑企业市场准入制度。把农民工学校的培训、职业技能鉴定、岗位证书制度有机衔接起来，扩大服务农民工、服务企业的综合效应。加强执法监督，做到"先培训，再就业"。

企业应当认真落实培训内容、培训方式和实训时间，要建立培训台账，详细记录参训人员个人信息，以备查验，确保培训质量。培训结束后，具备职业技能鉴定资质条件的实施企业，要严格按照国家和建设行业有关企业职工考核的规定，对参加培训的农民工进行职业技能鉴定，建设部门要会同劳动保障部门等相关职能部门对培训工作进行考核验收。

2.3.4.5 健全机制，激发农民工主动参加技能培训的热情

健全市场竞争机制和用工机制，营造崇尚技能、鼓励创造的建筑业用工氛围，使持证技工的薪酬待遇明显高于普通农民工，改变农民工的陈旧观念，树立健康的价值观，把"要我学"变成"我要学"。通过市场对技能型人才的认可和需求，激发建筑业农民工参加培训的积极性、主动参与技能培训。

《劳务分包企业资质标准》中对不同级别劳务企业初、中、高级工数量和比例提出了明确要求，要求企业作业人员持证上岗率达100%。严格执行现有规章，真正形成以职业资格证作为在建筑业就业前提的准入制度。正确引导劳务企业的价值取向，必定会对准备从事建筑业的农民工产生极强的影响，引领他们主动要求参与技能培训。

2.3.4.6 完善制度，促进农民工培训

建议修改建安工程费用组成。从制度上确保农民工技能培训经费的来源。规费项中增设农民工技能培训经费，可将管理中的职工教育经费按一定比例划入其中，这样就可以保证技能培训经费来源的长期性和稳定性。

建议修改建筑工程招投标文件组成。将劳务标单独设置，从而有效保障劳务费用中的技能培训经费。

2.3.4.7 优化模式，方便农民工培训管理

建议借助农民工实名制卡对职业资格证制度进行监督管理。民工的岗位级别与培训对应，民工的培训电子信息库的建立保证"证随人走"、培训积累。方便农民工技能培训归口管理，从而 避免"人证分离""有人无证""有证无人"等弄虚作假现象。

建筑业农民工技能培训工作对我国经济发展和城镇化快速、健康推进具有

至关重要的作用。政府职能部门、建筑企业和农民工自身密切配合，将使农民工素质获得大幅度提升，率先促使部分农民工市民化，为我国现代化城市建设提供有力的人才保障。

2.4　2018年建设行业从业人员职业分类和职业技能标准建设与发展状况分析

2.4.1　建设行业从业人员职业分类发展状况分析

2.4.1.1　我国职业分类的演进及意义

（1）中国职业分类标准出现前的分类。20世纪80年代初，为清查全国从业人口的职业构成，合理分配、使用和培训劳动力，参考国际标准职业分类(ISCO-88)，我国制定了《职业分类与代码》GB 6565—1986。该标准主要为第三次人口普查使用，分职业为大、中、小三层，共8大类、64中类、301小类。

（2）中国第一个正式的职业分类标准。根据第三次人口普查情况并考虑我国当时的职业分布情况以及国内的职业变化，1986年我国正式批准颁布《职业分类与代码》GB 6565—1986国家标准并用于第四次人口普查。本次标准与上一版相比差别不大。大类仍为8个，中类减少一个为63个，小类增加两个为303个。

（3）我国现行的《职业分类和代码》GB/T 6565—2015。20世纪90年代，随着我国国民经济的发展、科技进步、产业结构调整以及新兴职业不断产生，旧标准已不适用我国国情。1999年参照ISCO-88，对之前标准进行修订，分为8个大类，65个中类，410个小类。

（4）《职业分类和代码》与《中华人民共和国职业分类大典》(后面简称《大典》)。《大典》划分的基本原则是工作性质的同一性，改变了之前以行业和单位、甚至部门用工形式等划分职业的模式，在《职业分类和代码》国家标准的基础上，描述了职业的定义、工作的内容和形式、工作活动的范围等，把我国职业按照各自共同的属性划分为四个层次。我国第一部职业分类大典于1999年颁布实施，初步建立了适应我国国情的职业分类体系，为开展劳动力需求预测和规划，进行就业人口结构和发展趋势的调查统计与分析研究，引导职业教育培训，开展就业指导等提供了基础性依据。对促进生产技术的发展提高起到了重要作用，同时也为国民经济信息统计和人口普查的规范化创造了条件。

（5）职业分类的意义。职业分类问题的研究是社会科学领域的一个重要课题，从某种意义上讲，对一个国家职业分类体系的研究，可以从一个侧面揭示出一定时期内影响国家社会经济发展的诸多因素及其相互关系。任何一个国家社会生产力水平的提高都将不断促进社会劳动分工和职业结构的演变，同样，社会职业结构变化也客观反映出一个国家经济与科技的进步，并能较好地显示出社会劳动力的分布状态和流动趋向，从而为把握国家的经济发展态势提供帮助。

2.4.1.2 《职业分类大典》（2015 年版）修订的基本原则及住房城乡建设行业所做的工作

1.《职业分类大典》（2015 年版）修订的基本原则

（1）客观性。充分考虑各行业、各部门的工作性质、技术特点的异同，全面、客观、如实、准确反映社会职业发展的实际情况。

（2）继承性。沿用 1999 年版《大典》所确定的大类、中类、小类和细类层级结构，并维持 8 大类不变。

（3）科学性。遵循职业发展规律，参照国际标准，借鉴国际先进经验，充分考虑我国社会转型期社会分工的特点。

（4）开放性。适应社会发展实际和未来发展趋势，为今后对社会职业进行动态维护和更新留有空间。

2. 住房城乡建设行业所做工作

自 2011 年开始，受人力资源社会保障部和住房和城乡建设部委托，住房和城乡建设部人力资源开发中心组织行业学协会和专家对住房城乡建设行业涉及的《大典》内容进行修订，其中人员职业 64 个，工种 82 个。2017 年住房和城乡建设部制定发布了《住房城乡建设行业职业工种目录》，在原有《建筑业职业工种名称》的基础上，将市政、安装、园林绿化、燃气、供水排水、环卫、房地产物业管理及装配式建筑等住房城乡建设行业各领域的职业工种进行统一编码，用于指导各地开展技能培训。

2.4.1.3 建设行业从业人员职业分类存在的问题及对策建议

（1）建设行业从业人员职业分类存在的问题。随着我国经济、社会的高速发展，住房城乡建设行业也发生了日新月异的变化，特别是建筑信息模型（BIM）等新技术的推广和应用，使得建设行业职业内涵和活动发生了很大变化，职业定义及工作内容需要进行相应的完善和改革。目前的职业分类在某种程度上讲，已经不能涵盖或准确描述建设行业从业人员的职业分类情况，对下一步开展行业职业技能培训和鉴定工作以及促进建筑业农民工向技术工人转型产生了一定的不利影响。

（2）对策建议。2015 版《大典》颁布至今接近 5 年，根据修订的规律，下一步国家层面会再一次对《大典》进行修订。建设行业要提前针对职业变化情况，组织学协会和专家进行实地调研，对职业目录的修订进行基础性研究。对现有工种和职业情况进行梳理，实事求是根据情况形成升降关系。对新的职业进行增补，对消失的职业进行取消，对宽泛的职业进行拆分，对过细的职业进行整合。

2.4.2　建设行业从业人员职业技能标准建设与发展状况分析

2.4.2.1　建设行业从业人员职业技能标准建设与发展的总体状况

2019 年 5 月 21 日，住房和城乡建设部下发了《关于开展〈城镇燃气行业职业技能标准〉等 13 项工程建设行业标准制定工作的函》（建标标函（2019）91 号，具体批准制定的标准见表 2-4。

2019 年住建部批准制定的 13 项职业技能标准　　表 2-4

序号	标准名称	适用范围和主要技术内容
1	城镇燃气行业职业技能标准	适用于城镇燃气行业操作及服务人员职业技能培训鉴定工作。主要技术内容包括：职业概况、基本要求、工作要求、比重表
2	城镇排水行业职业技能标准	适用于城镇排水行业从业人员的职业技能培训鉴定工作。主要技术内容包括：“城镇污水处理工”“污泥处理工”“排水客户服务员”“排水调度工”“排水管道工”“排水巡查员”“排水泵站运行工”等七个工种的职业概况、基本要求、工作要求和技能标准
3	机械清扫工职业技能标准	适用于城镇市容环境卫生行业中机械清扫工的职业分级评价、培训和考核。主要技术内容包括：总则、术语、基本要求、职业要求、职业技能和考核范围、课时、权重等内容
4	垃圾处理工职业技能标准	适用于城镇环境卫生行业垃圾处理工职业暨生活垃圾预处理工、生活垃圾填埋处理工、生活垃圾焚烧处理工、生活垃圾堆肥处理工、餐厨垃圾处理工、粪便处理工等七个工种的技能培训鉴定工作。主要基础内容包括：职业等级、职业环境、职业能力特征、基本文化程度；培训要求等内容
5	保洁员职业技能标准	适用于环境卫生服务行业保洁员职业中清扫工、公厕保洁员、水域保洁员和高空外墙清洗员 4 个工种职业技能的培训和考核。主要技术内容包括：清扫工职业技能标准、公厕保洁员职业技能标准、水域保洁员职业技能标准和高空外墙清洗员职业技能标准等内容
6	垃圾清运工职业技能标准	适用于城镇环境卫生行业垃圾清运作业人员职业技能培训鉴定等工作。主要技术内容包括：生活垃圾清运、餐厨垃圾清运、粪便清运和垃圾分拣等不同工种的技能要求
7	市政行业职业技能标准	适用于市政行业专业技术人员职业技能培训和鉴定工作。主要技术内容包括：职业要求、职业技能、培训考核
8	装配式建筑专业人员职业技能标准	适用于装配式混凝土建筑生产与施工现场专业人员职业能力培训考核工作。主要技术内容包括：职业概况、基本要求、工作要求、技能要求、知识要求、能力测试比重表
9	装配式建筑职业技能标准	适用于装配式混凝土建筑生产与施工现场操作人员职业技能培训考核工作。主要技术内容包括：职业概况、职业要求、技能要求、培训考核比重表

续表

序号	标准名称	适用范围和主要技术内容
10	建筑外墙保温安装及空调安装运行人员职业技能标准	适用于建筑节能行业建筑外墙保温工程施工安装、中央空调系统运行操作的从业人员职业技能培训工作。主要技术内容包括：工种概况、基本要求、工作要求、职业技能等级、职业技能培训鉴定、课时、比重表
11	智能楼宇管理员职业技能标准	适用于智能楼宇现场管理的专业人员职业技能培训工作。主要技术内容包括：职业道德、职业技能等级、职业要求和职业技能构成、职业技能培训考核等
12	建设安装职业技能标准	适用于建设安装的从业人员职业技能培训工作。主要技术内容包括：建筑工程安装工各个等级职业技能构成和评价
13	住房和城乡建设领域施工现场专业人员职业标准 JGJT 250—2011	适用于住房城乡建设领域施工现场专业人员职业培训工作。主要技术内容包括：总则、术语、职业能力标准、职业能力评价等

2.4.2.2　建设行业从业人员职业技能标准建设与发展中存在的问题

（1）《大典》已经不能涵盖或准确描述建设行业从业人员的职业分类情况。部分工种与建设行业实际情况不符，不能准确反映行业的职业需求。

（2）部分作为第一起草单位的行业学协会公信力不足，组织、协调行业开展标准编制工作影响力不够。标准评审专家大多为工程类专家，对技能人员标准缺乏认识和了解，对人才职业技能培训了解不深；职业技能方法类专家对工程技术又不够掌握，使得标准审查需要付出大量精力做阐述和协调工作。

2.4.2.3　完善建设行业从业人员职业技能标准建设的对策建议

（1）探索建立职业技能标准评价体系，结合国家职业标准、行业职业标准、教育教学人才培养标准等内容于一体，积极开展职业能力鉴定评价工作，加大对行业人才的培养考核力度。随着行业职业技能标准的陆续出台，逐步形成科学合理、可考核量化、反映行业实际情况的评价体系。

（2）探索建立职业技能标准委员会，纳入相关事业单位和行业协会。以行业实际需求为导向，体现行业对人才的需求，注重职业学习与发展。前期对复合型专家队伍进行培养，形成职业技能标准专家库，建设并完善建设工程、人才培养等方面的复合型人才专家队伍。

（3）对《大典》需要修订的内容先行进行调研，了解行业的实时变化情况。借助现代化信息手段，及时更新从业人员信息数据库并保证数据准确性，逐步实现动态管理。

第3章

案例分析

3.1 学校教育案例分析

3.1.1 福建工程学院以评估认证为抓手 持续提升应用型专业人才培养质量的实践

福建工程学院坚持“以工为主、区域性、应用型”的办学定位，紧紧围绕地方本科院校向“应用型”转型发展的国家战略，以评估认证为抓手，不断夯实本科教学基础，建立和完善教学质量保障体系。学校牢牢抓住全面提高人才培养能力这个核心点，不断夯实本科教学质量基础，持续提升培养一流应用型人才能力。“十三五”期间，全面贯彻全员育人、全程育人、全方位育人的“三全育人”理念，强化使命担当，着力提升专业建设水平，促进教师教学投入，将质量要求内化为师生共同价值追求和自觉提升的内驱行为，逐步形成自省、自律、自查、自纠的质量文化，健全教学质量保障体系，深入落实立德树人根本任务。

3.1.1.1 审核评估工作

提高人才培养质量是高等教育的永恒主题。教育部建立了自我评估、院校评估、专业认证、国际评估和常态监控的“五位一体”评估制度，福建省教育厅建立了省内高校办学质量监测体系。我国高等教育从国家和地方两个层面，督促学校建立自我约束、自我完善的教学质量保障体系。

学校将教学质量日常监控与专业认证评估紧密结合，全面贯彻我国高等教育评估制度。2010 年 6 月 7 ～ 10 日，首批通过全国本科院校合格评估。时隔五年多，2015 年 12 月 7 ～ 10 日，受福建省教育厅委托，以湘潭大学章兢教授为组长、华侨大学徐西鹏教授为副组长的本科教学工作审核评估专家组一行 21 人，对福建工程学院本科教学工作进行审核评估。审核评估的核心是对学校人才培养目标与培养效果的实现状况进行评价，目的是通过审核评估促进学校强化人才培养中心地位，健全质量保障体系，办出水平、办出特色，切实提高人才培养质量。

福建工程学院是福建省首家接受本科教学工作审核评估的高校。2015 年 12 月 10 日上午，专家组组长章兢教授简要总结了此次本科教学工作审核评估实地考察情况，对我校的本科教学工作作了总体评价：一是学校有坚强有力的领导班子，办学定位明确，并在全校上下达成共识；二是学校坚持人才强校战略，连续两年压缩办学规模，师资总量适应办学要求，师资结构日趋合理；三是学校集中有限财力投入本科教学工作，教学资源适应人才培养要求；四是学校积极推进校企合作人才培养模式创新，构建了应用型人才培养实践教学体系，开展大学生创新创业教育；五是学校大力加强学风建设，课堂文明、宿舍文明、网络文明建设成效明显；六是学校积极开展质量保障研究与实践，质量保障标准明确，“一纵三横”质量保障体系日趋完善，专业评估和认证取得良好成果。

专家组各位成员就学校办学定位和人才培养目标的深化、专业群和新专业建设、师资队伍数量与结构的优化、青年教师能力提升、人才培养模式创新、课程体系建设、教学方式方法以及考核方式改革、基层教学组织建设、学生指导与服务以及完善质量保障体系等方面提出了相关意见和建议。

此轮审核评估，主要是看学校是否达到了自身设定的目标，是用自己的尺子量自己，形成了写实性的审核报告。目的是保障质量，促进学校坚持内涵发展，引导建立和完善内部教学质量保障体系，强化自我改进，不断提升办学水平和教育质量。审核评估工作结束后，学校针对本科教学工作的问题和不足狠抓整改，研究出台了一系列政策措施，进一步推动学校又好又快地发展。

3.1.1.2 审核评估整改工作

以审核评估整改为抓手，以教师的课堂教学、试卷和毕业设计（论文）为切入点，建章立制、严格教学规范化管理、充分发挥二级学院教学督导组作用，重点抓帮扶提高教学能力和水平、课堂教学、试卷、毕业设计（论文）和教研室活动等五项工作，促进本科教学质量的不断提升。

1. 整改工作的基本原则

(1) 问题导向。针对教师教学能力和水平重点帮扶、课堂教学、试卷、毕业设计（论文)、教研室活动、建章立制、二级督导这七个方面的工作，二级学院要列出存在的问题清单，列出整改的分解实施方案，指出每学期解决的主要问题和解决程度。

(2) 持续改进，积少成多。通过每学期的审核评估整改工作，积少成多，五年取得明显成效。

(3) 动真招，下实功夫。每学期的审核评估整改都要有切实的整改措施，取得实效。

2. 主要的整改措施

(1) 针对学院在本科教学及管理存在的问题，有针对性地制定或修订二级学院教学管理规章制度。

(2) 完善课堂教学、试卷和毕业设计（论文）的质量评价和考核机制，多维度地考评教师的工作实绩。将侧重“量”的考核转向“量”和“质”并重的综合考核。

(3) 完善课堂教学、试卷和毕业设计（论文）的质量改进机制，加强约束机制建设。将教师课堂教学、试卷和毕业设计（论文）的质量与教师教学绩效挂钩，并在年度考核、晋升职称时有所体现。对于长期存在质量问题又得不到改进的教师要进行绩效约束，对于课堂教学、试卷和毕业设计（论文）质量优异的则要提高绩效。

(4) 明确并强化教学质量以及教学监控与质量管理的主体责任。

(5) 严格教学规范化管理。在教学运行过程中严格执行规范，严格管理。

(6) 健全质量监控机构，加强并完善二级学院教学督导组的建设。落实教师的重点帮扶、对课堂教学、试卷、毕业设计（论文）及教研室活动等的检查与改进的督促工作。

(7) 要求二级学院教学督导组每学期初制定工作计划，工作有记录，学期有总结。

(8) 学校每学年组织校教学督导组进行检查。一是检查二级学院有关教学督导方面的材料，综合考核并确定最终成绩和排名。二是检查二级学院上述七个方面的审核评估整改落实情况，通报反馈主要问题并由学院组织整改，下一学年复查问题解决情况，建立“检查—反馈—整改”反复循环的闭环系统。

经过一年半的整改工作后，2017 年 6 月 14 ~ 16 日，受福建省教育厅委托，以湘潭大学章兢教授为组长、华侨大学徐西鹏教授为副组长的本科教学工作审核评估整改回访专家组一行 14 人，对学校审核评估整改情况进行了回访。此次审核评估整改回访依据 2015 年审核评估现场考察评估意见，对照整改方案和整改报告，开展回访工作。福建工程学院既是福建省首家接受本科教学工作审核评估的高校，也是福建省首家接受审核评估整改回访的高校。

2017 年 6 月 15 日上午，评估整改情况说明会在办公楼会议室举行。专家组组长章兢教授介绍了专家组成员，并就本次审核评估工作进行说明。校长童昕作学校评估整改报告补充说明，并希望专家组对学校审核评估整改工作提出宝贵意见，帮助、指导我校本科教学工作再上新水平。

2017 年 6 月 16 日上午，评估回访交流会在土木工程学院六楼会议室举行。专家组组长章兢教授简要总结了此次本科教学工作审核评估整改回访整体情况：一是学校高度重视审核评估整改工作，将其放在极其重要的地位；二是整改报告和补充说明认真回应了专家组的评估意见，制定的整改方案也很全面；三是整改工作思路清晰，成效初显。专家组各位成员从定位与目标、师资队伍、教学资源、培养过程、学生发展、质量保障等六大审核项目入手逐一反馈，既对我校的整改工作给予肯定，也提出了宝贵的意见和建议。校长童昕代表学校党政班子做表态发言，表示将认真听取专家组一年半后再次对我校诊断把脉的意见建议，进一步修改整改方案，全面推进整改工作，巩固教学质量，提升办学水平。

3.1.1.3 专业认证评估工作

学校以审核评估及其整改工作为契机，全力夯实了学校本科教学质量基础。党的十九大报告明确提出，新时代高等教育的任务是实现内涵式发展。一流本科和一流本科教学，是内涵式发展的题中应有之义。习近平总书记2016年在全国高校思想政治工作会议上指出："办好我国高校，办出世界一流大学，必须牢牢抓住全面提高人才培养能力这个核心点。"归根结底，建设高等教育强国最具标志性的内容就是要培养一流人才。因此，培养一流人才是中国高等教育新时代内涵式发展的最核心的标准。培养一流人才，基础和核心是一流本科。要办好一流本科，必须有一流专业做支撑。福建工程学院在同类型高校的一流专业建设中起步早，行动快。《福建工程学院"十三五"发展规划》制定的目标，到"十三五"末，学校开设的土建类专业全部通过住建部专业评估，并争取5个左右的专业通过中国工程教育认证协会认证。

截至2018年6月，学校开设的城乡规划、土木工程、建筑学、工程管理、给排水科学与工程、建筑环境与能源应用工程等土建类6个专业全部通过住房和城乡建设部已开展的专业评估认证，提前两年完成"十三五"目标。另外，土木工程、机械设计制造及其自动化、材料科学与工程、计算机科学与技术、软件工程等5个专业通过了中国工程教育专业认证（CEEAA)；2019年6月，专家来校对车辆工程专业进行了中国工程教育专业认证现场考查。

2018下半年，在土建类6个专业全部通过住房和城乡建设部已开展的专业评估认证后，学校新申请8个专业进行中国工程教育专业认证。预计到2023年，通过国家级专业认证评估的专业数达到17～19个（见表3-1)，占学校列入国家认证评估专业目录的70%以上，将保证学校绝大部分工程类专业在国际先进的人才培养轨道和质量保障体系下运行。

福建工程学院2018～2023年国家级专业认证评估工作计划 **表3-1**

认证评估	2018年	2019年	2020年	2021年	2022年	2023年
预计通过数	3	2	1	4	2	2
专业名称	建筑环境与能源应用工程、机械设计制造及其自动化、材料科学与工程	计算机科学与技术、软件工程	车辆工程	电气工程及其自动化、网络工程、环境工程、材料成型及控制工程	电子信息工程、通信工程	微电子科学与工程、化学工程与工艺
累计通过数	8	10	11	15	17	19

3.1.1.4　专业认证评估工作举措

（1）加强顶层设计，规划认证评估工作。通过前瞻性规划，抢抓新机遇。学校制定《福建工程学院本科教学工作评估规划》《福建工程学院“十三五”发展规划》等，明确专业认证评估工作目标与任务。二级学院据此制定专业认证评估工作详细计划。要求进行认证评估的专业对照标准，针对不足，久久为功，持续改进。对每个设有工科专业的学院要求至少有 1 个主力专业充分筹划和准备，以点带面，带动所有可参评的专业积极参与直至通过认证评估。

（2）加强制度化建设，完善教学质量保障体系。发挥专业认证评估的引领、示范和辐射作用，优化和完善质量保障体系和运行机制。从“体系构建和机制运行”两个层面，融入“学生中心、成果导向和持续改进”三大理念，构建由“教学质量决策与指挥系统统帅质量目标系统、信息采集分析系统、质量评价系统、信息反馈系统、执行改进系统”六大系统构成的“六位一体”教学质量保障体系。主要通过校院（部）两级教学督导、教学质量学生信息员评价、教学检查、管理人员和教师听课、教师评学、学生评教、审核评估整改检查等七种手段进行全方位检查，开展对本科课程教学基本质量的评价与监控，落实对本科理论教学过程、实践教学过程，及试卷、设计等学习成果质量的监控。为进一步贯彻 OBE 理念，通过制订《福建工程学院基于成果导向教育（OBE）的专业教学质量评价与监控办法》及其补充通知、《福建工程学院工程教育专业进一步提升非技术能力培养的实施办法》《福建工程学院校友评价实施办法》等一系列制度，提出对社会需求、办学定位、培养目标、毕业要求、课程体系和课程教学等六大专业教学质量关键环节间的四个逻辑关系的要求，并计划建立“评价—反馈—整改”反复循环的闭环系统，实现对专业培养目标、毕业要求、课程体系和课程教学的持续评价和改进，而且出台了《福建工程学院重新组建校教学督导组的有关规定》，重新组建了由教学基本质量评价与监控小组、OBE 教学质量评价小组和课程思政督导小组等三个小组共同组成的校教学督导组。

（3）对照认证评估标准，夯实办学基础。对照认证评估标准，系统梳理培养目标、毕业要求、培养方案、教学大纲、教学方法、教学内容、教学管理和教学条件，补齐短板与发挥优势并举。在人才培养方案方面，吸收工程专业认证理念，修订 2014 版人才培养方案；融入专业认证标准，制定 2018 版本科人才培养方案和课程教学大纲。在师资队伍方面，引进与培养并重，加强科研团队和教学团队建设，双师双能型教师占专任教师 50% 以上。在教学管理体系方面，发布《福建工程学院教学管理规章制度汇编》，从综合管理、教育教学改革、教学资源建设、学籍学历管理、教学运行管理、实验室安全及管理，以及教学质量管理等方面进一步规范教学管理工作。在经费投入方面，加大对实习、实训、学生活动等场所修缮、改造和建设的投入。2015 ~ 2017年，共获得中央支持地方项目20项，投入实验室建设经费8321万元，集中资源打造国家级工程实践教育中心等高水平的实践教育教学平台。

(4) 全校通力协作，推进专业认证评估。为抓好专业认证评估工作，学校精心部署，举全校之力，力促专业认证评估顺利通过。一是组织保障。学校成立由校领导挂帅、职能部门主要负责人组成的专业评估与认证领导小组，下设办公室负责协调解决认证评估存在的问题和困难。二是经费保障。每个专业单独划拨认证评估专项经费，保证有关工作的顺利开展。近3年，已累计投入754万元专业认证评估专项经费。三是政策激励。通过本科教学工作量放大系数、教学建设工作量奖励分值等方式，对认证评估通过专业和相关教学工作奖励。

3.1.1.5　专业人才培养成效与特色

学校以习近平新时代中国特色社会主义思想为指导，以服务区域经济社会发展为己任，全校性推动专业认证评估工作，推进内涵发展，推动我校工程类专业教育的国际实质性等效，不断提升人才培养质量。

(1) 以优势专业带动全校教学建设。在校领导决策部署下，营造了以优势专业带动，以专业所在学院为主，辐射公共基础课单位，全校各部门和各单位通力合作的专业认证评估工作氛围，形成了“校领导→主管部门→专业所在学院”一条主线、跨部门、跨学院多重保障的运行机制，形成全校全局性投入教学建设的良好局面。城乡规划、土木工程等6个专业全部通过住房和城乡建设部已开展的评估认证，目前学校是国内唯一一所没有冠名“大学”而取得这项成就的高校；土木工程、材料科学与工程、软件工程等5个专业通过中国工程教育专业认证（CEEAA）。截至目前，我校通过国家级认证评估的专业数在全国地方高校中名列前茅，位列全国所有高校第41位，在全省高校中仅次于福州大学。

(2) 推动建立独具特色的质量文化。学校注重教学质量，在福建省首批开展教育部合格评估、审核评估，推进国家级专业认证评估工作。围绕立德树人根本任务,在同类型高校中首个建立了“OBE专业教学质量评价与监控办法”“非技术能力培养实施办法”“课程思政督导”等制度，推动建立独具特色的质量文化，引导学生树立社会主义核心价值观。

(3) 促进应用型转型发展落地。借由专业认证评估，为国家一流专业建设点的申请奠定了扎实的基础，从教育教学思想转变、人才培养模式创新、教学管理改革等，全力促进转型落地，推动学校向增强学生创新创业能力为核心的新型应用型大学转变，培养服务土木建筑、装备制造、信息技术、生态环保以及生产性服务业等中高端产业链条的高层次、应用型专门人才，为新时代区域经济社会发展做出更大贡献。

3.1.2 广州城建职业学院土建类专业"学训一体、研创融教"育人模式的创新与实践

广州城建职业学院（以下简称"学校"）是一所以土木建筑学科专业为品牌特色的工科类民办高职院校。学校传承近六十年土建类专业办学的深厚文化底蕴和经验积淀，面对新时期招生制度改革和建筑业转型升级带来的多元化、复合型技术技能人才培养的新要求，根据"情景认知"学习理论、基于"知行合一"职教理念，以广东省质量工程项目、广东省重点专业和一类品牌专业建设、中央财政支持的实训基地建设等项目为载体开展了持续深入的土建类专业育人模式研究与实践，建设了"现代建筑职业技能公共实训中心"和"现代建筑产教园"育人平台，校企协同发展、产教深度融合，充分应用现代信息化技术手段，逐步形成了土建类专业"学训一体、研创融教"育人模式，有效解决了土建类专业贴近产业转型发展的人才培养难点问题，人才培养质量大幅提高，专业服务地方产业发展能力显著提升，示范效应显著。

3.1.2.1 实施背景

建筑业是国民经济支柱产业，学校所在的广东省是建筑业大省，新型城镇化和城市现代化进程的快速发展使建筑业获得超常规发展的同时，也面临转型升级的内在需求，随着社会经济发展，建筑业"用工荒""用工成本"日渐突出，装配式建筑技术颠覆了传统的"工地生产"模式、建筑信息模型BIM技术改变了以往"经验管理"的弊端、新时期高素质的产业工人替代了过去"农民打工"现象、施工技术与管理的创新拓展了"国内施工"的局限，现代建筑业正逐步往绿色、节能、环保、高效和国际化的方向转型发展，迫切需要大批量"懂现代建造技术、会现场施工管理"的高素质技术技能人才，这为土建类专业的发展提供了良好契机。但在专业教学过程中，一是囿于建筑施工现场存在巨大安全风险且受施工工期所限，传统建筑实习"一日游"效果难保障，土建类专业实践教学组织困难；二是建筑工程多为"隐蔽工程"（建筑物、构筑物在施工期间将建筑材料或构配件埋于物体之中后被覆盖，外表看不见的实物，如基础工程、钢筋工程等），导致学理论如听"讲座"、做实践如看"演示"，课堂教学抽象枯燥，学生职业技能难提高；三是建筑业由劳动密集型向技术密集型转变，建筑业绿色、节能、环保（如建筑装配化、建筑信息化、国际化施工）的高要求与学生新技术能力培养明显脱节，成为制约建筑业转型升级的突出问题。

3.1.2.2 主要做法

1. 对接建筑产业，产教协同构建“实景”基地

学校投资4000余万元，与浙江太学科技集团有限公司共同研创了占地110亩，行业领先、国内先进的集实训教学、技能鉴定、技术研发、员工培训等为一体的“现代建筑职业技能公共实训中心”实景基地，建有安全教育、建筑质量、工种实训、综合实训、装配式建筑实训、校企合作六大功能区，满足1000余人同时实验实训，有效解决土建类专业实践教学组织困难问题。

（1）安全教育功能区，树立安全第一理念。占地800平方米，按照“了解事故、体验事故、预防事故”的思路，模拟施工现场常见的各类安全事故场景，如高空坠落、触电等场景共21个安全体验项目。通过观看视频、VR体验、实景体验、在线考试“体验安全情境、学习安全知识、做好安全措施、形成安全意识”。

（2）建筑质量功能区，培养质量核心意识。建筑面积3200平方米，按照“还原施工现场、展示建造过程、剖析工艺流程”的思路，以1 ∶ 1比例建造了一栋三层“在建”建筑，从基础、主体、装饰装修、设备安装，分层剖析328个施工节点，让学生“一站式”体验学习房屋建造全过程。

（3）工种实训功能区，培训建筑工种技能。占地面积6000平方米，93个工位，涵盖测量工、钢筋工等十一大传统工种。以典型工作任务为载体，通过“样板解析（看样板、看标准）—实物认知（材料、工具、图纸）—实操训练—检验评价”四个步骤，反复训练从而熟悉操作原理，培训实操技能。

（4）综合项目实训区，培养综合建筑技能。占地面积3000平方米，设有31个工位，针对柱、框架梁、剪力墙、楼梯等主体工程主要构件开展综合项目实训，通过42个分项任务和2个综合项目的全流程作业（测量放线—钢筋绑扎—模板支设—质量检测），练就综合建筑职业技能。

（5）装配式建筑实训区，培养新型建筑工匠。占地面积10000平方米，24个工位，全真模拟建造装配式构件厂和施工安装现场的相关场景，包括装配式建筑展示、构件生产、现场安装、灌浆等，全过程、全方位掌握装配式建筑建造原理和实操技能。

（6）校企合作功能区，打造建筑“五新”技术实验区。占地5000平方米，设有33个工位，紧跟行业发展和企业需求，与建筑龙头企业北京东方雨虹防水技术股份有限公司等合作共建培训基地、研发中心，展示建筑领域新材料、新技术、新工艺、新设备、新方法，并为企业员工提供岗前培训和继续教育。

2. 深化教学改革，“学训一体”形成“五化”模式

学校与省内兄弟院校共同研制省级土建类专业教学标准，通过“现代建筑

职业技能公共实训中心”实景基地的教学情境设计，构建“模型化展示、信息化导学、项目化教学、个性化实训、智能化考核”五化课堂，打造土建类专业知识传授、能力提升“学训一体”模式，有效解决课堂教学抽象、学生技能难提高等问题。

（1）模型化展示破解师生对建筑现场认知难题。设计涵盖框架、剪力墙、钢结构及装配式建筑等类型和基坑支护、基础工程等470余个工程节点的模型图纸。学生进入实体模型，根据任务书与指导书，通过观摩、扫描二维码、实测实量、施工放线等完成实训，快速掌握节点构造及施工工艺等知识。

（2）信息化导学破解课堂抽象枯燥难题。团队组建影视动画组，撰写影视脚本，组织工人标准施工，拍摄剪辑成148部教学视频，制作完成94部动画，涵盖土建类专业教学典型节点。通过课前学生预习，课中师生互动，完成力学、材料、构造及施工原理学习，让学生像看电影一样快乐有效学习。

（3）项目化教学破解理论实践脱节难题。构建与模型一致的网络虚拟模型，开发270个典型节点的施工图纸，构造处理、计量与计价、施工工艺等全过程项目化教学资源。学生操作键盘与鼠标在虚拟模型中漫游到教学节点后，学习构件间的构造关系，再点击节点标牌调出项目化教学资源开展教学。

（4）个性化实训破解实践教学开展难题。针对主体结构中柱、梁、楼梯等典型构件，开发完成42个实训任务，钢筋、模板定型后一并装入集成箱。学生利用软件完成钢筋下料等内业计算，再按照图纸、分岗位以“搭积木”形式完成构件施工外业实践，“评阅”后再将构件“复原”，依次轮训完成全部任务。

3. 智能化考核破解评价学习效果难题

按课程考核点命题且设置可变参数和可变范围，登录时程序智能匹配参数使“一题变百题”考核系统杜绝作弊可能性。学生按考点在题库中选题，可多次测试至满意的成绩，提高了学习效果评价的效度与信度。

4. 对接产业升级，“研创融教”提升“复合”技能

发挥民办学校体制灵活优势，引企入校引项目入课堂，在校内成立技术研发（服务）中心、工作室和6个教学公司等实体机构，形成产学研共同体，建成集人才培养、科学研究、创新创业、社会服务等于一体的“现代建筑产教园”，将企业生产与专业教学紧密结合，通过组建师生团队，在教学活动中以师傅带徒弟的形式为主开展土建领域“四技”服务（技术开发、技术转让、技术咨询和技术服务）和“四小”实践（小制作、小创造、小发明和小革新），加速新技术向传统建筑产业渗透，开发绿色施工及装配式建筑相关科技成果，形成教学质量提升和行业企业需求间的良性互动机制，真正将研发和创新融入教学，提

升学生的核心竞争力，解决学生新技术适应能力培养不足问题。

近三年，“现代建筑产教园”内教学公司和工作室联合共建单位大力开展科技研发、社会服务等工作，教师主持和参与完成省级以上科研课题研究项目23项，取得省市级科学技术成果12项，5项成果通过省级技术鉴定，其中4项达到国内领先水平、1项达到国际先进水平，获得国家专利授权110余项、软件著作权2项，实现专利成果转化15项，完成土木建筑工程技术应用领域绿色建筑设计、绿色施工、装配式建筑等企业横向课题研究项目20余项，认定省级技能大师工作室和应用技术协同创新中心各1个。

3.1.2.3 特色创新

1. 应用情景认知学习理论开发了土建类专业教学新环境

对接建筑业转型发展，按照“整体规划、合理布局、真实环境、先进实用、持续发展、互惠共赢”的原则，研创6种建筑类型、11个工种实操岗位、9个技术管理岗位的实景设施、模型等，数量共计1132个，实验实训耗材可循环使用的土建类专业教学新环境，成为全国规模最大、功能最全、设备最先进的建筑实景基地（图3-1）。使教学以学生为中心，内容活动安排与社会具体实践相联通，在真实的情景中，通过真实的方式组织教学，把素质培养、知识获得、能力提升与学生可持续发展有机结合，为情景认知学习理论提供了土建类专业的成功案例。

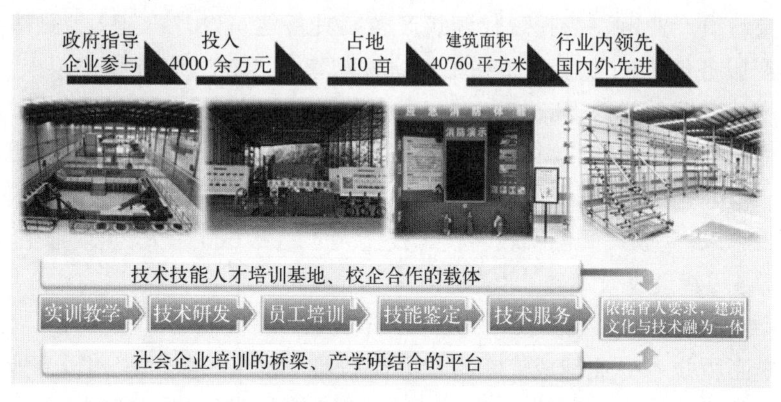

图3-1 现代建筑职业技能公共实训中心

成立独立法人资格的广东省精通城建职业培训学院，通过资源协同化建设、区域化布局、规范化培养、产业化经营、品牌化发展，实现校企深度融合，开展现代建筑人才学历教育与培训教育，服务到款额超两千万元，承办世界技能大赛油漆与装饰、混凝土建筑项目市、省选拔赛，并获得“第45届世界技能大赛混凝土建筑项目国家集训基地”称号，有利于学历教育与培训教育并举。

2. 基于实景基地构建“学训一体”的“五化”课堂新模式

根据新时代“互联网＋教育”线上与线下融合、学习碎片化、发展个性化、过程深度交互、资源影视化等特点，构建了“模型化展示、信息化导学、项目化教学、个性化实训、智能化考核”的“学训一体”新模式（图 3-2），显著提升教学成效。

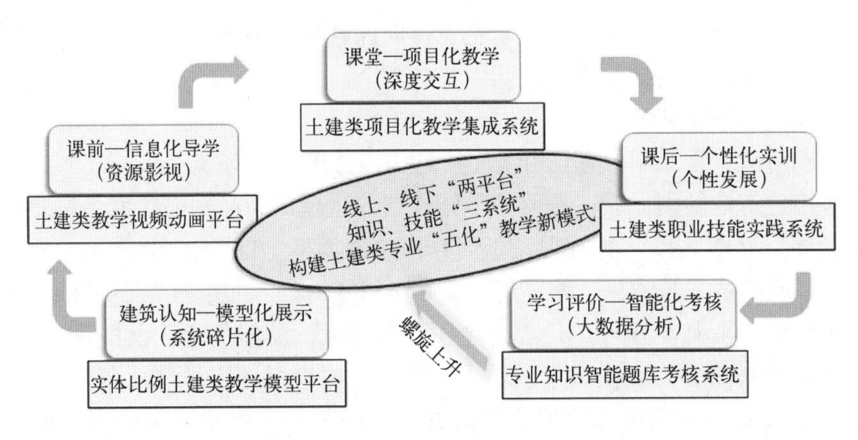

图 3-2　土建类专业人才培养“五化”模型

3. 依托建筑产教园形成了“研创融教”的技术技能人才培养新路径

对接建筑产业链，依托现代建筑产教园具备建筑设计、施工、预决算等一条龙生产服务能力的教学公司和工作室，从事“四技”服务和“四小”实践，推进生产性实践教学改革，按照“校企合作培养型”“工作室培养型”“教学公司跟岗型”等形式开办“岗位订单班”“现代学徒班”“职场精英班”“卓越英才班”和“双创先锋班”，将产品研发与技术创新融入教学，强化技能、提升培养质量。三年来，完成“研创融教”技术技能人才培养 600 余人，实现师生双受益。

3.1.2.4　建设成效

1．专业建设水平大幅提升，人才培养质量显著提高

建筑工程技术专业建成广东省民办院校唯一的省一类品牌建设专业，建成省重点专业 2 个、中央财政支持的实训基地 1 个、省级实训基地 2 个、省级大学生校外实践基地 4 个、省民办教育专项资金支持专业 3 个；2 个专业获批教育部现代学徒制试点专业、3 个专业开展省级试点，5 个专业开展省级高职本科“2+2”“3+2”试点、中高职贯通培养试点，建立了土建类专业“中职 - 高职 - 本科”贯通培养的应用型人才培养体系。

培养了广东省劳动模范、教学名师、专业领军人才 1 人，培养广东省技术

能手3人、引进全国劳动模范1人，建设省级优秀教学团队2个，获得省级以上教研课题9项，省级精品课程4门，发表高水平学术论文36篇、出版专（编）著4部、教材37本（国家规划教材2本），省市级科技成果12项、省级科技成果鉴定5项、工法3项，省级技能大师工作室和应用技术协同创新中心各1个，土建类专业教师在省级以上技能大赛、创业大赛获奖29人次，形成了一批高质量的教科研成果。

近年来土建类专业第一志愿录取分数线超出省线近100分，就业率超过99%、对口率达90%，呈现“招生就业”两旺，学生省级以上竞赛获奖588人次。用人单位普遍反映毕业生素质高、能力强，社会声誉显著提高。

2. 智力支持行业发展，模式引领职教改革

省一类品牌专业建设示范明显，参与建设的2项省级专业标准通过验收，由省高职建筑教指委等推广应用，相关案例入选2019年省质量年报。形成重点面向“建筑安全体验”、“绿色施工及装配式建筑”等长、短期结合的对外职业培训体系，培训2万余人次，收入2000余万元。成果被省内2所本科、15所高职、4所中职使用，在广东省建筑行业协会及企业推广。

3. 育人模式在同类院校应用，辐射示范日益扩大

成果惠及“一带一路”沿线国家，《广州市美丽乡村莲麻村民宿酒店改造设计项目》受中央电视台新闻联播报道，《区域共享 产教融合 学训一体 开放共赢——广州城建职业学院打造现代建筑业人才培养高地》被《中国教育报》等媒体报道，成果在中日校长论坛、全国住房和城乡建设教指委年会等重要会议交流。接待香港理工大学、吉隆坡建设大学、山西建筑职业技术学院等100多所国内外院校，受住房和城乡建设部、省教育厅、住房和城乡建设厅等20多家政府部门，英国职业安全健康协会香港分会等30多家行业协会，广东华坤建设集团等30多家企业的认可，在全国的引领、示范、辐射作用已凸显。

3.1.3 高职土建类专业的课程思政的探索与实践——基于四川建筑职业技术学院的做法

四川建筑职业技术学院（以下简称学院）是国家示范性高职院校、国家优质专科高等职业学院、全国文明单位、全国住房和城乡建设职业教育教学指导委员会副主任单位、四川省首批高端技术技能型本科人才培养改革试点单位、全国普通高校毕业生就业工作先进单位、全国毕业生就业典型经验高校、四川省博士后创新实践基地、西部地区首家拥有“省级大学科技园”的高职院校，2017年获得“高等职业院校教学资源50强”“亚太职业院校影响力50强”“第六届黄炎培职业教育优秀学校奖”。学院有德阳、成都两个校区，校园占地面积

2129亩，开设以土建类专业为主的60个专业，现有全日制在校生近1.8万人。近年来，在高职土建类专业中积极开展课程思政的探索与实践，取得初步成效。

3.1.3.1 实施背景

课程思政是一种课程观，是将高校思想政治教育融入课堂教学和改革的各环节、各方面，实现立德树人润物无声。就其本质而言，课程思政是思想政治教育概念的丰富与拓展，同时也是专业课教学实现内涵式提升与发展的路径选择，因此必须与具体的学科教学内容环节相融合，才能体现它的人生教化和价值引领意义。

立德树人是高校的根本任务和中心工作，教书育人是教师的本职工作，同时也是师德的重要体现。党和国家历来十分重视思想政治教育工作。1980年，教育部、共青团中央印发了《关于加强高等学校学生思想政治工作的意见》（[80]教政字004号）；1987年，中共中央发布了《关于改进和加强高等学校思想政治工作的决定》（中发〔1987〕18号）；1994年，中共中央发布《关于进一步加强和改进学校德育工作的若干意见》（中发〔1994〕9号），成为当时大学生思想政治教育的纲领性文件和基本依据。21世纪，为适应中国特色社会主义经济社会发展的新需要，2004年中共中央、国务院发布了《关于进一步加强和改进大学生思想政治教育的意见》（中发〔2004〕16号），即"16号文件"。这一文件全面部署了高校思想政治教育的各项工作，成为党的十六大以来加强和改进高校思想政治教育工作的纲领性文件。2015年，教育部颁发了《高等学校思想政治理论课建设标准》（教社科〔2015〕3号），加强对高校思想政治教育的宏观指导和统筹协调，进一步规范高校思想政治理论课的组织管理、教学管理、队伍管理和学科建设。2016年12月8日，习近平在全国高校思想政治工作会议上发表《把思想政治工作贯穿教育教学全过程，开创我国高等教育事业发展新局面》的讲话，明确提出全员、全过程、全方位育人理念，指出要"使各类课程与思想政治理论课同向同行，形成协同效应"。随后中共中央、国务院印发《关于加强和改进新形势下高校思想政治工作的意见》，提出"要加强课堂教学的建设管理，充分挖掘和运用各学科蕴含的思想政治教育资源"，"要坚持全员全过程全方位育人原则，把思想价值引领贯穿教育教学全过程和各环节"。2017年2月27日，中共中央、国务院印发《关于加强和改进新形势下高校思想政治工作的意见》，指出要坚持全员全过程全方位育人的思想政治教育原则，把思想价值引领贯穿教育教学全过程和各环节，形成教书育人、科研育人、实践育人、管理育人、服务育人、文化育人、组织育人长效机制。2019年3月18日，习近平在京主持召开学校思想政治理论课教师座谈会并发表重要讲话，强调指出，办好思想政治理论课，最根本的是要全面贯彻党的教育方针，解决好培养什么人、怎样培养人、为谁培养人这个根本问题。

但在教育教学实践中，部分教师课程思想政治教育观念淡薄，政治意识和德育能力较弱，课程教学与思政教育脱节，综合素质和专业技能有待提高，教育改革创新手段和社会资源整合能力相当欠缺，加之课程学时短、任务重、思政教育工作要么被忽略，要么成为花架子，“三全育人”难以落到实处，课程思政建设仍处于探索阶段，课程育人理念没有深入人心，知识传授与思想政治工作“两张皮”现象普遍存在。在专业课教师方面，有的认为完成教学任务后，育人的任务也就完成，或者素质教育只是走形式；有的认为专业课堂只需要传授专业知识和技能，思想政治工作是学校领导、党务工作者、辅导员和班主任的事；有的虽有育人意识，但由于育人目标不明、育人责任不清、育人方法不当，难以真正取得实效。另一方面，“两课”教师和大部分辅导员又不太懂高等职业教育的专业知识，对其行业了解也不深入，而导致“两课”脱离学生的生活、就业和职业实际，显得苍白而空洞，很难引起高职学生的兴趣。这样的教育教学很难全面实现高等职业教育的人才培养目标。

3.1.3.2 实践操作

1. 顶层设计，健全全员全过程全方位育人格局

实施课程思政是一项系统的教育教学改革，不能是个人行为，也不是哪一个二级单位的任务，而是学校层面的责任。有鉴于此，学院党委对此高度重视，进行了系统的顶层设计，使课程思政成为“三全育人”的重要组成部分和立德树人的重要抓手。

（1）成立课程思政改革实施领导小组（以下简称领导小组），由党委书记、院长共同任组长，分管思想政治教育的党委副书记和分管教学的副院长任副组长，宣传部部长、学工部部长、教师工作部部长、教务处处长、马克思主义学院院长为成员，从组织上保证课程思政改革有序高效开展。

（2）以学院党委、行政名义印发《四川建筑职业技术学院课程思政实施意见》《四川建筑职业技术学院课程思政建设方案》等文件，从制度上严格保证课程思政的实施。

（3）立项开展相关课题研究，为课程思政的高质量实施奠定思想、理论和实践基础。

2. 研究先行，为课程思政奠定理论和实践基础

教学改革不能盲目进行。为了课程思政高质量实施，学院依托“高职土建类专业的课程思政体系构建与路径研究”等课题，对课程思政的相关理论进行了系统研究，在此基础上，为课程思政的实施进行了全面准备。

（1）开展理论研究。深入研究课程思政的内涵，系统梳理有关政策文件，

探究课程思政的实施路径方法，以此指导课程思政的具体探索和实践。

（2）构建课程思政内容体系。对专业课程中所蕴含的思政元素进行挖掘、整理和优化，形成课程思政的内容体系。思政元素挖掘时，注重行业历史文化的挖掘、传承与创新，把专业知识与国家民族文化、地域文化、行业文化相结合，突出建筑行业从业人员质量、安全、绿色、环保、诚信等核心素养，把专业知识、实践训练、榜样案例与国家大政方针、法律法规、道德要求、校园文化等方面进行有机结合。

（3）修订人才专业培养方案和课程标准。通过修订人才专业培养方案和课程标准，将课程思政的要求融入其中，明确各专业和每一门课程思政的目标要求和教学内容。

3. 抓住关键，循序渐进扎实推进课程思政改革

实施课程思政，课程思政元素挖掘是基础，教师育人意识和能力提升是关键，完善机制是保障。

（1）教师是实施课程思政的决定性因素，也是完成课程思政的基本条件保障。面对当前百年未有之国际大变局和意识形态领域斗争日益复杂的现实，一方面要求专业课教师有实施课程思政的意识，知道教书育人是自己的责任，立德树人是教育的根本任务；要求教师要有实施课程思政的能力，不仅仅要熟知专业知识，还要牢固掌握思想政治知识及其教学方法。另一方面要求原来的“两课”教师和辅导员了解一点基本的专业知识，同时注重深入学生就业的企业，收集行业案例，作为“两课”的课堂教学材料。这样保证课程思政形成合力，保证思想政治教育的一致性，使专业课和“两课”相互印证。为此，学院延请知名思想政治教育专家对教师进行思想政治、道德素养、心理健康等知识培训，延请课程思政专家和课题组成员对教师进行课程思政的方法、教学设计等知识培训，同时组织“两课”教师和辅导员进行行业和专业相关知识学习。

（2）由点及面、循序渐进，是学院课程思政实施基于现实的理性抉择。实践中，首先在建筑工程技术专业的部分课程、部分班级试点，总结经验、提高完善后再全面推开。对教师，采取专家培养骨干、骨干带动一般的策略。参与试点的教师，需要接受培训，并组织团队进行教学设计，同时，在正式上课前进行模拟教学，经考核合格后方可正式走上课堂。这些教师逐步成长为课程思政的骨干教师，他们通过示范课、师带徒等形式带动其他教师，以便在全院全面推开课程思政。

4. 激励引领，激发教师实施课程思政的内生动力

学院除在年度考核、评先评优、晋职晋级等方面向实施课程思政教师倾斜外，还出台了《教师教学质量评优》《教职工院级荣誉制度》等制度，形成了系列激

励机制，调动了教师实施课程思政的积极性。

5. 评价保障，确保课程思政落地落细落实

为了确保课程思政的实效，避免流于概念、流于形式，学院借助相关课题的研究成果，建立了评价机制和评价指标体系，同时，借鉴 PDCA 质量管理思想，把评价结果作为检测教学质量、进行教学反思、改进教学方式、完善教学设计的依据。评价从人才培养方案开始用人单位反馈止，涵盖计划、执行、检查、改进全过程。鉴于课程思政本身就是极其复杂的教育教学过程，这一过程又受到教师、学生、高职院校和专业行业特征的影响，因此，评价把过程评价和结果评价，定性评价与定量评价，自我评价与他人评价，诊断性评价、形成性评价与终结性评价等结合起来，保证了评价结果的真实性和客观性。

3.1.3.3 初步成效

对建筑工程技术专业 2019 年春期学生综合素质的各项统计结果的对比分析表明，实施课程思政的实验班与没有实施的平行班的差距显著。

从学业成绩看，实验班学生较平行班级平均成绩高出 5.8 分，平均绩点高出 0.6。而在课程思政实验之前各班平均成绩差距在 3.0 以内，绩点差距在 0.3 以下。

从学生日常违纪记录看，考核学生的迟到早退、旷课、寝室卫生、夜不归宿、考试作弊以及其他违纪情况，实验班日均违纪率为 0.05%，没有旷课、夜不归宿和考试作弊等重大违纪事件；而平行班学生日均违纪率为 0.27%。

从学生在各种网络平台的发帖、留言、评论看，实验班的学生显得更积极，更加富有正能量。

从递交入党申请书的学生比例看，实验班递交入党申请书的学生占 65%，而平行班只有 33%。

从参加社团活动情况看，有 95% 的实验班学生至少参加一个学院或者系部各种学生社团，而平行班学生只占班级人数的 72%。

从学生学期操行成绩评定结果来看，课程思政实验学生学期操行成绩优秀率为 94%，而平行班学生学期操行成绩优秀率为 83%。

3.1.4 校企密切合作 产教深度融合 服务企业发展——安徽建工技师学院

安徽建工技师学院创办于 1980 年。是安徽省首批全日制公办技师学院，国家重点技工院校，国家首批改革与发展示范学院，国家高技能人才培训基地，国家首批示范鉴定站，并获得国家高技能人才培育突出贡献奖、全国建设教育先进单位、连续四届安徽省文明单位、安徽省技工院校先进办学单位、安徽建

工集团先进单位、合肥市技工院校招生先进单位、合肥市技工院校德育工作先进单位等荣誉称号。学院是安徽省建设教育和专业技术协会会长单位以及安徽建设职教集团理事长单位。学院高度重视培训工作，依托安徽建工集团、安徽建设职教集团和安徽省建设教育和专业技术协会，贴近市场，服务企业，大力拓展培训鉴定业务，多元化办学，增强办学活力，实现经济效益和社会效益双丰收。

3.1.4.1　实施背景

学院是安徽省建筑类应用型人才培训基地，近年来，依托安徽建工集团和安徽建设职业教育集团，不断创新教育教学模式，在做好全日制在校生的教育和管理工作同时，根据企业转型和岗位技能需要，开展了中等职业教育、技工教育、高等职业教育（函授大专、本科）和岗位培训、技能鉴定等业务，拓展了职业教育的范围，延长了职业教育的“产业链”。

安徽省是建筑大省，也是建筑劳务大省。近年来，学院培训中心年开展出国劳务考核、技能鉴定、施工现场管理人员、建筑安全管理人员、特种作业人员、大学生创业培训、工人技能提升等技能人才培训 3 万余人次，在全省同类职业院校开展培训工作成绩中遥遥领先，荣获中国建设教育协会继续教育先进单位、安徽省职业技能鉴定工作目标考核先进单位、合肥市农民工技能培训优秀办学单位、合肥市职业技能鉴定工作目标先进单位、安徽建工集团先进集体等荣誉称号。为安徽建工集团持续健康发展提供了有力的技能人才支持，为安徽经济建设和社会发展做出了积极贡献。

3.1.4.2　特色做法

1. 依托行业背景，拓展职业培训空间

作为安徽省老牌的建筑类技工院校，建筑类专业是学院的特色专业和主打品牌。学院立足建设行业，在开展职业培训工作中，坚持“政府引导，行业支持，搭建平台，校企共参”，牢牢把握安徽技工大省建设为职业培训工作提供的诸多机遇，形成了安徽建工技师学院独具特色的职业技能培训模式。

（1）搞好高端培训，掌握政策导向。为了让企业高层及时更新管理理念，抢占市场先机，学院对安徽建工集团开展了多次以高端讲座为主的培训。邀请了住房和城乡建设部、人社部职业能力建设司、中国建设教育协会有关领导前来调研和指导工作。

（2）抓好企业中层和基层管理人员执业资格培训。充分利用学院各类优质培训资源和安徽建工集团教育培训中心资质，积极做好各项培训服务工作。近三年，为安徽建工集团等大型企业开展中层和管理人员项目经理培训、中级职称培训、三类人员培训、财务人员高级研修培训、总工程师培训、BIM 技术培训等培训10000余人次；学院结合建筑行业的特点，以企业需求为动力，采取开放式的办学模式，积极探索与企业的多方面、宽领域、深层次的合作，扩大合作内涵，坚持送教上门，不断提高服务质量，主动安排优秀教师赴校外、省外上门送教送考、培训考核，并根据企业的工作特点，采取多种办班形式对企业员工进行培训，先后赴住房和城乡建设厅北京办事处、住房和城乡建设厅上海办事处、阜阳市建委、蚌埠安徽水利等单位送教上门、送考上门，开展建筑管理岗位培训、特种作业人员培训、工人技术提升培训15000人次。此举深受企业和学员们的一致欢迎。

（3）抓好企业一线员工操作技能培训和持证上岗培训。开展建筑出国劳务培训考核是学院一大培训特色和优势，近三年，培训考核赴安哥拉、美国、日本、韩国等几十个国家境外就业人员10000余人次，年培训各类社会人员3000余人次，受到广大外派劳务公司的好评。受安徽省人民政府办公厅扶贫办和安徽住房和城乡建设厅的委托，学院积极参与“雨露计划”碧桂园建筑施工管理培训项目，已培训1000余名安徽省农村退役士兵，100%实现就业。近三年，开展农民工培训8000余人次、开展大学生创业培训6000余人次、开展企业工人技术提升培训9000余人次。

2. 提升技能鉴定能力，保证职业培训、鉴定规模

学院设立的职业技能鉴定所，2013年被人社部评为国家首批示范鉴定站，连续多年获安徽省、合肥市职业技能鉴定工作目标考核先进单位称号。我站常年面向社会开展木工、瓦工、管道工、油漆工、测量放线工、钳工等26个工种（专业）的职业资格（初、中、高级）的鉴定工作。近三年，共培训鉴定3.5万人次，其中高级工9000余人次。我们充分发挥职业技能鉴定在职业培训中所起的作用，扩大学院的社会影响力和知名度，力争让职业培训之路越走越宽广。

3. 定制开发培训项目，拓展跨系统跨行业培训

学院通过与安徽地区的政府部门、事业单位、企业的共同探讨，把服务地方经济发展放在首位，以社会岗位培训需求为职业培训项目规划的重点，结合学院的专业特点和特色进行职业培训规划。为送培单位确定培训目标、专家进行课程设计指导、学院聘请培训教师进行综合管理的三方联合机制。定制开发培训项目使学院的职业培训更加贴近合作单位要求，实现了培训课程与社会需求的无缝对接，为今后进一步扩大合作打下了良好基础。

学院拓展跨行培训业务，培训案例有：与安徽监狱系统进行联合培训，取得了良好的社会效益。2013～2014年，学院与庐江县白湖监狱分局签订了联合培训协议，举办了监狱系统项目管理人员高级研修班，培训人数300余人。为白湖监狱服刑人员举行了一期电工培训班，经过1个月的集中培训学习，参

加培训的100余名服刑人员取得了电工、管工职业资格技能等级证书，为他们刑满就业、立足于社会打下了很好的基础。

4. 贴近市场需求，开办特色培训

结合学院行业办学优势和专业建设优势，学院积极申报新的培训项目，先后与合肥安泰消防职业技能培训学院洽谈，合作开展消防设施操作员培训；积极申办安徽建工集团系统内部一级建造师考前培训建设方案；发挥学院是安徽建设教育与专业技术协会会长单位的优势，积极申报中国建设教育协会全国BIM认证考试考点工作和BIM培训工作等等。同时，学院培训中心还积极主动与政府、企业和有关职业院校合作，承办大型社会化培训考试任务，与安徽公路局合作，承办每年全国公路水运工程试验检测专业技术人员职业资格考试；与安徽交通局合作，承办每年交通行业职业资格考试等。

5. 以企业需求为导向，确定学生培养目标

（1）校企商定专业设置。为了适应建设行业和地方经济发展对技术技能人才的需要，学院每年初都要与企业人力资源专家一起对建设市场环境和人力资源需求进行分析研判，从而合理确定当年招生专业。同时，每个大类专业成立了校企专业建设指导委员会，定期邀请来自企业知名专家和生产一线技术人员参与、指导、研究人才培养目标和质量标准，参与专业建设、课程建设和其他教学环节。在校企专业指导委员会指导下根据企业发展的需要及用人单位意见，拟订教学计划；明确毕业生应具有的职业素质和知识、能力结构；在教学计划执行过程中，根据企业的要求，及时修订教学计划，更好地适应企业的发展和需求。

（2）校企共同制订人才培养方案。学院在制定人才培养方案中，邀请企业和行业参与，强化企业、行业在学院人才培养中的指导作用，实现人才培养方案符合企业、行业对人才培养的需要。每年聘请20余位知名行业、企业的技术和管理实践专家共同研究制定，科学构建适应工学结合的课程体系；校企共建课程与教学资源，尤其特别重视和充分利用企业教学资源和网络资源，创新教学和学习方式；试行灵活多样的教学组织模式，将学院的教学活动与企业的生产过程紧密结合；强化生产性实训与顶岗实习实践，专业顶岗实习原则上不少于一年。

（3）校企合作编写教材。充分发挥教师了解教学规律、教材编写规范要求，企业工程第一线技术人员熟知工程技术的新规范、新技术、新工艺、新标准，掌握大量工程技术案例、业务流程等的特长，形成由企业一线工程技术专家和学院多年从事专业教育并卓有成效的教师共同组成“双主体”教材编写组，使教材内容更贴近岗位实际，简明、易懂、实用。近三年学院教师与企业专家合

作编写完成了15门校本教材和16门市级精品课程，其中5门课程获得省级精品课程建设立项，由学院牵头，企业行业共同参与制定的《安徽省建筑工程施工专业教学标准指导方案》得到安徽省教育厅、住房和城乡建设厅及有关专家的肯定并评审通过并已出版实施。

6. 订单培养，合作育人

（1）冠名班形式。近年来，学院不断深化校企合作，创新合作培养模式，探讨合作育人方法，积极实施企业冠名班办学。先后与安徽建工集团、安徽路桥集团、中铁四局、安徽水利等单位签订冠名培养协议，实施了“安徽建工班”“安徽路桥班”“中铁四局班”等16个班1000余人的冠名培养。通过与企业合作举办冠名班，使校企双方各自尝到了甜头，既促进了学院的专业建设和课程改革，为企业输送了量身定制的急需人才，同时也彰显了企业文化和企业需求在培养过程中的作用，实现了校企双赢。

（2）订单培养形式。这是学院积极探索多元化职业教育办学模式的一种。企业根据岗位需求与学院签订用人协议后，由校企双方共同或由企业单方单独选拔学生，共同确立培养目标，共同制定培养方案，共同组织教学等一系列教育教学活动的办学模式。学院与安徽水利签订定向委培协议，采用“委托培养、定向就业”的模式。学员由安徽水利公司负责并面向本公司职工子女招收，经过严格的初试和复试，通过对学生的综合素质等多方面考核，安徽水利公司从500余位报名者中选拔200名学员，委托学院培养，组成“安徽水利电工班”，并且企业全过程参与培养与管理。

（3）引企入校形式。学院与安徽建机公司签订“订单式”的产品加工合同。即学院按照企业的生产要求，在学院内模拟企业生产车间情景和管理模式，并按照企业提供的图纸要求，在教学环境下，组织学生生产实习和产品加工，实现了真正意义上“校中厂”。这种实践性的培养方法，拉近了学院与企业的距离，实现了校企无缝对接，为学生之后的就业打下了基础，同时企业按协议要求为学院提供产品加工钢材，也为学院有效地降低了办学成本。

（4）共建实训基地形式。学院已与安徽建工集团、安徽工业设备安装公司、安徽建筑机械有限公司、安徽省一建工程公司、安徽广厦集团、安徽亚坤建设集团等近50家单位建立了稳定的校外实习实训基地关系。同时学院还是实训基地公司职工的培训基地和职业技能考核鉴定基地，每年为实训基地企业提供职工继续教育服务，帮助职工完成函授本科和专科的学习，并对职工提供“中级-高级-技师”一条龙式的技能鉴定培训。探索和实践工学结合的“学院工厂化、工厂教室化”的全新的专业建设和人才培养模式，使学生、教师、企业和学院各得其所，实现了多方共赢。新常态下，根据《安徽省人民政府办公厅关于加快推进建筑产业现代化的指导意见》文件精神，为更好地推进安徽建筑产业现代化的发展，充分发挥学院和企业双方的优势，为企业培养更多高素质、高技能的应用型人才。学院与安徽宇辉新型建材公司签订“住宅产业化实训基地”校企合作协议。根据协议，今后学院与安徽宇辉新型建筑材料有限公司将开展实习、培训、科研等项目合作；学院将选派优秀专业教师参与培训教材及标准的编写、科研项目开发、技术援助和学术研讨等。双方合作将积极推动合肥地区乃至全省住宅产业化进一步提升和发展。

3.1.4.3 主要成果

（1）产教融合，特色凸现。近年来，学院依托行业办学，对接产业定位，培养的毕业生受到用人单位的普遍欢迎。毕业生就业率达到 90% 以上，建筑工程施工、工程造价、建筑装饰、机电一体化等专业毕业生出现了供不应求的情况。对用人单位进行毕业生跟踪调查显示，毕业生在理论基础、职业素质、工作能力与态度等方面的“称职率”达到了 98%，取得了“学生满意、家长放心、社会认可”的显著成绩。居高的毕业生就业率，对招生工作产生了极大的促进作用，学院近年来招生名列省内同类院校前茅。学院依托安徽建工集团、安徽建设职教集团，成立专业建设指导委员会，从高校、企业聘请几十位知名专家、企业高级技术人员，论证新专业的构建，修订人才培养与专业教学计划方案，完善人才培养标准，修订并完善考核评价标准；围绕企业需求人才的规格构建“能力模块、层次递进、工学交替”专业课程体系，结合“学分制”和“弹性学制”的教学管理改革，建立起具有校企融合特色的、开放的、多样化的人才培养模式。通过专业建设，使人才培养方案不断改进，人才培养模式得到创新。按照校企合作、工学结合的总体要求，结合行业、专业特点，通过课程体系、教学内容和教学方式方法等改革，进一步提高教学质量，使学生综合素质、创新能力得到进一步提高。积极与企业合作，探索共建、共管并融专业实训教学计划、学生实习实训、技术研发和生产等功能于一体的校内外实践教学基地建设的途径和方法，体现实训基地的“功能系列化、环境真实化、人员职业化、设备生产化”的特征。

（2）多元辐射，催化效应。一是通过组建安徽建设职教集团，推进校企合作，扩大社会、企业、学院共同参与培育职教建设人才的影响；二是引入企业理念、文化进校园，聘请企业专家进行新生教育和企业文化教育，引导学生加深对专业和行业的认知和热爱，培养他们的敬业爱岗精神；三是发挥校企合作、“双师型”教师互补优势，引入企业专业人才和实际工程案例进行仿真模拟教学，提升学生职业能力；四是对照行业规范标准和企业发展需求，革新教学内容和课程教材。

3.2 继续教育与职业培训案例分析

3.2.1 凝聚知识力量打造企业高效学习文化——中建七局微课大赛纪实

3.2.1.1 实施背景

中建七局不断优化人才培养机制，督导各二级单位青年人才培养计划全覆盖，注重关注青年人才培养。在员工教育培训方式方法方面不断推陈出新，促进教育培训的精准化与个性化，为工程局高质量、高速度发展提供坚强有力的组织保障和人才支撑。

随着移动化、碎片化阅读和学习时代的到来，为深入推进中国建筑培训体系建设，促进信息技术与教育培训深度融合，搭建员工知识经验交流与展示平台，打造员工共创共享的工作学习生态，中建七局积极探索新形势下员工学习的有效方式,经过深入调研和实践,中建七局开拓员工培训新模式——微课培训。将传统面授课程转化为网络课程，将集中学习难的问题转变为通过移动终端学习，将单一的面授培训转变为线上线下混合培训，最终达到员工在项目部也能及时了解公司最新动态、学习新知识、新技能的目标。

3.2.1.2 主要做法

1. 揭开面纱，初识微课

（1）微课是新学习时代的必然选择。移动互联网时代，碎片化学习方式成为这个时代的特点,企业微课就是利用碎片化时间学习,让学习方式不再受地点、时间限制。

（2）微课是符合企业培训发展需要的新模式。伴随着互联网、手机成长的80后、90后员工，学习方式产生了巨大的变化；建筑行业项目分散，员工作业多在户外和偏远地区，集中学习难，时间和资金成本高，微课灵活的学习形式可以很好地契合员工的学习需求。

（3）微课是员工远程学习的高效神器。微课是以视频、图文为主要载体，讲授某个知识点或技能点，有明确目标、简短、完整的教学活动。微课通过对专业知识的萃取和加工，可快速为学员提供解决方案和经验。2015年，中建七局组织了《玩转微课》开发培训，在两天一晚的时间里，参训人员几乎每人都开发出了一门微课。

2. 全员集智，共创微课

（1）微课大赛组织概况。为调动员工积极性，开发微课，中建七局于2016

年和2017年连续两年组织微课大赛，共收到参赛作品近600门，作品质量和数量均达到参赛标准。参赛作品按内容分为技术质量、工程管理、商务法务、安全生产、投资开发以及综合管理等类别。针对报名较多的实际，将参赛主体分为江湖前辈组（知识经验萃取组）和英雄少年组（入职培训总结组）两大类别。其中，英雄少年组参赛主体由2017年新入职员工和技能导师组成师带徒参赛小组，导师对其作品内容的准确性进行指导和把关，在开发微课过程中充分应用新老员工智慧，助力新员工快速总结个人入职成果，以传帮带的形式加快青年员工成长。

（2）微课大赛选拔流程。两届大赛的持续时间均有三个月之久，选拔流程分为“芝麻开门、小试牛刀、初露锋芒、群雄逐鹿”等环节。

1）芝麻开门。翻转学习与报名阶段。要求各单位、各业务系统员工按大赛要求，自行组织完成选拔工作，向大赛办公室提交《报名表》，督促参赛人员在一个月内完成网络教育平台“第二届微课大赛学习专题”学习，确保参赛人员了解微课，提交高质量作品。

2）小试牛刀。提交作品和初审阶段。参赛人员按要求提交初赛作品，由大赛办公室组织业务部门对参赛作品审核，通过后进入复赛。初赛阶段选拔标准为：一是课程内容符合参赛范围，主题明确，内容无误；二是无违反国家法律、股份公司和工程局各项管理规定的内容；三是呈现形式和技术规范符合要求。

3）初露锋芒。复赛专家评审阶段。凡进入复赛的作品，由大赛办公室组织相关业务部门和专家，按照评审标准对课件制作和讲授录制质量进行综合评审。

4）群雄逐鹿。决赛网络投票。凡是入围决赛作品均上传七局网络教育平台，供员工观看评价。按照观看人数、课程评估、学员评价等几个纬度进行网络评价。同时，在PC端、微信端及APP均开通网络大众评审投票通道，扩大作品的传播度和影响力。根据专家评审和大众评审综合得分，按照得分高低选出优秀作品，按照排名设置一二三等奖和优秀组织奖。报局大赛委员会批准后，予以通报，凡获奖作品均给予物质和精神双重奖励。

3. 王者集结、玩转微课

2018年中建七局承办中国建筑第一届“蓝色力量杯”微课大赛。组织中国建筑集团30多家二级单位，共27万余人参与微课教育和培训，初赛阶段共收集参赛作品4000余份，历时6个月的激烈角逐，最终评选出一等奖、二等奖、三等奖、最佳人气奖、最佳创新奖、最佳组织奖等31项大奖。

1）引入外脑，助力微课。选定上海时代光华公司作为平台运营商，从策划、技术、组织三个层面为微课大赛提供全方位的支持。

2）组织保障，推进有序。成立大赛组委会和各子企业两个层面的组织机构，切实加强微课大赛组织管理和实施工作，保障大赛顺利进行。

3）主题鲜明、技术规范。确定红色基因（企业党建、纪检监察、企业文化）、蓝色力量（工程管理类、市场营销类、综合管理类）、绿色发展（绿色建筑、智慧建造、建筑工业化）三大主题，并对课件制作形成了统一的标准和规范，为课程品质提供保障。

4）口号响亮、培训充实。“王者集结，等你来战。王者之冠，等你来取”微课大赛的宣传推广口号、推广视频和海报在各单位迅速覆盖，员工积极参与到微课开发和学习中，营造“人人为师，人人为学”的学习氛围。特聘专业团队进行“两天一晚”的“魔鬼微课开发工作坊”。4月至7月，微课开发赋能培训在三十多家二级单位同步开启，掀起了微课培训的热潮。

3.2.1.3 主要成果

在不断探索和挖潜中，中建七局在微课培训方面硕果累累，“微”名远扬，屡创佳绩。2016年获在线教育资讯网评选的博奥奖——“最佳课件”奖，2017年代表中建集团参加全国中央企业联盟微课大赛，斩获8项大奖，并在颁奖典礼作经验分享。2018年承办中国建筑第一届“蓝色力量”微课大赛。截至目前，中建七局已经连续四年举办“微课大赛”，在微课开发方面已达一定规模，更重要的是微课培训在提升培训品质，提升员工素质，助力企业发展方面取得了许多成果。

（1）微课全员覆盖，作品优中选优。挖掘出企业内部诸多优秀微课设计与开发人才，培养出内部覆盖全业务线的种子精英讲师。三次大赛共计开发课程900余份，其中精选200份上传至学习平台供员工学习交流。

（2）沉淀精品课程，创建学习资料库。通过微课大赛，挖掘出许多支撑业务发展的好课程，在专业导师的辅导下不断优化，形成精品课程。并将所有优秀作品汇总分类上传至教育平台供员工学习，建立员工培训学习的“微”教学网上资料库。

（3）创新培养模式、建立微课团队。打造学习生态圈，通过微课培训，提炼出一套适用于企业内部的内训师选拔培养模式。选拔绩优人员，组建微课培训团队，培养企业自己的微课内训师队伍，建立师资培养体系。截至目前七局微课团队有近30位优秀内训师，知识面涵盖党建、工程、商务、市场营销等各方面，为员工网上学习提供了有力的师资保障。

（4）营造学习氛围、打造企业学习高地。覆盖企业全员的微课培训，人人参与做微课，爱上知识分享，营造学习型组织，达到人人乐学、人人为师的良好氛围，助力企业建设学习型企业。

3.2.2 建设机械职业教育服务信息化平台建设

中国建设教育协会建设机械职业教育专业委员会联合科研院所、软件公司、建机行业培训机构等有关单位共同完成建设机械职业教育服务信息化平台建设，为建设机械培训行业内培训单位与学员的在线服务对接、学员终身教育、查询检索等提供服务，以现代信息技术手段推动建设机械职业教育现代化发展，提升建设机械类技能人才培养质量。

3.2.2.1　建设原则

建机专委会以会员定点培训单位为市场责任主体，充分发挥专委会的组织、引导和推动作用，加强信用与服务信息管理，发挥市场机制作用协调并优化资源配置，促进协会内部资源互联互通、协同共享。调动会员单位广泛参与共同推进，强化顶层设计，统筹规划，立足当前，着眼长远，统筹全局，系统规划，有计划、分步骤地组织实施。

3.2.2.2　具体内容

结合协会会员单位建设机械岗位培训业务行业自律管理要素，设计信息化平台建设的主要流程、节点控制。对协会秘书处日常管理、培训单位承接培训服务、学员选择培训单位并完成培训课程、继续教育等现实业务流程逐一分析和细化，将部分流程通过信息化方式完成，形成线上与线下相结合的培训管理模式，形成学员选校至培训结业及后期继续教育全流程的记录跟踪。依托会员单位收集教学资源，对收集材料进行电子化，建设在线学习资源库、试题库。

3.2.2.3　平台服务流程

平台业务流程包括公共服务、会员定点培训单位内部对接、秘书处受理社团服务流程。社会学员和用户通过平台自主选择培训单位后进入会员单位内部服务流程，在完成相应考训流程后由培训单位向协会秘书处申请社团服务。参见图 3-3。

3.2.2.4　实施效果

结合信息化系统建设，逐步梳理优化建机会员单位自律管理流程，构建积累教学大纲课件库，实操培训案例及培训试题库，存储考训图像及专委会抽样图片，建立考训图像采集回溯机制，为建设建机岗位培训信息化服务示范基地提供信息化平台支撑。同时，通过对各个关键流程节点的控制，提高了会员单位承担市场化培训服务过程中自律能力。

平台正式投入应用后的实施效果如下：

（1）利用信息化平台为会员培训单位提供自主展示空间，目前已对协会 130 余家具有培训业务的建设机械相关会员单位展示培训资质、教学条件、培训实力，提高培训单位和协会平台知名度。

（2）培训单位利用信息平台优势，发布重要宣传信息，在线管理学员信息，全方位缩短培训单位与学员之间的距离。

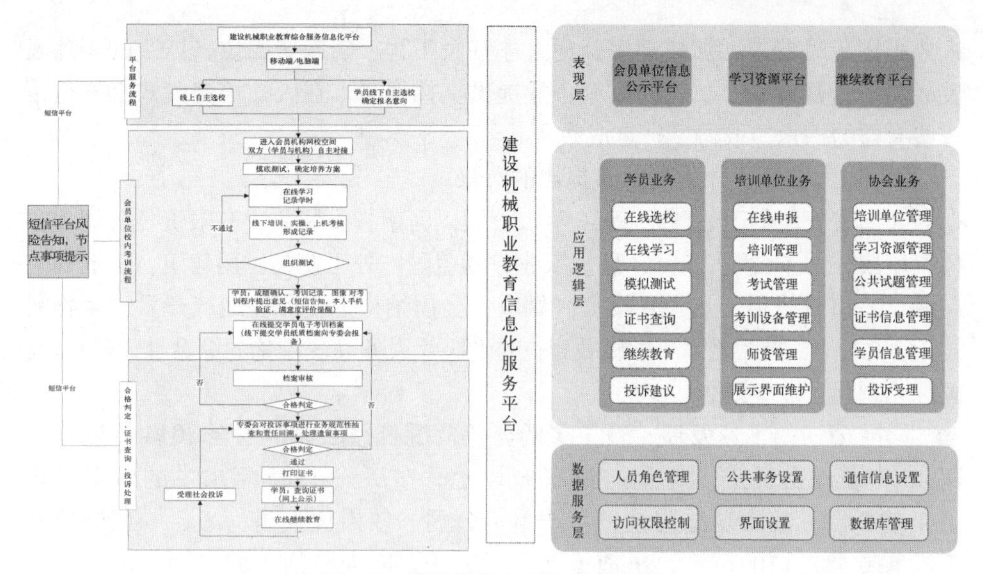

图 3-3　服务流程与平台功能架构

（3）利用信息平台建立新的社团服务机制，进一步规范会员单位培训流程，优化提升协会内部公共资源服务质量。

（4）完善培训档案管理，实现考训档案电子化及相关文件在线自主打印，降低管理成本，提高管理效率。

（5）以信息平台为载体，建立信息化教学资源库，助力会员单位扩展教学资源，达到事半功倍之效。

（6）利用信息化平台总结积累设备操作事故案例、创设事故教学情景，增强培训效果。

（7）在线满意度测评与意见反馈机制，有效收集学员和社会用户对培训过程和培训质量的评价信息，为相关单位提供建议，有助于改进与提升培训单位和社团服务质量。

该平台的建设与应用对推进建机培训行业信息化和现代化，摸索互联网 + 时代“线上教学互动学习、线下实操实训实习”的服务模式，具有创新意义。

3.2.3　河南省安装集团四位一体人才发展战略的探索与实践

习近平总书记指出，人才是实现民族振兴、赢得国际竞争主动的战略资源，必须加快实施人才强国战略，确立人才引领发展的战略地位。作为河南省重点培育的建筑骨干企业，河南省安装集团认真贯彻落实习近平总书记关于人才工作的一系列重要讲话精神，以时不我待的政治责任感和历史使命感，全面落实人才强国战略要求，加快部署公司人才强企工程，实施“四位一体”的人才发展战略，为建设基业长青的百年企业提供支撑保障，在人才培养模式上进行了一些有益的探索，取得了一定成效。

3.2.3.1　公司人才发展战略提出的背景

河南省安装集团始建于 1954 年，公司以河南省安装集团有限责任公司为主体，所属分、子公司 25 家，是一家业务涵盖国内外工业与民用建筑、工业安装与调试、市政公用、热力（投资）供应、金属结构加工、房地产开发、生物科技、幼儿教育、技工教育、学历教育、卫生医疗服务等一体化的综合性、多元化、国际化现代企业集团。

随着公司的飞速发展，员工老龄化等问题日益凸显，截至 2014 年底，公司 45 岁及以上员工占比重达到 65% 以上，1975 ～ 1985 年出生的职工出现了年龄断层。其次是结构性失衡严重，公司一些岗位人满为患，一些岗位几乎没有专业对口的员工，出现了有活没人干，有人没活干的局面。现有人才与公司未来发展不匹配，随着企业转型，多元化、国际化推进，房建、市政、国际贸易、金融财务等高端人才需求日益增多，人才储备不能满足公司日新月异的发展需要。

另一方面，随着各种新型行业的兴起，人们的就业选择机会增多，而建筑业作为传统行业，工作环境相对较差，工作地点流动性较强，导致建筑行业对求职者的吸引力逐渐下降。建筑行业目前急缺项目一线施工人员和技术骨干。再者，从社会环境看，人口红利消失，劳动力供给总量降低，用工荒从南方向北方蔓延，央企和房地产对人才的竞争日益激烈。人才结构与社会发展的矛盾逐渐加深，知识型、科研型的劳动力人数占总劳动力人数的比重逐步上升，技术型、应用型、操作型的劳动力数量比重下降。同时，人们的就业意识产生了改变，更愿意做白领而不愿意做蓝领，人才竞争进入白热化阶段。

3.2.3.2　多策并举，实施“四位一体”的人才发展战略

1. 理念引领

(1) 人才决定发展，人才是第一资源。2015 年，公司出台的《关于加快公司人才发展问题的若干意见》中指出，人才问题是公司当前迫在眉睫的一件大事。国以才立、政以才治、业以才兴。人才是公司发展的第一资源，人才战略是公司最重要的战略。当前，我们不仅面临国内市场的竞争、国际市场的竞争，同样还面临人力资源市场的竞争，企业核心竞争力更多地体现在人力资源的开发和加强人才引进和培养、注重人才规划上，人才已经成为企业发展的制胜法宝、赢得市场的关键筹码。公司始终坚持“人才是第一资源”的理念，大力推行“人才强企”战略，打造河南安装的“人才磁场”。公司始终相信，只有打好了人才

战争，才能在企业博弈间握紧主动权、立于不败之地。

(2) 一把手抓第一资源。公司出台的《关于加快公司人才发展问题的若干意见》明确规定，公司党委书记、董事长、总经理、工会主席、团委书记为人才发展战略的第一责任人，对集团公司的人才战略负总责。坚持一把手抓第一资源，坚持党政齐抓、群团共管，形成人才工作合力。总部一把手不仅着眼于顶层设计，制度建设，规划人才培养路线图，而且躬身践行，具体推进本系统人才方案的实施工作，为年轻同志的学习、进步、实践、职务职级提升创造必要的条件，为人才战略的推进做好基础性和前瞻性的工作。各分（子）公司党政工团一把手作为所在单位人才培养的第一责任人，将人才发展战略纳入周例会、月例会等重要议事日程，做到周周有落实，月月有考核。同时各单位安排青年大学生分批次参加所在单位月度经济活动分析会，给他们提供了解公司、扩大视野、提升自我的平台。工程项目部是公司培养青年人才的重要基地，项目经理作为第一责任人，加强对青年人才的人文关怀和岗位历练，增强公司人才政策执行的刚性，切实落实在项目上工作的大学生员工休假待遇，确保公司人才政策制度在项目上落地生根。

(3) 赛马不相马，不当伯乐当裁判。公司认为人人皆是人才，给每个青年员工提供公平竞争的机会和环境，敢于将年轻人才放到关键岗位去锻炼，既要给予激励关爱，又要能够容错纠错，帮助他们想干事、能干事、干成事，充分鼓励激励青年人才干事创业。通过“赛马不相马”，将相马变为赛马，充分挖掘每个员工的潜质，让每个层次的人才都受到关注，这样使压力与动力并存，员工成为自己的伯乐，一大批踏实肯干、能力卓著的青年员工脱颖而出，快速成长。

(4) 五湖四海，任人唯贤，不唯学历唯能力。公司在招人、选人、用人上坚持五湖四海、任人唯贤、不唯学历唯能力的理念。为贯彻这一理念，公司一直以开放包容的心态，海纳百川，每年从全国各地几十所高等院校招聘各类人才，不限区域籍贯，不搞性别歧视。而且在每所院校招聘数量不超过20人，避免进人渠道单一固化，避免近亲繁殖。在选人用人上，唯贤是举，不以个人好恶、亲疏、恩怨画线，冲破地域、行业、感情关系的羁绊。打破“膜拜学历”观念，不唯学历唯能力，放开视野选人，广开进贤之路，唯才是举，唯才是用。

2. 政策夯基

(1) 工资水平与市场接轨。公司建立和市场相适应、工资水平和市场接轨的年度工资调节机制。改革工资分配制度，将人才的工资收入与岗位职责、工作业绩、实际贡献相联系，按照工资待遇向关键岗位、关键人才倾斜的思路，设置岗位工资标准，同时，公司每年根据企业效益、市场行情和物价因素对工资标准进行调整，确保集团薪酬水平在市场中的竞争优势。

（2）工资支付每月保障。对于地方建筑施工企业来说，由于受业主资金影响，工程款会经常发生拖欠，工程项目部员工工资少则三个月，多则半年滞后发放较为普遍。集团公司专门制定《关于青年大学毕业生工资支付的有关规定》，规定每月 18 号之前，青年大学毕业生工资由集团公司统一造单，当月 20 号前打卡发放，保障他们当月按时拿到自己的工资，从而在根本上解决了青年大学生的后顾之忧。

（3）年终奖励，论功行赏。公司建立了《公司机关职能部门绩效考核实施办法》《公司生产单位绩效考核评价管理办法》《分（子）公司绩效考核评价管理办法》《管理及二线辅助员工绩效考核办法》《两级机关员工年度考核管理办法》。公司的年终兑现奖励与各生产单位主要经济指标完成情况及月度绩效考核情况挂钩，多劳多得，少劳少得，论功行赏。做到奖罚结合，兑现到位。

（4）职务晋升打破论资排辈。进一步加强青年后备干部队伍建设，组织开展 35 岁以下大学生的年度专项跟踪考核；考核、选拔优秀大学生进行专题培训、自我展示、互动答辩，建立优秀青年后备干部库，重点进行考察和培养。公司人力资源部牵头各人才使用单位，量身定做个人职业发展规划，并通过青年人才成长年度跟踪考核，建立 35 岁以下的青年员工绿色晋升通道，连续三年考核优秀的员工不受年龄、资历限制，给予破格提拔。

3. 培训驱动

（1）岗前培训。根据公司教育培训管理办法，公司对新入职青年大学生开展三级安全教育和入职岗前培训。一是公司教培中心进行企业文化、企业规章制度、个人才艺展示、互动交流为主要内容的集中培训。二是根据专业进入到公司对口职能部门进行岗位业务知识培训。三是根据需求进入分子公司二级单位进行专业培训，从而使新入职大学生能够尽快适应新的环境，尽快转换个人角色，走好个人职业生涯的第一步。

（2）师带徒岗位培训。公司工会每年选拔具有良好的职业道德，能以身作则，言传身教，业务技术全面，有较高的理论水平和实际操作能力的专业岗位骨干对新入职的青年大学毕业生通过签订师徒协议，开展为期 12 个月拜师教徒活动，通过一对一地帮助、指导，以老带新，以老扶新，让优秀的人培养更优秀的人，加速新员工走向成熟，成为独当一面的业务技术能手。

（3）后备干部专项培训及挂职培训。公司对综合素质优良、工作业绩突出，具备一定领导潜质的优秀高校毕业生进行重点培养，有计划的安排到一定岗位进行锻炼。通过后备干部专项培训以及助理岗位挂职培训，给他们压担子，提拔进入分子公司、项目班子里，在经理助理的岗位上进行挂职锻炼，通过这种方式，不断推动年轻大学生向更高的管理岗位迈进。

(4) 专业人员继续教育。公司开展专业人员继续教育，项目经理继续教育、组织一级建造师、“八大员”“三类人员”“四新技术”、BIM 技术推广应用专题培训。与郑州大学、河南大学、河南科技大学等高校合作，积极鼓励在职员工发展第二学历，带薪函授学习进修，更新知识，拓展视野，提升综合素质。鼓励青年学生积极报名各类执业、职业资格考试，对公司紧缺专业报名进行专项引导扶持，考试通过并注册的，按规定给予相应奖励。

4. 制度护航

(1) 把软任务变成硬指标。集团公司针对每个分子公司的具体情况，每年下达人才发展培养目标计划，把软任务变成了硬指标。在人才培养方面，每个分子公司每年对于建造师取证、中高级职称考评、二本以上大学生保有率以及项目经理后备人才培养等都有指标规定。其中青年人才保有率等指标直接与该单位的年度绩效奖励兑现挂钩，任务完不成的单位将会受到相应处罚。该项制度自 2015 年实施以来，目前已取得明显成效，青年大学生年度流失率由 2015 年前的 40% 左右下降为 2018 年的 8%，远远低于省内同行兄弟单位 70% 的流失率。

(2) 关键岗位人才安全保障制度。在保障员工待遇，提供发展平台的同时，公司采取专项措施，保障公司的人才安全。一方面，关键岗位紧缺专业要按照一定比例引进高校毕业生等后备人才，把留住人才比例作为各级领导班子绩效考核的一个指标，纳入考核体系。另一方面，规范重要人才流动，对中层以上领导和项目经理等关键岗位上的人员，签订竞业禁止协议，新入职二本以上大学生签订专项培训服务协议、《BIM 专项培训协议》以及《员工保密协议》，鼓励员工与公司共进退、共发展。

(3) 优胜劣汰，考核制度全覆盖。通过不断完善和落实人才政策，形成全覆盖的考核制度，公司制定《35 岁以下青年员工专项考核制度》，当年考核优秀，工资上浮 10%；连续两年考核结果良好以上，职务和薪资待遇都会晋升一档；连续三年考核优秀的将纳入公司中层后备干部储备人选；连续五年考核优秀的还可享受公司岗位股权激励。奖勤罚懒，优胜劣汰，对年度考核结果排名末尾的员工，会组织警示谈话和黄牌警告，再次考核不合格的给予淘汰处理。

(4) 股权长效激励制度。2015 年，公司启动第二次股权制度改革，打破股权“世袭制”，废除股东“终身制”，在河南省国有改制企业中首创股权流转机制，有效解决了制约企业长远发展的体制性障碍和结构性矛盾，实现了股权体制的历史性变革。公司章程规定企业股权始终由公司的在职在岗的人员持有，公司的股东就始终处于流动状态，股权始终掌握在公司在职在岗的经营骨干手里。同时，《关于促进和加快公司人才发展的若干意见》规定“通过考核，对有发展前途和取得突出成绩的五年以上优秀青年员工优先给予一定的股权激励”，极大地调动了一批年轻有为的青年人才的积极性，让每一个优秀的青年员工都有上升的通道，使他们能够看到希望：只要工作努力就能够由打工者转化为企业的主人，进入公司决策层，肩负起打造“百年企业”的重任。

（5）人文关怀制度。公司还十分关心青年员工的日常生活，公司建立了青年员工跟踪回访制度，在集团公司层面上解决员工生活上的困难；还建立了标准化的青年公寓并且不断完善公寓的休闲娱乐设施，不断提高青年员工的生活品质；为单身青年员工提供婚恋平台，定期与洛阳市的银行、学校、医院等单位开展联谊活动。

3.2.3.3　校企合作，创新人才培养模式，助力打造人才培养新引擎

公司与郑州大学、河南大学、大连理工大学、沈阳工业大学、沈阳建筑大学、河南科技大学、湖南科技大学等多个高校进行了校企合作。与沈阳工业大学合作成功申报国家教育部 2019 ～ 2020 学年度中国政府奖学金“高校研究生”及丝绸之路项目，为一带一路沿线国家夯实人才支撑提供了河南样板。

公司与河南工业职业技术学院、河南建筑职业技术学院、黄河水利职业技术学院、漯河职业技术学院、河南质量职业技术学院、三门峡职业技术学院等院校合作，开展招生即招工、产教融合、工学交替的“现代学徒制”校企合作，全力打造企业特种作业人员、施工员、高级技工等高技能实用人才新引擎。

3.2.3.4　人才政策成效显著

公司一系列的人才政策实施 5 年来，公司持续引进博士、硕士研究生、985 和 211 等二本以上院校本科生 500 余人，人才保有率由 2015 年之前的不足 50% 上升至 2018 年的 92%，“人才磁场”的吸引力不断增强，造就了一支忠于国家、忠于企业、技术精湛、听从指挥、能征善战、具有四海为家职业精神的核心人才队伍，极大地提高了公司的经营业绩。2016 年、2017 年、2018 年工业安装板块营业收入分别为 25.9 亿元、28.1 亿元、32.6 亿元，以总增长率 126% 的成就领跑业内，利税总额达到 5.18 亿元，纳税额增长 219%，利润增长 284.9%，研发经费投入增长 150%，各项指标位居河南省工业安装行业第一，其中玻璃玻纤工业安装项目市场占有率超过 80%，位列全国第一。

3.2.4　中天建设集团技术负责人培训创新模式实践

技术负责人是项目管理中至关重要的角色，良好的技术负责人梯队建设是提升项目技术管理的重要保证，“技术负责人研修班”是中天建设集团在技术人员培养模式上的创新，同时也是在人才选拔、留用方式上的创新。确保学员学习内容“从现场中来，到现场中去”，保持“理论”+“实践”的结合，做“强

技术”的践行者。

3.2.4.1 培训创新模式介绍

技术进步一直是一些民营建筑企业的短板，中天建设集团将“强技术”作为转型升级的重要举措，打造项目先进生产力，给项目管理带来真实效益，形成全面、统一的技术管理体系，而队伍建设是实现以上目标的前提。因此，如何加强技术队伍建设、提升技术能力、营造技术氛围、夯实基础管理，是举办“技术负责人研修班”要解决的主要问题。

研修班培训内容根据技术负责人在项目中“做什么”“怎么做”进行设计，建立技术负责人对岗位职责的全面理解，同时在工作中通过多样性、内外沟通灵活性等方面训练，加强认识，拓展工作思路。

3.2.4.2 具体的培训体系

(1) 学员遴选。开班前期采用学员自主报名及项目经理推荐两种形式进行招募，随后进行遴选工作，从基本资格要求、素质要求以及能力要求三个维度开展初步筛选，筛选后与目标人员进一步沟通，了解不同学员对自我发展方向的规划，同时在条件允许的前提下尽量纳入更多的人员进入人才池，学员实行滚动淘汰制，在竞争的氛围中为项目部尽可能多地培养具有可塑性、有潜力的技术人才。

(2) 研修班课程体系。在技术负责人的培养中，将培训体系以技术负责人岗位所需的专业技能及通用（管理）技能作为教学设计的基础，以此完善技术负责人研修班的培训课程。培训课程设置以“正思想→会学→学会说→学会写→会决策→能闭环→能创新”为培训主线，专业技能提升以《危大工程管控》《技术策划理论》等项目技术管理课程为主，通用技能以提升技术负责人管理、沟通、决策等能力为核心展开。

(3) 讲师团队确定。以研修班所涉及的课程体系为主线，从现有技术团队中筛选优秀技术管理者，进行专业课程的课程设计，经过“一人一课”的课程设计输出，确定部分讲师所教授的课程。针对通用课程，由培训中心统一筛选行业内优秀的培训讲师对学员进行统一授课。另外，讲师团队还会适时邀请集团内部专家、行业专家给学员进行授课，带给大家最新的前沿技术信息。

3.2.4.3 取得的成绩

针对目前技术负责人研修班开展的情况，取得的成绩有如下三点：

1. 技术负责人储备力量团队初步建立形成

经过不断地学习，第一期技术负责人研修班学员在结业后，有近50位同仁逐步从技术员成长为了技术负责人，第二期技术负责人研修班正在开展中，技术负责人储备力量队伍初步建成。

2. 步入技术负责人工作岗位学员的多方面能力得到有效提升

公司对结业且已步入技术负责人岗位的学员进行了回访，对他们目前的工作能力进行了自评和综合评价。结合他们各自项目所处的不同阶段，他们的能力提升主要体现在以下几个方面：

（1）综合能力有较大提升

1）通过“交际沟通技巧与团队协作”的课程专项培训，现上岗的技术负责人的沟通表达能力由“会做会想不表达”转变为“敢做敢想敢表达”，沟通表达能力有了较大的提升。

2）对于岗位职责有了系统化的思考。技术负责人岗位一直是项目上不可替代的岗位，可技术负责人在项目上扮演着什么样的角色，他们的岗位职责都有什么，对于新进入培养班的人员来说尚未有明确的概念。通过十期课程的学习，在技术研发部的引导下，每位学员均在自己的思考上总结了《技术负责人岗位职责》。将学员的总结整合后，中天建设集团对优秀技术负责人、优秀项目经理进行了意见征集，主要调查了项目对于技术负责人岗位的工作内容和工作能力的要求。编写了《技术负责人岗位作业指南 1.0》，该指南涵盖项目生命周期内的招投标阶段、基础施工阶段、结构施工阶段、装饰装修阶段和维保阶段等不同时期技术负责人工作的主要内容，部分优秀学员对修订意见进行了完善，对后续建立完整的技术负责人体系起到重要作用。

3）在工作中，技术负责人对于工作节点的宏观掌控能力有了较大的提升。比如在确定工作目标后，对工作内容进行完成时间节点的计划倒排，在实施过程中严格按照时间节点完成每项分部工作，并形成相关资料记录。

（2）专业能力有所提升

1）软件应用方面有明显提升。通过培训，之前在 BIM 软件应用及安全计算软件应用中存在的盲点和短板被补齐，弥补了项目技术管理工作中原本存在的软件应用不熟悉、不规范的问题。

2）通过培训学习，在现阶段的技术管理工作中会有意识地结合项目实际情况，使用一些高效工法及适用技术，从而能满足项目降本增效的要求。

3）图审及深化设计能力有所提升。以前图纸审查仅限于找出错漏碰缺，经过培训后，在图审时会提出一些优化做法及建议；并结合项目实际情况有意识地进行图纸或者施工上的优化，例如构造柱的平面布置、配电箱预制、构造柱一次成型、过梁下挂，厨卫反坎高度等。

4）专项工程技术管理能力提升。对于深基坑工程等安全专项工程的现场管控有了全面的认识和了解，对于专项方案编制的重点及注意事项有了清晰的认识，在实际工作中有明显改善。

(3) 培训后的学员综合素质满足现有技术负责人岗位需求

根据对项目部调查反馈，现已上岗学员能满足项目对技术负责人的岗位要求。对项目出现的技术性难题能够主动寻求解决办法，在施工过程中善于从现场发现问题，将问题总结成小课题，供技术研发部形成相应QC（质量控制）成果及实用新型专利等成果。

通过系统性的集中学习，活跃了公司机关与项目部层面技术人员之间的沟通交流，项目技术负责人对集团的技术管理体系、技术管理标准、技术工作导向等内容有了更加清晰的认识和认同，工作响应度较之前有明显的提升。

第4章

中国建设教育年度热点问题研讨

本章根据中国建设教育协会及其各专业委员会提供的年会交流材料、研究报告，相关杂志发表的教育研究类论文，总结出学校治理、内涵式发展、转型与创新发展、立德树人与课程思政、新工科背景下的专业建设、创新创业教育、校企合作与产教融合、服务行业和地方、农民工培训等9个方面的38类突出问题和热点问题进行研讨。

4.1 学校治理

4.1.1 新时代党委领导下的校长负责制应当正确认识和处理的几个关系

党委领导下的校长负责制，对于高等学校解决好“办什么样的大学、如何办好大学”“培养什么样的人才、如何培养人才、为谁培养人才”的问题，有着重要的理论和现实意义。吉林建筑大学党委书记崔征结合吉林建筑大学的实践，对新时代党委领导下的校长负责制应当正确认识和处理的几个关系进行了思考。

（1）处理好党委和行政领导的关系。为了处理好这对关系，要相应作出规定，凡属学校的重大决策，都应由党委会集体讨论作出决定，由校长组织实施，保证党委的集体领导。党委尊重和支持校长独立负责地行使决策权、指挥权和管理权，这样才能党政一盘棋，分工不分家。

（2）处理好个人和集体的关系。要坚持集体领导与个人分工负责相结合的制度，规定重大问题要由集体讨论决定。同时，要求领导成员在个人职权范围内，独立负责地处理问题，完成分管的工作任务，并定期向党政一把手和班子汇报工作情况，发现问题及时解决，保证班子的协调团结。

（3）处理好党委书记和校长的关系。学校的党政一把手应经常坐在一起总结工作，沟通情况，互相征求意见。党政“一把手”意见不完全一致的问题，一般情况下不应拿到会上研究。为了更好地工作，书记和校长应经常进行换位思考，互相理解、互相体谅，齐心协力地开展好工作。

（4）处理好党政“一把手”与副职的关系。正职和副职在班子中都是领导集体的一员，但在具体工作分工上却又存在着领导与被领导的关系。因此，大家都要有角色意识，自觉服从党委决定。两个“一把手”应放手大胆地支持副手们独立负责地搞好分管工作，副手们也应尊重和信任两个“一把手”，自觉当好助手，这样班子内部才能团结。

(5) 处理好副手之间的关系。这里包括副书记与副校长之间、副校长与副校长之间、副书记与副书记之间这三对关系。副手之间要密切配合，虽分工明确，但应分工不分家。

参见《中国建设教育》2019年第5期“新时代党委领导下的校长负责制思考与实践”（第十五届全国建筑类高校书记、校（院）长论坛暨第六届中国高等建筑教育高峰论坛论文）。

4.1.2 全面提升大学内部治理水平

山东建筑大学校长靳奉祥基于山东建筑大学内部治理的实践提出：应聚焦内涵建设和教育教学质量提升，通过贯穿“一条主线”，把握“两个基点”，做好“三项创新”，纵深推进教育综合改革，稳步实施管理创新工程，全面提升大学内部治理水平。

(1) 贯穿“一条主线”，提高大学治理水平。实现大学内部治理体系和治理能力现代化是高等教育领域深化综合改革的核心目标。大学内部治理的变革，关键在于构建符合现代大学运行需求的现代大学制度。要始终以“依法办学、自主管理、民主监督、社会参与”这一现代大学制度的要求为主线，积极推进大学治理改革，根据《教育规划纲要》《高等教育法》《高等学校章程制定暂行办法》《高等学校学位委员会规程》等文件精神，基于治理过程控制的管理学思维，构建科学决策、权力制衡、学术治校、民主参与、有效监督的大学治理结构。通过管理体制改革、运行机制优化、配套制度建设和人员素质提高，完善治理体系、增强治理能力、提高治理水平。

(2) 把握“两个基点”，提升管理创新能力。一是完善内部治理体系。建立现代大学内部管理体系，提升高等教育质量，是构建现代大学制度的基本含义，也是大学适应高等教育发展规律，在激烈的高教竞争格局中能否有序、快速发展的重大问题。完善内部体系建设重点要从明晰权力、改革体制、优化机制和制度建设四个方面入手；二是提高内部治理能力。治理水平是治理体系和治理能力的综合体现。体系是体制、机制和制度的综合，治理能力是治理者的能力体现，具体来讲就是执行力，要从系统教育干部、短期培训干部、外派锻炼干部和实战训练干部四个方面实施干部综合素质和综合能力提升工程。

(3) 创新三项工作，提升内部治理水平。一是注重制度建设。制度建设是带有根本性、全局性、稳定性、长期性的工作。具体从建立配套制度、重视制度的宣传和执行、建立投诉、监督和问责机制三个方面入手；二是搭建信息化管理平台，通过信息化管理平台为现代化的治理水平提供支撑；三是营造文化氛围。大学文化是一流大学最重要的核心竞争力，是通过精神、组织、行为、制度等不同的层面表现出来的。文化氛围的营造，可以更好地提高大学治理的效果，为大学质量水平的提升打下坚实的基础。

参见《中国建设教育》2018年第2期“深化综合改革 推进管理创新 全面提升大学内部治理水平”（第十三届全国建筑类高校书记、校（院）长论坛暨第四届中国高等建筑教育高峰论坛论文）。

4.1.3 引培并举 量质并重 全力推进学校高层次人才工作

苏州科技大学副校长沈耀良认为：高等学校应当以“人才强校”战略为统领，紧密围绕学校的办学定位和发展目标，牢固树立人才是立校之本、兴校之基、强校之源的理念，以高层次人才的引进和培养为核心，以更高的眼界、更广的思路、更宽的胸襟全力推进高层次人才工作，为学校的事业发展提供可靠的人才保障和智力支撑。

（1）机构先行，准确定位。为切实加强高层次人才工作，可设立正式的工作机构，专门负责高层次人才的引进、培养和考核等管理及服务工作，其工作定位是：通过提供有吸引力的政策和平台汇聚人才，构建完备的高层次人才培育体系发展人才，采取有效的保障措施服务人才。

（2）目标明确，思路清晰。人才工作的总目标可以归结为“一个体系、一支队伍、一个战略”。“一个体系”是指：以学科建设为龙头，以高端人才为引领，以制度建设为保障，不断完善人才工作管理体制和机制，着力构建一个合理完善的人才工作管理体系。“一支队伍”是指：引培并举，量质并重，统筹各类人才队伍的协调发展，全力打造一支适应学校办学特色与发展目标、品德高尚、业务精湛、结构合理、充满活力的人才队伍。“一个战略”是指：培养和汇聚若干具有国际水准的学术大师和杰出人才，培养和造就一批具有较强创新能力和发展潜力的领军人才与学术骨干，培育和建设若干高水平、有特色的教学与科研创新团队，全面实现“人才强校”战略。人才工作的总思路可以归结为引培并举、量质并重、突出重点、统筹兼顾。“引培并举”就是引进和培养必须两手抓，两手都要硬，二者不可失调，以确保人才“存量”和“增量”的有机平衡和相互促进。“量质并重”就是人才数量是基础，人才质量是根本，二者不可偏废。要正确处理好人才的外延增长和内涵建设的关系。“突出重点”就是以引进和培养高端人才、青年后备人才和创新团队为重点，以博士学位授权培育学科、省优势学科、省重点学科和省品牌专业等人才队伍建设需要为重点。“统筹兼顾”就是在科学规划基础上，既要统筹兼顾专任教师、党政管理和服务保障三支人才队伍的建设，又要统筹兼顾重点学科专业和扶持学科专业的协调发展。

(3) 举措得力，注重成效。一要加强顶层设计，统一思想，营造氛围，全力推进高层次人才工作快速发展；二要实施错位竞争，积极探索人才工作特色发展；三要设立人才特区，切实实现学科专业跨越发展；四要积极借力智库，全面促进人才队伍融合发展。

参见《中国建设教育》2018年第2期“引培并举 量质并重 全力推进学校高层次人才工作”（第十三届全国建筑类高校书记、校（院）长论坛暨第四届中国高等建筑教育高峰论坛论文）。

4.1.4　数据化分析质量年报 精准化提升决策水平

随着社会的发展，现代化程度越高，数据在社会生活中的价值就越大，教育对数据的依赖性也随之增强。目前，大数据技术对教育的变革作用刚刚显现，职业教育也正在步入大数据时代的发展机遇期，这种变化必将在办学模式、人才培养模式和管理决策模式等方面给职业教育带来重大影响。以质量年报工作为例，质量年报已经从一项创新举措逐步转变为一项常态化机制，工作推进的同时为量化分析、质性分析提供了一定的数据和案例，为科学决策提供了坚实的依据。苏州建设交通高等职业技术学校利用《质量年报》数据对学校各项工作进行分析，制定管理方案，有效促进了学校的发展。苏州建设交通高等职业技术学校党委书记、校长郝云亮对此进行了阐述：

(1) 数据分析发现的主要问题。一是教师的教学能力、专业化水平、实践反思的能力还有待提升；二是校企合作的深度不够，人才培养过程中企业参与度有待提高；三是信息化教育教学的应用与实效性还有待提高；四是人才培养过程偏离教育本质，多种矛盾并存；五是专业布局应对产业变革的响应性还需提升，五年制高职在主导领域需要特色发展；六是现代职教体系背景下，构建人才成长通道需要加强。

(2) 用对方法，精准治理。针对数据分析发现的主要问题，学校将“省现代化示范校”“省现代化专业群”“省现代化实训基地”“省智慧校园”建设列入“十三五”发展规划，并明确将校企协同培养工程、多路径培养工程、“名师培养工程”“骨干成长工程”“教科研提升工程”三大师资提升工程、文化育人工程列为抓手工程，认真组织实施。

(3) 促进多方发展。学校基于数据分析实施的精准治理，在促进学生发展、促进教师发展、促进学校发展方面均取得了明显成效。

(4) 实践体会。用《质量年报》的分析来提升决策管理的科学性，是分析决策思维方式的改变，直接推动了“业务经验型决策”向“数据量化型决策”，“专家型决策”向“大众化决策”的转型，发挥了管理工作对改革发展的推动、引领和保障作用，提高了管理规范化、精细化、科学化水平。然而，基于《质量年报》的分析决策还存在一些不足，决策依赖的信息主要以结构化数据和描述性信息为主，对人才培养的过程性反映尚不够全面；数据在采集、分析过程中效度评价不足；观测点的规模、界定与科学性也有待加强，离真正的“大数据”决策还存在一定差距。今后，将继续做实该项工作。一是高度重视并继续做好质量年报的编制工作，做到更规范、更全面、更精准。二是编好用好年报，挖掘好数据、分析好案例，同时，推进数据共享共研，促进“结构化数据”向“结构化混合”转变，将“数研”落实到教育活动的多主体、多领域、多层面。三是引入第三方参与数据收集、分析和利用。最终，将主体意识、目标意识、效益意识、量化意识真正融入学校管理中，为新时代职业教育“质量和效益”发展奠定坚实基础。

参见《中国建设教育》2019年第3期“数据化分析质量年报 精准化提升决策水平”（首届全国建设类中职院校书记、校长论坛论文）。

4.2 内涵式发展

4.2.1 优化促进高等建设教育内涵发展的体制机制

北京建筑大学副校长李爱群等结合北京建筑大学高等建设教育内涵发展的实践，提出要坚持以习近平新时代中国特色社会主义思想为指引，坚持走内涵式发展道路，以立德树人为根本任务，统一学校的改革理念，深化学校体制机制改革，破除体制机制壁垒。要以“人才培养”“学术研究”“服务社会”“文化传承”和“开放办学”方面为改革的着力点，探索高等建设教育体制机制改革和内涵发展之路，释放办学治学活力，提升应对新常态、新任务、新要求的能力。

（1）科学谋划顶层设计，改革驱动内涵发展。学校要牢牢抓住“培养什么样的人、如何培养人、为谁培养人”的根本问题，明确办中国特色、人民满意的高等建筑教育关键在于主动对接社会需求、国家需求和人民需求。学校要主动结合自身实际和需求导向，将学校的长远发展与国家和民族的长远发展相统一，以战略思维谋全局、以系统思维促全面，科学谋划顶层设计，明确不同发展时期的目标定位。

（2）坚持以人才培养为中心工作，在人才培养、科学研究、社会服务、校园文化、开放办学和智慧校园6个方面推行体制机制改革，系统推进育人方式、办学模式、管理体制、服务机制的提质、转型、升级，形成良好的治理格局和发展态势。一要深化协同育人办学模式改革，突出人才培养中心地位，强化提升办学质量，坚持高标准办学，构建“以立德树人为目标、以学生为中心”的育人环境和“以卓越为引领、以协同育人为路径”的创新实践型人才培养体系；二要深化产学研用科研体制改革，大力推动科技创新，加强创新团队和科技创新平台建设，深化产学研用一体化的科研体制改革，努力营造创新环境，保护创新热情，鼓励创新实践，以创新引领学校的科学发展，以创新支撑高质量的人才培养，以“实招实效”保障“科技特区”的建设；三要提升社会服务支持力度，注重强化专业特色和行业影响力，持续加强高端智库建设，积极发挥学校学科优势、人才优势和智力优势，主动服务城乡建设和地方经济社会发展；四要锤炼校园精神文化体系，贯彻落实“大学文化提升”计划，积极弘扬治学传统，突出建筑文化特色，创立文化品牌，建设精神家园，在虚与实的多重空间中，不断激发校园文化所带来的向心力和凝聚力；五要提升开放办学的深度与广度，扎实推进开放办学战略，抓紧落实国际化拓展计划；六要深化数字教育资源的开发与应用，全面实施“信息助校”战略，注重数字教育资源的开发与应用，大力开展基于信息技术与教育教学、管理服务深度融合的研究与实践。

参见《中国建设教育》2018年第2期“创新引领改革 转型驱动发展 优化促进高等建设教育内涵发展的体制机制”(第十三届全国建筑类高校书记、校(院)长论坛暨第四届中国高等建筑教育高峰论坛论文)。

4.2.2 推进“双一流”建设 实现内涵式发展

沈阳建筑大学校长石铁矛认为:“双一流”建设是一项具有综合性、全局性、长期性、基础性的系统工程。走内涵发展之路，扎实做好“双一流”建设，应着力做好以下工作：

(1) 充实发展内涵，提升学科专业建设水平。一要做大优势学科。在现有学科资源整合和资源利用上，重点打造若干优势一级学科，形成学科高地和众多高峰学科，建设在国内外具有重要学术影响的高水平学科；二要优化学科结构。建立动态调节机制，通过合并、兼并，使优质教育资源比重进一步增加，学科专业结构更加优化；三要提高学科质量。以学校特色高水平学科为基础，以服务地方支柱产业为建设目标，合理布局、科学规划、集中资源，全力建设具有国内领先水平的重点学科群；四要培育新兴学科和交叉学科。深度整合学校教育资源，分类指导学科发展建设。结合服务地方经济社会发展的需要，建筑行业发展的需求，适时建设一定数量的新兴学科和研究院所。科学整合布点分散、功能趋同的学科专业，通过交叉融合形成新的增长点，产生新型强势学科专业。形成优势学科为牵动、新兴学科为推动、交叉学科为补充的良性发展结构。

（2）适应行业需求，深化人才培养模式改革，提高人才培养质量。人才培养模式的改革是办学的关键。应着力培养具有创新能力、创造能力和创造意识的新型人才，保证学生能够实现充分就业。在人才培养模式方面，要合理构建制度、科学建立体制、精心打造机制，继续深化“招生 – 培养 – 就业”一体化的改革。

（3）强化激励制度，着眼服务地方，提升科研能力。学校的科研能力和水平决定办学的质量和水平，也在很大程度上决定服务地方经济社会发展的能力。一要做好科研项目规划。培养超前意识、前瞻意识，对国家和地方经济社会发展急需的科研项目开展预研工作，积极争取更多的国家级科研项目，努力提高为地方经济社会服务的能力；二要充分利用好合作共建平台，包括省部共建、与地方政府和企业的合作平台、校企联盟平台、优秀校友资源等；三要完善学校科研管理办法。形成以目标考核、分类评价和绩效奖励为措施的政策体系，强化团队建设和团队考核，加大学科标志性科研成果奖励力度，支持优秀青年学术骨干的发展。深化学校技术转移和成果转化体制改革，打造一批有创新能力的科技研发和服务平台，打通“基础研究 – 应用开发 – 成果转化与产业化”创新链条，加大对科研人员转化科研成果的激励力度。

（4）引进与培养相结合，培训与交流并重，提高师资队伍建设水平。一要做好规模的补充，满足学科发展需要；二要做好现有师资队伍的培训；三要加强师德师风建设。

参见《中国建设教育》2018 年第 2 期“推进‘双一流’建设 实现内涵式发展”（第十三届全国建筑类高校书记、校（院）长论坛暨第四届中国高等建筑教育高峰论坛论文）。

4.2.3 以新工科建设为引领，推动一流本科教育内涵建设

天津城建大学副校长王建廷认为：本科教育在人才培养工作中占据基础地位，是大学教育的主体组成部分。建设一流本科，是“双一流”建设的重要基础。必须要在更新教育理念、深化创新创业教育改革、调整优化学科专业结构、完善开放办学协同育人机制、提升国际交流合作能力、信息技术与教育教学深度融合、拔尖创新人才培养等几个方面深入推进和实施。这几个方面与新工科理念吻合，与新工科建设同步。新工科建设实质上成了一流本科教育内涵建设

的重要抓手。

(1) 着力提升国际交流合作能力。为了加快教育国际交流的发展，学校抓住“十二五”以来的国家教育发展战略和“一带一路”建设的重大机遇，发挥比较优势，坚持“引进来，走出去”，拓展“一带一路”沿线国家留学生生源；在“中国-中东欧国家高校联合会”框架下，开展与中东欧国家高校的交流合作，与兄弟院校共建境外办学机构，使学校在国际交流合作方面实现了历史性突破，开创了学校教育国际合作交流的新局面。今后，将根据“拓展办学视野、优化教育资源、加强交流合作、提升国际影响、实现国内一流”的发展思路，找准发展定位、拓展合作办学渠道、深化合作办学内容，努力实现学校国际化发展质的飞跃。

(2) 加强工程人才培养质量保障体系建设。按照“标准明确、过程可控、评价合理、持续改进”的教学质量保障思路，强化组织保障、制度执行和人员落实，持续推进质量改进。构建“一三一一”本科教学质量保障体系。其中，第一个“一”是目标保障系统。该系统是体系的目标与标准，由质量目标、质量标准、培养模式、培养方案四个方面组成。“三”是三大支撑系统，分别为资源保障系统、过程保障系统、环境保障系统。资源保障系统是体系的基础，由师资队伍、基础资源、教学设施、教学经费组成；环境保障系统是体系的文化建构，由校园文化、校园环境、校风建设、服务育人组成；过程保障系统包括招生入学、思想教育、教学环节、素质拓展、就业创业，贯穿于本科教学全过程。第二个“一”是机制保障系统。该系统是体系的支撑，由组织保障和制度保障共同组成。第三个“一”是监督保障系统。该系统作用是监测与反馈，包括质量监控、质量评价、质量改进。上述6大系统相互支撑，对本科教学质量进行全面保障，确保培养目标达成。

(3) 强化一流工科教育教学评价导向。把“本科为本”、立德树人的要求、学科专业建设的导向等融入教师岗位聘任工作，激励教师把人才培养作为“第一要务”，把“上好课”作为第一责任，热爱教学、淡泊名利、潜心治学、追求卓越。

参见《中国建设教育》2019年第2期“以新工科为抓手 推动一流本科教育的内涵建设”（第十四届全国建筑类高校书记、校（院）长论坛暨第五届中国高等建筑教育高峰论坛论文）。

4.2.4 内涵发展与质量提升

由注重硬件建设到关注内涵建构的重心转移是学校内涵发展与质量提升的必然选择。在“创品牌学校、办精品专业、育特色人才”的办学历程中，借国家示范校建设契机，上海市建筑工程学校通过建筑工程施工、工程造价和建筑装饰等三大精品特色品牌专业建设的示范引领，带动学校专业教学改革的发展与创新，全面提升学校的办学能力与办学效益。经过多年的实践探索，该校将“构建高效的管理体系、打造一流的特色专业、建设优质的师资队伍、培育特色的校园文化”作为内涵发展的内核，使学校教育教学质量得以不断提升，并荣获首届上海市黄炎培职业教育奖优秀学校奖、建设职业技能竞赛最佳组织奖等多项殊荣，被教育部批准为国家中等职业教育改革发展示范学校。上海市建筑工程学校校长杨秀方将其经验总结为：

（1）构建高效的管理体系。积极践行现代化、扁平化、人性化、信息化的学校管理方式，致力于建立高效的管理文化、健全的运行机制。目前，学校已形成了较完善的行政管理、教学管理、教科研管理制度，奠定了学校内涵建设的基石。一是建立集体领导、民主集中的行政管理制度；二是建立规范运行、反馈高效的教学管理机制；三是建立以研促教、以研促学的教育科研制度；四是建立基于数据、立足智能的管理决策机制。

（2）打造一流的特色专业。坚持以专业建设为切入点，构建特色专业体系；依托上海建筑职业教育集团，形成“校行企”一体化人才培养范式；紧随信息化教学发展趋势，提高学校信息化教学资源建设水平；引进先进的职业教育理念，提升国际交流的水平；充分发挥职业教育的社会服务能力，培养培训人才。

（3）建设优质的师资队伍。不断引进优秀师资，探索出“五大平台育师”的实践经验，努力打造一流的专业师资队伍，为学校内涵建设发展保驾护航。根据学校“十三五发展规划”制定专业师资队伍发展整体规划，帮助教师制定个人职业规划。多途径、多渠道提升教师专业化水平。

（4）培育特色的校园文化。依托上海地方特色和建筑行业精神，建设彰显学校特色的校园文化，以优质的“鲁班文化”滋养学校内涵发展。充分发挥鲁班文化的育人功能，以优化校园文化环境为重点，以培育当代鲁班传人为核心，深入挖掘、凝练深厚的办学积淀及文化内涵，开展“鲁班筑造”“鲁班建造”“鲁班智造”三大文化工程建设，最终实现“鲁班文化”与学校发展全面融通共生。

参见《中国建设教育》2019年第3期“内涵发展与质量提升的实践探索”（首届全国建设类中职院校书记、校长论坛论文）。

4.2.5 加快学校内涵建设 提升现代职业教育办学水平

当前，我国中职教育主要以外延发展为主的模式受到了挑战。在加大投入、改善职业教育办学条件、广泛实行免费职业教育、提供良好的宏观环境之外，转变发展方式，走内涵发展道路，已经成为职业教育的必定选择。广西城市建设学校校长陈静玲从4个方面介绍了该校在内涵建设方面开展的工作。

（1）以管理稳校。以教育部开展内部质量保证体系诊断与改进工作为契机，通过引入卓越绩效管理模式，不断完善学校的教育教学管理体系；引入管理评价机制、方法和理念，组织学校领导和教学骨干，对学校各个部门的重点工作进行管理体系诊断与管理成熟度评估，并在评价过程中通过讨论、提建议等多种方式树立高效管理的理念和工作方法。

（2）以特色立校。不断加强特色示范专业及实训基地建设。建筑工程施工、工程造价、市政工程施工、建筑设备安装等4个专业分别获得自治区特色示范专业及实训基地项目建设资金支持，工程造价专业群获批为自治区职业教育第一批专业发展研究基地，广西中职学校德国校企合作专业建设和课程开发试点项目获得立项。

（3）以质量强校。秉承“育人为本，促进学生全面发展；服务社会，培养优秀行业工匠；开拓创新，打造一流建筑职校”的质量强校方针。根据社会、企业需求，主动调整专业结构，建设特色示范专业，坚持课程体系和教学内容改革，注重教学方法与手段的改革，不断开展各种教育教学科研活动。

（4）以技能荣校。在参与职业技能大赛的培养机制和保障方面探索出了一种符合学校自身特色的培养模式。首先，在全校范围内，以教师推荐和学生自愿的方式，成立学生技能社团和学生文体艺社团，形成人人有社团，社团天天开的良好局面。然后，以社团为依托，以培优为主旨，以竞赛为动力，开展第二课堂活动。学生经过社团教师指导培训，被推荐参加每年的校级技能大赛；经过校级技能大赛选拔出的优秀选手，组成竞赛培优班，为参加广西和全国技能大赛进行人才储备。在重视学生技能发展的同时，也注重培养学生的综合素质，促进学生全面发展。

参见《中国建设教育》2019年第3期“加快学校内涵建设 提升现代职业教育办学水平”（首届全国建设类中职院校书记、校长论坛论文）。

4.3 转型与创新发展

4.3.1 深化改革促发展 奋勇争先创一流

高等教育现代化作为教育现代化的重要组成部分，需要高等学校在人才培养、科学研究、社会服务和文化传承与创新等方面不断深化改革，激发发展潜能。西安建筑科技大学党委书记苏三庆结合西安建筑科技大学改革发展的实践，提出了如下思考：

（1）强化战略定位，加强顶层设计。高校要发展，科学的战略规划是关键。建筑类高校要在战略审视和科学分析形势和机遇的基础上，把握办学的历史方位、阶段特征和发展趋势，深度分析校内外的环境条件和竞争格局，提出符合实际、可实现的目标定位，选择科学的发展战略，确定发展重点，制定有效的战略措施。建筑类高校同时应该把有特色、高水平、创新型作为战略目标，深度融入行业、地方发展，在建筑科技（绿色建筑、智能建造、环境保护、乡村振兴与智慧城市管理等）领域占领新的制高点，增强追踪国际学术前沿的能力和活力。

（2）加强队伍建设，实施人才强校。人才是学校发展的第一资源，高校之间的竞争归根结底是人才的竞争。近年来，西安建筑科技大学大力实施“人才强校”战略，按照“积极引进优秀人才、努力用好现有人才、大力培养后备人才、精准服务各类人才”的思路，狠抓人才队伍建设，通过体制机制创新，不断提高师资队伍建设水平。一是加大高层次人才引进与培养力度；二是激发现有人才潜能；三是加强青年后备人才培养。

（3）服务国家战略，立足行业发展。近年来，国家相继提出“一带一路”建设、新型城镇化建设、乡村振兴等国家战略，这都给新时期建筑类高校发展提供了新的发展机遇。建筑类高校应围绕这些国家战略需求，站在国家行业科技前沿和产业发展的高度，瞄准行业的未来发展方向，深度融入行业发展和进步，才能在激烈的高等教育竞争中立于不败之地。

（4）发挥优势特色，完善学科布局。行业特色高校自诞生起就天然的被赋予了行业属性，这就决定了行业特色高校比其他任何高校都更需要特色发展。行业特色高校最大的优势就在于其拥有若干特色优势学科，这些也是学校的立命之本、发展之基，是学校特色得以保持的核心所在。建筑类高校发展需要在新的历史条件下，一方面不断继承和发扬传统特色学科优势，聚焦方向、服务需求、注重创新，争取在相关学科领域争创一流，进入国家一流学科建设行列。另一方面，由于现代化的进程正在不断加速，物联网、人工智能、信息等学科与传统学科融合不断加深，靠单一学科已无法解决出现的新问题和新需求，需要多学科协同作战。所以，建筑类高校要立足学校优势特色学科，积极打造一流学科群，并在相关领域内拓展符合社会发展需求的新的学科或学科方向，催生新的学科生长点，形成新的学科特色。

（5）振兴本科教育，建设一流专业。教育现代化，就是用现代先进的教育思想观念，教育内容、方法与手段及装备等，培养出具有国际竞争力的新型劳动者和高素质人才。建筑类高校在高等教育现代化过程中，一方面，应建设高水平本科教育，推动课堂教学革命，激发学生的求知欲望，提高学习效率，提升自主学习能力。另一方面，应下大力气加强专业建设。全面梳理更新各门课程的教学内容，优化课程设置，淘汰“水课”，打造“金课”，建设一流课程；充分利用现代信息技术，改革教学模式；以智能制造、云计算、人工智能等对建筑类高校传统工科专业进行升级改造，打造建筑类高校的新工科。按照《普通高等学校本科专业类教学质量国家标准》，推进本科专业三级认证（保合格、上水平、追卓越），建设一流专业。

参见《中国建设教育》2019年第5期“深化改革促发展 奋勇争先创一流”（第十五届全国建筑类高校书记、校（院）长论坛暨第六届中国高等建筑教育高峰论坛论文）。

4.3.2　创新国际交流合作 深度融入“一带一路”建设

天津城建大学立足天津、面向全国、放眼世界，秉承“依托行业，强化特色，质量为本，追求卓越”的办学理念，深度分析学校人才培养特色，抢抓机遇，坚持创新，特色融入。参与创建巴基斯坦旁遮普天津技术大学，与波兰高校合作创办“国际工程学院”，留学生规模不断扩大。引进国外优秀智力成效显著，师生国际交流及中外合作办学项目发展迅速，实现学校深度融入“一带一路”建设工作的阶段性胜利。天津城建大学副校长王建廷等将其经验总结为：

（1）人才与师资并举。一是事业与人才并重。既要勇于开拓建筑类高校国际合作新路径，也要注重优势互补，坚持方法创新、模式创新、理念创新。既要不断提升高技能人才培养能力和水平，也要不断强化师资队伍建设，搭建师资交流、校际合作、特色鲜明的建筑类高校师资发展平台；二是人才与师资并举。制定高层次国际化师资培养计划是培养国际化人才的重要组成部分。培养教师队伍学习应用外语、熟悉国际规则、拓宽国际视野，具备善于在全球化竞争中把握机遇和争取主动的职业素养；三是事业与产业并行。建筑企业身处“一带一路”建设第一线，对沿线国家经济发展需求和人才需求了解程度高。建筑类院校与建筑企业深度合作，有利于建筑行业向院校及时传递人才需求信息，同时也利于院校与建筑企业联合，共同培养复合型、创新型应用人才。

（2）突出办学亮点，实现特色共赢。在“一带一路”建设实践中，该校努力寻求特色办学、教育亮点、国际合作的发展平衡点，在留学生培养、师生交流、合作办学等方面，依托优势学科和特色专业，实现强强合作，优势互补，进一步加强双方优势学科和特色专业建设，加快提高教育质量，增强高校学科专业核心竞争力。积极创建具有中国特色、天津城建大学风格的国际化教育平台，深入分析并不断深化布局，针对“一带一路”沿线国家打造具有特色的国际化合作项目和渠道，拓展师生国际化视野，提升国际交流能力核心要素，以更加自信的姿态推动学校办学特色走向世界。从加强顶层设计入手，努力营造内外环境。有针对性地加大宣传和留学生招生力度，积极申请政府奖学金资助名额，设立专项奖学金项目，提升留学生教育质量；以语言生为突破口，不断延伸到专业和学历教育，为来华留学生教育工作健康持续发展脚踏实地做好基础性工作。

（3）聚焦城建优势，强化基建支撑。基础设施建设是“一带一路”建设的关键领域，这无疑给国内建筑类高校教育国际化发展提供了得天独厚的土壤。一方面，建筑类专业技能人才需求旺盛，人才队伍基数迅速扩大，有利于各类国际交流项目顺利落地，有助于推动各类国际交流机构的建立与完善。

参见《中国建设教育》2019年第5期“创新国际交流合作 深度融入‘一带一路’建设”（第十五届全国建筑类高校书记、校（院）长论坛暨第六届中国高等建筑教育高峰论坛论文）。

4.3.3 地方高校转型发展的主要路径

青岛理工大学戴吉亮认为：地方本科高校转型发展是经济发展方式转变、产业结构转型升级的迫切要求，也是解决高等教育结构性矛盾，形成具有本地特色高等教育体系的重大举措。地方高校转型发展路径的主要有：

（1）办学理念和发展定位要由学术型、理论型为主向应用型、实践型为主转变。地方本科高校在教育实践中大多实施的是学术型教育，倾向于培养学术型人才，服务于社会整体结构的意识不强，导致高校人才培养与现实经济社会发展和产业结构优化升级的需求相脱节。为此，适应国家经济转型发展的需要，地方高校应主动转变观念，重新确定发展定位，真正从以学术型、理论型为主向以应用型、实践型为主转变，明确树立服务于地方经济社会发展的办学理念，形成以应用型人才培养为主的办学定位。

（2）学科专业建设要跳出学术型建设思路，聚焦应用型人才培养的体系建构。要瞄准地方经济社会发展的重大战略领域，寻找学科建设的主攻方向。同时，结合专业基础建设，从构筑核心竞争力的高度，按照“稳定规模、优化结构、注重内涵、突出特色”的建设思路，紧密结合地方战略性新兴产业发展、传统产业改造升级和社会公共服务领域的人才需求，主动调整优化学科专业，打造社会急需、优势突出和特色鲜明的学科专业群。

（3）人才培养要实现从注重理论知识向注重实践应用能力的转变。一是适应地方社会经济发展需求，根据学校定位准确制定培养目标，明确应用型人才的质量标准；二是遵循“优化基础、口径适当、突出实践、强化能力”的原则，处理好学术性与应用性的关系，科学设计应用型人才培养方案；三是建构“知行一体”的应用型人才培养课程模式。

(4) 师资队伍要从理论型、讲授型向应用型、实践型转变。针对地方本科高校师资队伍高职称、高学历和“双师型”教师比例偏低的实际，应坚持“高端引领、引育并举；优化结构、提升水平；分类管理，整体推进；创新机制，增强活力”的目标，解放思想，综合改革。具体举措包括引进高端人才、加强青年教师的培养、有效利用兼职教师资源等。

(5) 科研要向区域社会经济发展需要转型，提升学校服务社会能力。一要强化“以服务求支持，以贡献谋发展，以特色上水平”的观念，坚持开放办学，面向区域社会经济发展需要，走产学研一体化道路，激励教师结合教学、结合产业、结合行业搞科研，提升学校服务区域科研能力和水平；二要创新服务社会管理体制机制，搭建学校服务社会工作管理机构，打造服务社会平台，创新人事、科研体制机制；三要着眼社会需求，探索形成“需求导向型”社会服务模式。

(6) 管理方式从集权管理向分散管理转型，提高办学活力。系统改革管理体制机制、运行模式等，使管理创新成为常态。在内部管理上实施“学院制”，推进管理重心下移，扩大学院办学自主权，调动积极性，使其主动融入行业或企业，在人才培养层面上，深度推进校企合作的实质性开展。

参见《中国建设教育》2018年第3期“地方高校转型发展，创建一流高水平大学研究”。

4.3.4 “高职-应用本科贯通培养”模式的试点

经上海市教委批准，上海于2017年正式实施“高职-应用本科贯通培养”试点。首批试点选择了一所应用型本科高校和两所高职院校。上海城建职业学院以“建筑工程技术”专业与上海应用技术大学的“土木工程”专业对接，成为率先试点的高职院校之一。作者上海城建职业学院院长叶银忠对这一模式的试点工作进行了总结。

为了推进实施这一新的人才培养模式，2014年即由上海市教委高教处牵头，该校前身三所院校分别与上海应用技术大学联合研究探索“高职-应用本科”衔接培养的实施途径，并由本科和相关高职院校组建了专门团队，逐项研究制定贯通培养的实施方案。

根据试点要求，首批试点所选专业的主要考量是技术技能要求较高、培养周期较长、社会人才需求旺盛且稳定。《实施方案》规定：由本科院校牵头，高职院校、行业企业共同参与，一体化设计专业人才贯通培养方案，包括培养目标、培养模式、课程体系、课程标准、教学计划、考核要求、资源配置等。

“建筑工程技术 - 土木工程”高本贯通培养方案根据建筑行业生产特点，依据建筑企业现场工程师、项目工程师的真实工作任务和生涯发展路径，重构课程体系，优化教学内容。打破原先高职、本科各自为政、互不关联的课程体系，以“前置、后移、贯通、增减”等方式对课程和教学内容进行有效整合，去除重合和交叉，形成更加科学合理的课程体系和以综合素质、专业能力培养为核心的进阶式教学计划。在教学方法上，强调以“学”指导“做”，以“做”促进“学”，实行“工学结合”。

由上海应用技术大学、上海城建职业学院和上海建工集团联合制定的《“建筑工程技术 - 土木工程”专业“高 - 本贯通”培养方案》，经上海市教委多次组织专家论证并经教育部批准，2017 年正式纳入国家招生计划。

在现代建设工程对人才呈现出多样化需求，大量新技术和新材料广泛应用的情况下，产业和企业特别需要具备“能设计、会施工、懂安全、知处置”复合素质，上岗即能胜任岗位，具有良好职业素养、职业技能和自我学习能力的一线高技术技能、应用型人才。实施“高 - 本贯通培养”试点可以更好地满足行业和企业对人才的需求，促进行业升级发展，并有助于改变目前技术技能人才队伍结构不合理，高级技术技能人才普遍短缺的局面。同时，这一新的培养模式也为技术技能人才的发展开辟了新的上升通道。此外，这一新的培养模式，既促进了应用型本科高校更深层地探索应用型人才培养的规律和要求，也促进了高职院校更深层地思考高水平技术技能人才培养的关键问题，从而进一步深化课程体系、教学内容和教学方法的改革，提高专业建设水平。

参见《中国建设教育》2018 年第 1 期“适应需求 顺势而为 创新技术技能型人才培养模式”（第九届全国建设类高职院校书记、院长论坛论文）。

4.3.5 “双元培育”改革实践

近两年来，为加快实现东北地区等老工业基地全面振兴，国家组织了“双元培育”改革试点工作，鞍山市工程技术学校成为首批“双元”试点学校。鞍山市工程技术学校校长孟静将该校在“双元培育”改革过程中实现内涵发展，促进质量提升的相关做法总结为：

（1）实施“双元”模式改革，提升学校内涵。按照“全面规划，分步实施、逐步完善”的建设思路，选择建筑装饰、宠物养护两个专业实施“双元”教学试点工作。改革初期，在行管会指导帮助下，组建了政、企、校三方参与的管理机构；成立了以校企主管领导为主的“双元培育”改革试点领导小组；建立了以行业专家为主体的专业指导委员会；实施了“大工匠”进校园、专业教师进企业的管理制度；完善了“双元”招工招生、工学交替学习、学分管理、教学管理、学生评价管理、企业培训管理、实训基地管理、企业培训师教学兼职和学生（学徒）实习实训保险等10余项规章制度。目前“双元培育”工作基本实现了共同进行招生招工、共同制定教学文件、共同实施“双元”教学。

(2) 构建“双融通”师资队伍，提升教师素质。一是围绕“双元”工作改革从企业遴选爱岗敬业、沟通能力强、技术精湛的技术骨干作为“企业培训师”，开展企业工匠进校园活动；二是选派省级教学名师、专业带头人、骨干教师组成“双元”试点教学团队，采取有效措施提高专业教师实战能力，学习了解最新的专业岗位技能知识，提升专业教师的综合素养。

(3) 打造“双流程”实训基地，提升人才质量。按照行业、企业标准，在企业专家的指导和帮助下，秉承打造“生产工艺流程”和“生产工序流程”的“双流程”理念，进行了实训基地建设整体规划。

(4) 完善“双架构”课程体系，提升教学质量。按照“双架构”的“岗位人才”与“岗位技能”体系进行课程改革。一方面以企业“岗位人才”需求为架构，按岗位分班、分岗进行实训；另一方面以企业提供的“岗位技能”需求为架构，确定不同岗位的项目教学内容，完成校本课程定位。

参见《中国建设教育》2019年第3期“以‘双元培育’改革试点项目为契机 推进职业教育内涵与质量共发展——鞍山市工程技术学校“双元培育”改革纪实”(首届全国建设类中职院校书记、校长论坛论文)。

4.3.6 立德树人 致力培养高素质技术技能人才

广州市土地房产管理职业学校是中南地区唯一一所房地产类全日制普通中专学校，也是首批国家级重点中专学校。长期以来，该校坚持“以人为本，内涵发展，扎扎实实办职业教育”的办学理念，紧随区域经济社会发展步伐，准确把握中等职业教育定位，自觉遵循职业教育规律，积极创新人才培养模式，不断深化教育教学改革，完整构建校内实践教学体系，广泛深入开展校企合作，努力为区域经济社会培养技能型、应用型人才，取得了良好的改革成效。广州市土地房产管理职业学校副校长何汉强等将其经验总结为：

(1) 以服务为宗旨，紧贴区域支柱产业和产业调整的应用型人才需求，加强专业建设。一是准确定位专业设置，不断优化专业结构；二是从校企合作、人才培养模式、课程建设、师资队伍建设、专业办学资源建设等方面加强专业建设，特别是加强专业内涵建设。

(2) 努力创新人才培养模式，从根本上保证人才的有效培养。一是遵循技能型应用人才培养规律，探索新型的人才培养模式；二是重点解决实习过程管理问题，确保培养模式的有效落实。

（3）深入开展体现“工学结合理念”的课程建设，从源头上保证人才的有效培养。一是理论与实践相结合，形成“工学结合”课程的校本应用理论；二是针对文科管理类专业构建“工作过程系统化”课程体系；三是针对工科类专业开发突出“工作过程系统化”的“工学结合”课程。

（4）扎实、深入开展校企合作。围绕“夯实合作基础、拓宽合作面、提高合作层次、深化合作内涵”的工作思路，在“优势互补、互惠互利”原则基础上，从“校企共建、校企共育、校企共办”三个层面广泛深入地开展校企合作。

（5）进一步完善教学资源建设，从条件上保证人才的有效培养。确立了“以实操教学和直观教学为主要教学手段和方法，有效提高课堂教学效果，从而最终达到人才有效培养”的教学策略，从规模和内涵两个方面全力加强校内实训基地和数字化校园等教学资源建设。

（6）全面推行行动导向教学模式，从过程上保证人才的有效培养。确立了“以职业素养形成性培养和专业技能强化训练为重点，由点及面，逐步提升学生综合职业能力水平”的校内阶段教学思路，以“工作过程系统化”课程为基础，以完整的校内实践教学体系为保障，遵循工作过程知识认知规律和职业成长规律，全面推行以学生为主体，融入职业素养形成性培养内涵，学中做、做中学的“行动导向”教学模式，致力提升学生职业素养水平和专业技能水平。

（7）探索开展“双主体”评价模式，从客观效果上保证人才的有效培养。采取“明晰目标、对应主体、分层实施”的评价策略，从课堂教学、课程实施、人才培养三个层面，确定相应的评价主体和评价内容，分别检验课堂教学、课程教学的有效性和人才培养的总体效果。

参见《中国建设教育》2019年第3期“立德树人 致力培养高素质技术技能人才”（首届全国建设类中职院校书记、校长论坛论文）。

4.3.7 以教学诊改为契机 促进办学质量提升

天津市建筑工程学校应时而为，坚持变中求新、新中求进，办学思想与时俱进：从计划培养向市场驱动转变、从传统就业向能力就业转变、从专业本位向职业本位转变。学校始终紧跟中等职业教育的改革方向，按照地方经济社会发展需求设置专业，培养急需的应用型人才，对中等职业教育人才培养模式进行有益探索。同时，结合中等职业学校教学质量诊断与改进工作，以“基本办学方向”“基本办学条件”“基本管理规范”为诊改对象，贯彻落实“需求导向、自我保证，多元诊断、重在改进”的工作方针，努力提高办学质量。天津市建筑工程学校校长张孟同将其经验总结为：

(1) 实行动态专业建设。在影响职业教育人才培养质量的诸多要素中，专业建设是最为关键的一环，而构建保证专业建设质量的长效机制尤为重要。实行专业动态调整是专业内涵建设的必要保障，通过动态调整，全面关注专业决策、设计、资源建设、运行及改进各个环节，建立专业建设自我诊改的“PDCA”闭环系统，可以提升专业内涵并显著增强专业适应市场变化的能力。天津市建筑工程学校近年来在招生规模、在校生规模上稳步提高，学校不盲目跟风开设新专业，按照教育与产业、学校与企业、专业设置与职业岗位相对接的原则，结合教学质量诊改的有利机遇，从顶层设计出发，充分考虑社会经济发展需求，针对原有专业持续进行系统化重点调整改造，逐步建立并完善人才需求与专业设置动态调整机制。各专业均成立了由行业企业专家和本校骨干教师组成的专业建设委员会，通过市场走访调研，撰写“专业调研报告”“专业调整可行性分析报告”，为学校领导者提供决策依据。

(2) 主动完善人才培养模式。制定实施性人才培养方案并进行滚动修订。根据国家和天津市指导性人才培养方案以及调研成果，各专业通过市场调研和与企业专家深入探讨，了解企业的用人需求、不同的工作岗位对于课程的需求，进行自我主动诊改，建立适合行业需求的人才培养模式及优质核心课程。广大教师积极创新专业课教学模式，形成了以项目教学、案例教学为主体的多种教学模式。根据专业特点，学校积极开展校企合作，增加学生接触企业等用人单位的机会，熟悉企业对人才素质的要求，了解企业聘用新员工的意向，直接或间接获得有用的就业信息，实现学生就业和企业用工顺利对接。同时，学校注重把握行业发展趋势，掌握企业用人需求实时动态。为推进教学诊断与改进工作，建立并完善了中等职业学校人才培养工作状态数据管理系统。系统涵盖了学校的办学概况、教学状态、师资建设、学生发展等方面数据，做到以采集促建设，以采集促发展。数据实现源头、及时、公开采集，贯穿整个工作过程始终，充分利用状态数据和相关材料，关注人才培养全过程，全面、及时掌握和分析人才培养工作状态，建好质量预警机制，尽早消除校内影响人才培养质量的各种不利因素。

(3) 课程建设日趋规范化。学校努力构建以专业为依托、以就业为导向、以实践应用能力为主线的专业课程体系。课程建设强调针对性和实用性，教学过程体现工学交替的职业教育特点，最大限度地挖掘学生的职业潜能，突出职业能力培养，体现中职院校的办学定位。课程设置根据行业产业发展需求适时修订，并履行严格的审批手续。课程资源采取引进、学习、借鉴、创新的阶段模式，鼓励开发校本教材，建立多媒体教学资源库。目前，学校骨干专业均实现了教学与实训一体化，以学生为中心实施教学。综合使用项目教学、任务驱动、角色扮演等行动导向的教学方法，实现“教、学、做”合一，达到学生职业道德、职业精神培养与技术技能训练高度融合。同时，学校不断完善课程考核评价机制，将考核评价重点放在考核学生的能力与素质上，尤其注重技能考核。

（4）不断加强师资队伍建设。学校十分重视对在职教师的培养和优秀人才的引进。在学校教学质量诊改规划中，制定了专业带头人、骨干教师培养方案和培养计划，特别是对青年教职员工每年都有计划地组织培训，以此更新教师的教育观念，培养教师的教研能力、创新能力和实践能力。

参见《中国建设教育》2019年第3期“以教学诊改为契机 促进办学质量提升”（首届全国建设类中职院校书记、校长论坛论文）。

4.4 立德树人与课程思政

4.4.1 建筑类高校“三全育人”特色模式探索

沈阳建筑大学党委全面贯彻党的教育方针，坚持立德树人的根本任务，特色办学、质量兴校，积极探索新时代高校思想政治教育的新途径、新办法，围绕课程育人、科研育人、实践育人、文化育人、网络育人、心理育人、管理育人、服务育人、资助育人、组织育人的“十大育人体系”，推动全员育人、全过程育人、全方位育人，取得了一定成效。沈阳建筑大学党委书记董玉宽将其总结为：

（1）形成“三全育人”格局。一是全员育人。牢固树立全员育人理念，树立人人都是育人主体的意识。全体干部、教师和职工自觉承担起对学生进行思想政治教育的工作职责。广大教师做到课程育人、科研育人、实践育人，广大管理干部和职工做到管理育人、服务育人，各级党组织做到组织育人，发挥学校文化育人特色深化文化育人，各相关部门及工作人员开展好网络育人、资助育人和心理育人工作；二是全过程育人。将育人工作涵盖学生在校期间以及毕业之后的全过程。具体包括新生入学成长成才教育工作、学业过程管理、大学生就业指导与服务工作和学生毕业后的跟踪服务工作；三是全方位育人。建立课内课外、室内室外、网上网下各个空间全方位的育人模式。具体包括建立学校各门课程共同育人的思想政治教育体系，探索和建立社会实践与专业学习相结合的教育模式，建立健全集物质资助与精神激励于一体的助学系统，建立和完善以心理教师为主体、辅导员和思政课教师广泛参与的心理健康教育体系，推动学校各级党组织自觉担负起管党治党、办学治校、育人育才的主体责任。

(2) 打造"三大特色育人"模式。一是德育教育特色模式。学校通过"传承雷锋精神、加强国防教育、促进民族团结、创新网络思政"四大特色工作载体，搭建德育教育特色模式，引导大学生自觉培育和践行社会主义核心价值观；二是文化特色育人模式。学校始终将文化建设作为校园整体建设规划的重要组成部分来统筹考虑，从学校新校园规划建设之初便同步开始文化建设，坚持以文化育人为抓手，打造以校园文化为核心的特色文化育人体系，增强师生文化自信。在这个过程中，逐渐凝练出红色文化、校史文化、景观文化、建筑文化、生态文化、状元文化、工匠文化、校友文化、雷锋文化、廉政文化"十大文化"特色育人体系；三是学科专业特色育人模式。学校努力扭转传统的专业课程单纯传授专业知识，与思想政治教育脱节的现象，解决传统的思政课程设置"各自为战"，与各类课程缺乏融合的问题，整合思政选修课程体系，构建起以思想政治理论必修课为核心的"一体四翼"的课程思政体系，探索从"思政课程"向"课程思政"的转变。"一体"即思想政治理论课这个核心和根本，"四翼"即核心价值观系列教育、中国系列教育、中华优秀传统文化教育、新时代辽宁精神教育。

参见《中国建设教育》2019年第2期"建筑类高校'三全育人'特色模式探索"（第十四届全国建筑类高校书记、校（院）长论坛暨第五届中国高等建筑教育高峰论坛论文）。

4.4.2 以立德树人为中心 推动思想政治工作再上新台阶

西安建筑科技大学党委副书记邵必林认为：高校思想政治教育是教育的大工程，是广大教育工作者共同的历史使命和职业责任，需要我们做长期艰苦细致和扎实有效的工作。

(1) 以立德树人为中心，强化思想理论教育和价值引领。国无德不兴，人无德不立，人才培养德育为先。因此，做好思想政治工作的核心要义，就是要牢牢把握住"立德树人"这一条根本主线。一要突出思想政治理论教育与价值引领，真正使"四个自信"成为师生的思想和行动自觉；二要深化社会主义核心价值观教育，引导师生准确理解和把握其深刻内涵及实践要求，真正将社会主义核心价值观内化于心，外化于行；三要强化大学文化建设，推进精神立校，逐步形成富有特色的大学精神文化、制度文化、行为文化和形象文化。

(2) 加强教师思想建设和队伍建设。教育大计，教师为本。要牢牢抓住教师队伍建设这个关键，努力铸造教师成长的熔炉，促进教师成长。一要提升教师素养，进一步加强教师对思想政治教育的普遍认同与责任担当，自觉将立德树人根本任务贯穿于教育教学的全过程；二要加强教师队伍建设。积极通过多种方式，不断提升教师队伍的思想政治素质和业务素质，统筹做好教师思想教育和管理服务工作；三要扎实推进师德师风建设。

（3）推进思想政治工作改革创新。思想政治教育工作要确保始终拥有旺盛的生命力，就必须与时俱进，不断创新。一要强化教学管理，提高课堂教学效果；二要以“课程思政”为导向，推进课程创新；三要加强马克思主义学院建设；四要充分发挥书院育人功能；五要加强互联网思想政治工作载体建设；六要强化社会实践育人；七要大力推进精准帮扶育人；八要发挥团学组织育人作用。

参见《中国建设教育》2018 年第 2 期“以立德树人为中心 同心同向同行 推动思想政治工作再上新台阶”（第十三届全国建筑类高校书记、校（院）长论坛暨第四届中国高等建筑教育高峰论坛论文）。

4.4.3 立德树人 教书育人 以文化人 让“互联网 +”助力院校思想政治工作

内蒙古建筑职业技术学院党委书记巴音巴图认为：建筑类职业技术学院应高度重视宣传思想和意识形态工作，坚持以社会主义核心价值观为引领，唱响主旋律，凝聚正能量，立德树人、教书育人、以文化人，积极探索“互联网 + 思政教育”新模式，进而使学校的思想政治工作取得突破性新进展。

（1）坚持立德树人、教书育人两促进。要坚持把立德树人作为教书育人的中心环节，把思政工作贯穿教育教学全过程，始终本着“四为”（为国、为民、为党、为社会主义）人才培养方针，实现全程育人、全方位育人。一是凝聚共识占领思想高地；二是用好课堂教学这个主渠道；三是创造性地开展学生德育测评工作；四是持续开展“德育大讲堂”；五是大力实施“青马培养工程”；六是扎实推进创新创业教育。

（2）坚持文化育人，校园文化显成效。要坚持把社会主义核心价值观作为校园文化的价值追求，注重以文化人，润物无声胜有声。一是持续开展覆盖面较广的校园文化品牌活动；二是把握关键节点，开展丰富多彩的校园文化活动；三是努力打造富有特色的德育文化品牌；四是结合校庆等重大活动，挖掘校园文化内涵；五是深入开展主题鲜明的暑期“三下乡”社会实践活动；六是打造“言行仪容工程”。

（3）推进“互联网 +”，努力做到主渠道与新阵地一起抓。要巩固成果，做活传统媒体；勇敢实践，打造全新融媒。努力做到思想政治工作主渠道与新阵地一起抓，更加贴近师生的思想、学习、工作和生活。一是创造性做活传统媒体和思政课堂主渠道；二是有力占领“互联网＋思政教育”新阵地；三是加强外宣工作，提升学校形象。

(4) 强化队伍建设，切实把意识形态责任制落到实处。要树立互联网思维，加强规章制度建设，健全工作考评机制，牢牢掌握学校思想政治和意识形态工作主导权。一是加强规章制度建设；二是强化领导工作机制；三是完善工作考评机制。

参见《中国建设教育》2018年第1期“立德树人 教书育人 以文化人 让‘互联网＋’助力院校思想政治工作”（第九届全国建设类高职院校书记、院长论坛论文）。

4.4.4 职业院校文化育人模式的创新与实践

近年来，山东城市建设职业学院党委坚持立足建设类职业院校学生发展成才新要求，从传统文化的视角，聚焦培养内化工匠精神的新时代鲁班传人，以文化人，以文育人，探索形成教育教学、学生管理、党建等工作的新方案，取得了显著成效。山东城市建设职业学院党委书记花景新将其做法总结为：

(1) 文化育人，扎实推进职业院校文化育人的建设。一是科学建构、持续实施以鲁班文化、建筑文化、家和文化、节日文化“四位一体”的中华优秀传统文化育人体系；二是着力打造文化育人顾问团队、传统文化导师队伍、专业文化导师队伍、自主育人学生组织四支文化育人队伍，分别从内容供给、素质培养、专业成长、自我教育等方面协同配合，把适合建设类职业院校学生成长需要，符合建设类企业文化建设共性要求的“四位一体”传统文化，融入教育教学、人才培养、管理服务各环节，形成师生文化自觉和文化自信共同体；三是定位化育无形，厚植文化育人新环境；四是优化教育服务，夯实文化育人新基础。实施“悟道立业”固本工程加强专业育人，实施“养正启智”铸魂工程推进活动育人，实施“精技强能”筑基工程强化实践育人，实施“明礼修身”涵养工程优化班级育人。

(2) 党建引领，扎实推进新时代学校党建工作。一是准确把握新时代学校党建工作的新形势、新任务、新要求；二是确立加强新时代党建工作的总体目标；三是建立加强新时代党建工作的基本原则，具体包括遵循党章依规创建、贯彻精神把握方向、突出特色创建品牌、因地制宜讲求实效四项原则；四是明确推进新时代党建工作的主要任务，具体包括实施一个工程（党支部书记“双带头人”工程）、抓好两项制度（“书记有约”制度、“三联系”制度）、开展“三项”活动（“一支部一品牌一亮点”评选活动、“一党员一旗帜一标兵”选树活动、“最美”评选活动）和强化12项工作（“百千万工程”、“五个一”活动、党员“亮身份、树形象、做表率”活动、校企校际党支部共建活动、“红种子”培育活动、红色文化基因传承活动、党建带团建活动、“主题党日”常态化工作机制、打造党建宣讲团队、建立反腐倡廉长效机制、开展党建研究、成立“中共山东城市建设职业学院委员会党校”）。

参见《中国建设教育》2019年第1期“以培育新时代鲁班传人为目标的职业院校文化育人模式的创新与实践”（第十届全国建设类高职院校书记、院长论坛论文）。

4.4.5 推进“课程思政”的难点及其对策

上海城建职业学院党委书记褚敏认为：专业课程突出的是知识和技能的传授，如何挖掘专业课程中的思想政治教育资源，实现专业课程的“价值引领”和隐性教育的课程目标,进而推动“课程思政”建设是“课程思政”的主要难点。

通观上海“课程思政”改革和上海城建职业学院的试点探索，可以将“课程思政”大致分为四种范式，这也是突破课程思政难点的途径。

（1）结构化设计。结构化设计是指在课程设计中有意识、固定地加入思政教育的环节。如课前5分钟演讲、课后10分钟讲形势与政策等。利用启动、结束时的宝贵时间，加入一点“心灵鸡汤”，可以更有效地进入良好的专业教学状态。课前课后的几分钟利用好了，既实现了“课程思政”的目的，又有利于专业教学取得效果。当然，使用这种范式要注意设计内容与上课内容之间的关联及过渡。

（2）多学科合作。多学科合作一般指专业教师联合思政教师、跨学科教师、跨界师资组成团队或拍档，共同完成“课程思政”任务。由专业课教师会同思政教师挖掘专业教学中的价值元素，并在专业教学过程中引进思政教师来讲与专业理论、技能相关的价值和精神。或者由思政课专职教师把握课程主线，构成课程“项链”的基础，邀请校内外专家学者、党政领导走进课堂作为“珍珠”。或者在特色课程中由多个学科背景的教师上同一门课等。

（3）个体式示范。个体式示范是指通过教育者的言传身教达到润物细无声的教育目的。但在“课程思政”中，个体式示范更特指教师个人具有典型性或影响性的个人行为示范效应。当然，这种个体式示范对教师本人要求很高，要求教师有理想信念、有高尚情操、有扎实学识、有仁爱之心。

（4）社会性联想。社会性联想是指教师不仅要系统而科学地传授专业原理或技术，还要通过联想建立起知识、技术与人、与生活多向度的交融关系，展示专业知识背后的社会情怀和科学精神，乃至对世界的正确认知和理解。

参见《中国建设教育》2019年第1期“以‘课程思政’为抓手 培养具有工匠精神的城建新军”（第十届全国建设类高职院校书记、院长论坛论文）。

4.4.6　新媒体对高校“思政课”教学内容的影响及对策

河北建筑工程学院赫鹏飞等认为：新媒体为丰富高校“思政课”教学内容带来了机遇，如有利于教学内容理论构架的充实完善、有利于教学内容辅助材料的丰富拓展、有利于教学内容呈现方式的生动多样等。与此同时，新媒体也给高校“思政课”教学内容带来了诸多挑战，如真理性易受质疑、丰富性有待拓展、生动性有待提高等。高校“思政课”教师务须把握机遇、直面考验，在教学实践中探索积极有效的应对措施，切实提升“思政课”的教学实效。

(1) 坚持“四真”原则，充分彰显高校“思政课”的真理魅力。“思政课”教师只有真正做到“四真”，才能在教学过程中拥有充分的信心和底气，才能真正把教学内容讲清楚、讲透彻，也才能使学生真信真懂真用马克思主义。为此，“思政课”教师一要做到深挖细研，融会贯通；二要辨明是非，笃定信念；三要深入浅出，讲清讲透。

(2) 坚持参考借鉴与创新突破相结合的原则，充实完善高校“思政课”理论内容。“思政课”教师在教学中应充分挖掘网络资源，获取与课程内容相关的理论成果和学术观点并合理借鉴利用。同时，应避免不求甚解、囫囵吞枣地机械利用，要在深入分析、充分理解基础上，对大量材料和观点进行梳理、整合、凝练，最后形成自己对某一理论问题的系统观点和独到见解，并以合理有效的方式运用到教学中。

(3) 坚持理论性与生动性相结合的原则，切实提升高校“思政课”教学的亲和力。“思政课”教学应充分发挥马克思主义科学理论的作用，着重用真理的力量、逻辑的力量影响和感染学生，教育大学生确立正确的“三观”和良好的思想政治素质。同时，应以生动灵活的方式方法展现和传递教学内容，要运用丰富鲜活的教学案例、灵活多样的教学方法及生动活泼的教学语言，提升思政课教学的吸引力、亲和力。

(4) 坚持与时俱进的原则，不断增强高校“思政课”教学的时效性。在“思政课”教学过程中，应及时将最新发布的政策理论、最新发生的重大时事、最受关注的热点问题融入教学内容中，以弥补教材内容的滞后与不足，充分彰显“思政课”理论联系实际、时效性强的特征。“思政课”教师要密切关注时事新闻。要借助移动新媒体，通过新闻类门户网站、百度资讯、微信公众号等途径浏览、了解时事新闻，对于可运用于教学的有价值的信息可及时记录下来。同时，要根据所授课程及具体教学内容，按照贴近性、适用性、典型性等原则对时事材料进行分析、甄选、梳理、加工，并将时事材料合理运用于课堂教学。

参见《中国建设教育》2019 年第 1 期“新媒体对高校‘思政课’教学内容

的影响及对策”。

4.5 新工科背景下的专业建设

4.5.1 “五新”建设要求下的新工科专业内涵改造实践

2017 年，教育部启动新工科研究与实践项目立项建设工作，从“五新”层面确立了 24 个选题方向，共有 300 所高校的 612 个项目获准立项。安徽建筑大学“地方建筑类高校卓越人才协同育人模式改革与实践”和“基于装配式建筑技术土木工程专业改造升级探索与实践”2 项新工科项目获教育部立项，同时还有 5 项新工科项目获省级立项。学校以新工科项目研究为基础，积极开展新工科建设试点和推广工作，取得明显成效。安徽建筑大学党委书记、校长方潜生等将其经验总结为：

（1）加强顶层设计，构建人才培养新体系。为全面落实习近平总书记在全国教育大会上的讲话精神和新时代本科教育工作会议精神，学校坚持立德树人根本任务，落实“以本为本”，推进“四个回归”，将新工科建设与“双一流”建设有效统一。学校先后出台了《推进一流本科教育实施方案》《金牌课程建设指导意见》《工程教育专业认证实施意见》《加强教学科研协同育人的若干意见》等文件，科学谋划新工科建设目标、思路和具体举措。

（2）整合多方资源，创新协同育人新模式。学校根据新工科建设需要，突破传统人才培养机制壁垒，促进人才培养各种要素与资源汇聚融合。创造性地利用地域资源优势，将校内资源、企业资源和社会资源融为一体，搭建五个新工科教育资源平台，实现五个有机结合；探索“五个引入”产教融合人才培养模式；探索研究产业技术创新战略联盟协同育人模式；构建基于“专业 +”“课程 +”“实践 +”三位一体的分层次分模块特色教育体系，将新工科理念融入特色化人才培养各环节。

（3）加强内涵改造，彰显工科建设成效。学校基于教育部立项的新工科研究与实践项目“基于装配式建筑技术土木工程专业改造升级探索与实践”，开展了土木工程专业新工科建设。该项目建设拟将土木工程专业改造成以装配式建筑和 BIM 技术应用人才为培养目标，将新技术贯穿到土木工程系列专业课程中，形成装配式建筑和 BIM 技术知识相结合的应用教学体系。学生在低年级主要学习装配式建筑和 BIM 技术的基础知识，在高年级注重将装配式建筑和 BIM 技术整合到专业知识体系中。同时，增加相应特色课程，编写相关教材，形成多课程联合教学，使学生更加全面深刻地掌握该类新技术的知识。实践教学环节增加综合应用该类技术为主的内容，布置跨专业课程的作业，并根据需要配备不同学科专业领域老师进行联合指导，提高学生综合应用新知识的能力。毕业设计环节提供更多装配式建筑和 BIM 方向的选题，使学生从建筑、结构、造价到施工管理所有环节系统完整地使用这两项新技术，增强学生应用装配式建筑进行工程全过程管理、解决实际工程问题的能力。

参见《中国建设教育》2019 年第 5 期“以新工科建设引领高质量人才培养”（第十五届全国建筑类高校书记、校（院）长论坛暨第六届中国高等建筑教育高峰论坛论文）。

4.5.2 以产业链新需求为导向的建筑类专业群建设与探讨

福建工程学院结合“大土木、大机电”学科专业传统优势，围绕专业服务领域，构建紧密对接产业链、创新链的应用型人才培养专业体系，以达到统筹管理、整体建设的效果，组建了建筑类、装备制造类、电子信息类、城市建设与管理类、交通运输类、互联网经济类、文化产业类和生产性服务类 8 大专业群。福建工程学院校长童昕以建筑类专业群实践为例，对专业群建设工作进行了总结与探讨。

（1）顺应建筑产业变革，构建对接产业链的专业群新体系。为适应建筑业的变革，推进建筑产业工业化与信息化，培养服务建筑业产业链的高层次应用型人才，根据建筑业产业链相关需求与专业布局实际，打破学院与学科壁垒，将分布在建筑与城乡规划学院的建筑学专业、土木工程学院的土木工程专业和勘查技术与工程专业、管理学院的工程管理专业和工程造价专业、信息科学与工程学院的建筑电气与智能化专业组成建筑类专业群。其中土木工程、建筑学、工程管理 3 个专业为专业群核心专业。6 个专业之间交叉融合，相互协作关联（参见图 4-1）。建筑类专业群以“标准化设计、工业化生产、装配化施工、一体化装修、信息化管理和智能化应用”为主线来确定群内专业、培养目标、师资团队和课程体系。面向行业、企业和区域经济对建筑业转型升级的一线人才需求，培养对应建筑业产业链、顺应建筑工业化和信息化快速发展的应用型人才；培养基础理论扎实、专业知识系统、实践能力强，有良好的工程职业道德和团队合作精神，具备工业化与信息化发展技能的跨学科复合型创新人才。

（2）注重教学资源共享，构建建筑类专业群发展的新机制。一是推进课程资源共享。根据现代建筑业产业链的需求，重构建筑类专业群课程体系。通过专业群内课程群的底层（共选课程）共享，中层（各专业课程）分立，高层（互选课程）互选，按照标准化设计、工业化生产、装配化施工、一体化装修、信

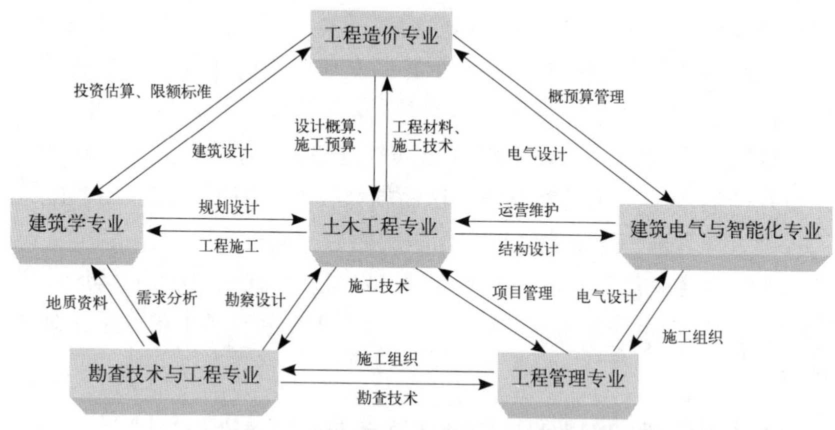

图 4-1　建筑类专业群之间的专业关联图

息化管理和智能化应用等 6 个模块来打造课程体系，凸显专业群对产业链和创新链需求的适应性；二是推进教学团队建设。根据建筑类专业群建设的师资需求特点，整合 8 个专业的教师队伍，建立建筑类专业群教学团队，初步形成融教学、科研、创新、服务为一体，专兼结合的应用型教学团队；三是推进实践教学资源整合共享。以有效服务建筑业产业链和创新链为出发点，打破学院、学科专业壁垒，根据“专业需求”，对现有群内国家、省、校级各基础实验室、专业实验室、实践基地、教学平台和基础设施进行整合共享，将整个建筑业产业链基地交叉串联。

（3）加强专业集群建设，构建学科专业交叉融合的新局面。一是主动对接建筑业发展需要和技术创新要求，深化产教融合、校企合作、协同育人机制，试点开展“1+1+N”模式的建筑现代化产业学院建设；二是顺应建筑产业变革对复合型人才新需求，打破专业局限，统筹建筑类专业相关资源，从相关专业中选拔学生，试点开展建筑行业工程师实验班、智慧建造工程师实验班建设。

参见《中国建设教育》2019 年第 5 期“以产业链新需求为导向的建筑类专业群建设与探讨——以福建工程学院为例”（第十五届全国建筑类高校书记、校（院）长论坛暨第六届中国高等建筑教育高峰论坛论文）。

4.5.3　以“四大观”理念为引领 提升土建类专业建设水平

徐州工程学院立足办学定位，坚持“以本为本”，落实“四个回归”，以“大应用观、大工程观、大生活观、大文化观”（以下简称“四大观”）办学理念为引领，面向建筑业需求，强化产教融合、多方合作，结合我国推行的行业注册执业资格制度要求，以注册执业能力培养为主线，强化工程应用能力和创新创业素质，多方协同培养应用型创新人才，力求突出专业特点和地方特色，以服务赢得支持和发展空间的人才培养思路，有效破解应用型人才培养中的诸多难题，取得明显成效，对新建本科院校进行教学改革、提升专业建设水平有良好借鉴作用。徐州工程学院副院长姜慧将其经验总结为：

（1）创新应用型人才培养新理念。借鉴欧美国家高等工程教育经验做法，结合国内应用型人才培养的改革实践，坚持问题导向、需求导向和战略导向，创新性提出“四大观”的应用型人才培养新理念。新理念力求突破以往应用型人才培养中“生搬硬套”的碎片化改革，全面实施“由个体到整体、由单一到综合、由表象到本源”的系统性探索创新。以“大应用观”精准定位应用型人才培养路径，促进学生专业技能和应用能力与职业需求高度契合；以“大工程观”推进专业学科一体化建设，回归现实工程本源，促进学生实践创新能力培养与现实工程需求高度协同；以“大生活观”拓展大学生素质培养路径，实现由培养“技术人”向培养“社会人”的根本转变；以“大文化观”引领专业文化建设，拓展大学文化范畴，培育学生专业精神，全面增强学生专业发展的内生动力。

（2）创新土建类专业应用型人才培养模式。一是基于“OBE”成果导向的教育理念，围绕应用型人才培养定位，强化“以生为本、协调发展”，积极引导土建类专业“契合应用需求、对接行业标准、突出理实合一、塑造双师素质、融通校企文化”，培养“厚基础、善实践、能创新、高素质”的应用型人才；二是针对新建本科院校“地方性、应用型”办学特征，结合建筑行业“注册执业资格”制度对土建类专业人才培养的要求，引入注册执业资格标准对应的知识、能力、素质标准要求，创立以注册执业资格需求为导向、以工程素质培养为基础、以创新能力提高为本位的“三位一体”人才培养体系，构建了“一主线、二阶段、三层次”的创新人才培养方案；三是结合建筑行业“注册执业资格”制度对土建类专业人才培养的要求，构建“一主线、二能力、三层次、四平台、五模块”的“12345”创新人才培养模式；四是以“四大观”引领人才培养、学科建设和服务地方，加强与地方和行业企业无缝对接，探索建立“学校、政府、企业、行业协会四方合作联动协同育人”这一高等教育重要新机制的实现路径；五是紧密结合土建类专业特点及学生成长实际，精心筹划，扎实推进专业文化建设，通过提炼土木工程学院院志，凝练土木工程学院院训，提炼各专业核心要义，打造土建类专业文化走廊，建设防震减灾科普教育基地，形成校友文化品牌等手段，努力凝练土建类专业文化特色，打造专业文化品牌，着力提升学生专业归属感。

参见《中国建设教育》2019年第5期“以‘四大观’理念为引领 提升土建类专业建设水平——以徐州工程学院土建类专业办学实践为例”（第十五届全国建筑类高校书记、校（院）长论坛暨第六届中国高等建筑教育高峰论坛论文）。

4.5.4 土木工程专业建设与改革实践

随着科技的进步和社会经济的快速发展，建筑产业化、信息化和智能化进程不断加快，迫切需要训练有素且综合能力强的土木工程专业高级技术人才。因此，高等教育应更加注重培养实践能力和创新能力强的“新工科”人才。土木工程作为历史悠久的传统工科专业，应主动适应当下社会新技术、新产业、新经济的发展，加快推进“新工科”建设。范圣刚等结合东南大学土木工程专业的实践，对此进行了分析。

（1）基于“新工科”理念，采用新思维、新方式，做好土木工程专业人才培养目标的定位与规划，重塑人才培养质量。土木工程专业人才培养目标的定位与规划要结合建筑现代化、工业化、信息化、智能化等需求，强化学生实践技能的训练，培养学生的创新意识，拓展学生的创新思维，引导学生树立为工程项目整体服务的观念，将学生培养为掌握新技术的应用型“新工科”人才。

（2）加强教师工程实践继续教育，建设以“双师型”为主导的师资队伍，确保师资队伍的稳定和可持续发展。

（3）针对现有专业知识体系与行业综合化、产业化发展趋势脱节的问题，重视学科知识的交叉融合，推进信息化手段在教学中的应用。

（4）完善校内实训平台和校外企业实训基地的建设，重视培养学生的工程实践能力。

（5）改革并完善学科竞赛机制，以学科竞赛促进创新能力的培养。

（6）推动“互联网 + 科普”行动，构建网络资源共享的慕课和优质在线开放课程，推进以学生为中心的教学模式改革。

参见《高等建筑教育》2019 年第 4 期“‘新工科’背景下土木工程专业建设与改革探讨”。

4.5.5 土木工程专业群课程改革与实践的几点思考

上海市城市工程建设学校（上海市园林学校）针对本校土木水利类专业的现状，确立了专业集群化建设思路，对土木工程专业群进行资源整合。通过以学校重点专业“市政工程施工”为引领，带动和辐射相关的建筑工程施工、工程造价和土建工程检测 3 个专业，提高整个土木工程专业群整体实力，提升了办学质量。结合该项工作，上海市城市建设工程学校（上海市园林学校）校长戴国平提出了如下几点思考：

（1）土木工程专业群课程体系的构建要以提高学生的专业就业面为出发点。土木工程专业群基于横向整合、纵向贯通的思路，确立了“三平台六模块”课程体系。逐步建立了通过行业调研，依据职业岗位群的职业能力分析，构建专业群课程体系的工作流程，建立横向贯通、纵向提升的专业群课程衔接机制，重塑专业群课程建设建构策略，为职业教育专业群建设提供了可资借鉴的经验。

(2) 师资、课程资源、实训的横向整合是专业群教学实施的有效保证。课程资源包括教材、课件、微课、试题库等，实训条件是职业学校培养学生技能的必备条件。一般情况下，课程资源和实训条件是需要依据课程体系的总体要求进行个性化设计和定制获得的。因此，无论是课程资源和实训条件都需要学校和企业的教师团队参与建设。所以，专业群课程体系的落地实施，建设一支专兼结合，素质过硬的双师教学团队是重中之重。

(3) 专业群课程体系建设应与时俱进。专业群课程体系的构建形成不是一劳永逸的，需要不断通过教学反馈进行修正。同时，作为培养专业技术人才的中等职业学校，要根据行业新技术、新工艺和新要求实时调整和优化现有的课程结构，配套改革专业群教学机制。如何提升教师实践教学能力，以满足专业群课程体系要求，是今后土木工程专业群课程体系改革发展的重点和难点。

参见《中国建设教育》2019年第3期"横向整合 构建土木工程专业群课程体系 纵向贯通 深化职业教育课程改革与实践"（首届全国建设类中职院校书记、校长论坛论文）。

4.6　创新创业教育

4.6.1　推进"三实型""双创人才"培养

吉林建筑大学校长戴昕认为：尽管当前我国"双创人才"培养的总体形势喜人，但基于全局视角，我国"双创人才"培养仍然处于"创业期"。通过梳理不难发现，我国"双创人才"培养仍然面临着一些亟待破解的共性问题和瓶颈性问题。

(1) 共性问题。一是解放思想不够，认识不到位。部分高校片面认为创新创业教育不是高等教育的主流，缺乏有效投入。或者用功利性的思维认识创业教育，而没有把创业教育与素质教育和人才培养相结合；二是理解不到位，工作开展不够。部分专业教师主体认为创业教育是本职工作以外的工作，缺少内在动力。或者将简单的创业技能、技巧培训等同于创业教育，而没有把专业教育与创造能力和创新能力的培养相结合；三是模式构建不系统，落实不到位。教育部等相关部委以及地方政府发布了多项鼓励和促进创新创业教育的红头文件，但是限于现有体制机制和思想观念的束缚，难以具体实施，创新创业教育尚未真正融入学校整体教育教学体系，没有形成教学综合改革和人才培养融为一体的创新创业教育模式，政府、高校及社会尚未围绕创新创业教育形成有效合力；四是硬件不到位，“双创人才”培养支撑不足。与发达国家的知名高校相比，不论是创业教育师资队伍、创业资金还是创业场地，我国用于创新创业教育的资源还相对匮乏。

（2）瓶颈性问题。一是“双创人才”培养的相关内涵及标准尚不明确。各层次高校对“双创人才”有不同的概念解释，目前理论界尚无统一的、权威性论断，国务院出台的文件中也没有明确说明；二是“双创人才”培养过程中存在一定的盲目性和攀比性；三是“双创人才”培养过程中，部属高校与地方高校推进速度差异较大；四是“双创人才”培养过程中，对于帮扶指导和技能培训的理解各高校有着明显的偏差；五是“双创人才”培养过程中，高层次师资竞争处于无序状态；六是“双创人才”培养过程中，一些改革任务任重道远。

结合吉林建筑大学“三实型”“双创人才”培养的探索与实践，戴昕认为：应不断完善“双创人才”培养体制机制，不断深化“双创人才”培养的内涵研究，努力将“双创人才”培养与创新创业教育相结合，加强实践实训环节各方面能力训练，不断提升“双创人才”培养质量。

（1）在宏观层面，应高度重视“双创人才”培养的顶层设计，全面推进体制机制建设。

（2）在中观层面，应结合学校办学特点，凝练“三实型”“双创人才”培养特色。所谓的“三实型”人才培养，是指培养和造就“理论基础坚实、实践能力扎实、思想作风朴实，具有创新精神、创业意识和创新创业能力的应用型高级专门人才”。

（3）在微观层面，积极探索“一三五七”工作模式。所谓“一三五七”工作模式，即牢固树立创新创业意识、开拓创新创业精神、提升创新创业能力，提高培养质量、造就卓越人才为一条主线；搭建创新创业教育、学科创新竞赛、创业实践实训三大平台；推进课程建设、科创基地、项目孵化、百名导师、文化引导等五项工程；努力提升大学生研究性学习能力、批判性思维能力、集成化创新能力、团队组织协作能力、跨文化交往能力、扎实实践应用能力和健康心理调适能力等七方面能力。

参见《中国建设教育》2018 年第 2 期“推进‘三实型’‘双创人才’培养的探索与实践”（第十三届全国建筑类高校书记、校（院）长论坛暨第四届中国高等建筑教育高峰论坛论文）。

4.6.2 创新创业教育“三课堂”教学模式研究

在“大众创业、万众创新”的时代背景下，作为以建筑类为主要学科特色的建设类高等院校，因其学科特点的要求，更应强调“创新和创业”教育的重要性。沈阳建筑大学就如何将创新创业教育融入教学全过程的系统化建设，探讨了“三课堂”教学模式。哈静等对此模式进行了阐述。

所谓“三课堂”教学模式，即以传统教育为第一课堂，以丰富多彩的校园活动和实践类课程为第二课堂，以网络教育为第三课堂，而创新创业教育的“三课堂”教学即是将创新创业教育内容及思想融入这三个课堂当中。

(1)“创新创业教育”的第一课堂教学。将创新创业的基本内涵、基本知识通过传统的第一课堂教学传授给学生，使学生对创新创业的过程有一个全面、系统的认识，初步培养学生的创新创业意识和思维方式，了解国内外的创新创业发展现状。在第一课堂教学过程中，注重培养学生的“综合能力”，以启发式教学为主，使学生变被动接受为主动汲取。教师授课由原来的注重理论知识传授向注重素质培养、技能开发方向转变，给学生发现问题和解决问题的机会，引导学生用自己的方式去思考问题，进而获取新知识。第一课堂上采取讨论式教学模式，并在教育教学过程中更加注重创新创业实践教育；培养不受时间和空间限制，随时随地进行学习的理念；给学生创造动手动脑的条件，开放实验室，鼓励学生自行设计实验方案、自行分析实验结果等，做到理论与实践结合，其目的就是要加强学生的就业创业实践能力。既教授学生新理论、新知识、新技术、新手段，更强调培养发展后劲，突出创造力开发，培养创新型思维及其走入社会以后的创新创业能力。

(2)“创新创业教育”的第二课堂教学。一是采取成绩单工作模式，改革第二课堂教学；二是以科技竞赛和讲座的形式培养学生的创新创业意识；三是以创新创业基地培养学生的创新创业能力。

(3)“创新创业教育”的第三课堂教学。“易班”作为大学生网络教育工作的新平台，为高校师生提供教育教学、文化娱乐、生活等服务，吸引了全国各大高校的积极参与。第三课堂的“创新创业教育”以网络思想教育为主导，主要是利用“易班”平台来进行。构建基于“易班”平台的网络“创新创业教育”的具体举措，一是与创新创业相结合，丰富“易班”教育的实用性；二是与传统文化教育相结合，提升“易班”文化的吸引力；三是与网络新媒体教育相结合，增强“易班”使用的趣味性。

参见《中国建设教育》2019年第3期“建设类高等院校创新创业教育‘三课堂’教学模式研究——以沈阳建筑大学为例”。

4.6.3 基于校企合作的创新创业教育“五闭环”培养模式研究

郑州科技学院李敏提出创新创业教育在于其创新性、教育性、普遍性、融入性、渐进性和闭合性。强调高校认清创新创业教育的本质在于教育，在于培养人才，在于实践，能够以学生为本，结合企业所需，从顶层设计、人才培养方案、师资、学情、实践整个教学环节实施双创教育，再细化至双创师资培养、课堂改革、学科竞赛、教科研、成果转化、校内外实践，从而整合出基于校企合作的创新创业教育“五闭环”培养模式（参见图 4-2）。

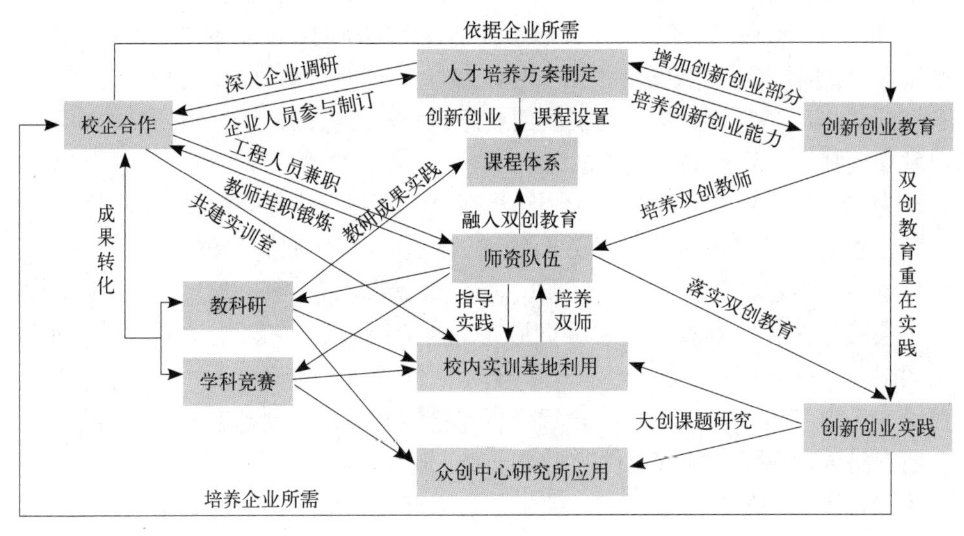

图 4-2 基于校企合作的创新创业教育“五闭环”培养模式

（1）第一闭环——校企合作、创新创业教育、创新创业实践。创新创业教育是由高校、政府、企业、家庭、学生多个子系统构成的一个完整生态良性循环系统。其中，企业在高校创新创业教育中起着重要的示范作用，是高校选定创新创业教育内容、方式、方向的依据，是学生对创新创业教育最直观的感受和奋斗目标，企业运营模式和成长之路是高校开展创新创业教育的借鉴资源，因此校企合作的企业在高校创新创业教育和实践中担负着不可推卸的社会责任，同时校友资源也得到了充分利用。高校培养创新创业人才最终目标是以人才投身企业或是创办企业的形式来服务社会，企业需要人才得以运作离不开高校的人才培养教育，因此搭建实践平台是校企合作的基础。

（2）第二闭环——师资队伍，创新创业教育、创新创业实践。开展创新创业教育，执行在教师队伍，提升教师队伍实践教学能力是必要途径，培养双创教师是关键环节，通过课堂教学、科研课题、学科竞赛开展创新创业实践，从而培养具有创新意识、创业能力的学生。

(3) 第三闭环——校企合作、人才培养方案制订、师资队伍、创新创业教育。校企合作不仅在实习环节层面，而是贯穿整个教学环节中，从人才培养方案制订入手，切实深入企业调研行业人才知识、能力、素质所需，邀请企业工程人员从工程角度出发，结合创新创业教育制订培养方案，特别是注重符合企业需求的双创课程设置、双创素质培养、双创学分设置。

(4) 第四闭环——创新创业实践、师资队伍、教科研、学科竞赛。创新创业教育灌输在于借助课堂教学、科研课题和学科竞赛的开展，培养双创意识、双创精神，后两者重在实践，激发学生创新创业潜能，在研究和比赛中出双创成果。

(5) 第五闭环——教科研、学科竞赛、校内实训基地建设、众创中心研究所、创新创业实践、校企成果转化。该闭环属于实践环，重在利用理论知识，借助校内实训基地和众创中心进行教科研、学科竞赛，最终实现成果转化。

参见《高等建筑教育》2019 年第 4 期“基于校企合作的创新创业教育‘五闭环’培养模式探索与实践”。

4.6.4　高职创新创业教育实施的突破口

姜留涛认为：高职创新创业教育存在同质化、精英化、表面化、创业与就业分离化等问题，高职创新创业教育融入专业教育是解决现有问题的关键。如何在专业教育中融入创新创业教育，可从以下几方面入手。

(1) 注重构建“理论—实践”一体化专业课程教学模式，授课过程融入创新能力培养环节。专业课程教学积极采用任务驱动、项目导向教学模式，由注重知识传授向创新精神、创业意识和创新创业能力培养转变，由单纯面向有创新创业意愿的学生变为面向全体学生，切实加强学生创新精神、创业意识和创新创业能力的培养。创新能力包括科学分析、批判性思维、自主学习、新产品构思 4 种能力。鼓励教师及时更新教学内容，将国内外最新技术、最新研究成果、创新实践经验等融入课堂教学，注重培养学生的批判性和创造性思维，激发创新创业灵感。

(2) 在专业实践教学环节中融入创业能力培养模块。实习实训是培养学生专业素养和职业能力的核心环节，而职业能力和职业素养的关键还在于创业素质。创业素质可以用企业家精神来阐述，即诚信敬业、团队协作、冒险、执着、宽容等。所以在实习实训教学过程，务必把创业精神培养融入专业实践教学全过程。

(3) 在教学方式方法上，积极采用“可接受原则”，在微课、网络教学、翻转课堂、“MOOC”（大型开放式网络课程）、“O2O 混合式教学”、线上线下混合式教学等方面积极探索和实践，深入开展启发式、讨论式、参与式的教学方法。改革考试考核内容和方式，注重考查学生运用知识分析、解决问题的能力，突出考核学生创新实践能力和解决问题能力，挖掘每一个学生的潜力，培养学生的创新意识，激发学生的创造积极性。

(4) 全方位立体保障和激发学生创新创业激情和活力。建立共建共享机制，在校企、校际建立共享联盟，大力开展协同育人。校内实施弹性学制和学分积累制度，校内各专业基础课程学分互认，在专利学分认证、竞赛获奖学分积累等方面出台相关政策文件。同时，在学生社团、创新创业孵化基地、创客空间等建设上加强指导，给予政策倾斜和帮助，注重培育学生主动性和独创性，培养其自主意识、独立人格和批判精神。

(5) 在师资队伍、实训条件等其他方面，积极营造和构建创新创业文化的良好氛围。

参见《高等建筑教育》2018 年第 1 期“高职创新创业教育融入专业教育的研究与实践——以陕西铁路工程职业技术学院为例”。

4.7 校企合作与产教融合

4.7.1 对“产教融合”协同育人问题的认识

沈阳建筑大学校长阎卫东等认为：

(1) 人才培养是吸引企业参与工程教育的最佳切入点。多年来，作为科技创新的主体，高校同企业的合作更多侧重于科研，校企合作成为科技成果转化为现实生产力的有效途径。从本质上看，校企在科研领域的合作是技术采购与转让的过程，但并不是因此就能调动企业参与学校人才培养的积极性。一些科研实力薄弱的院校，不能为企业提供持续有效的技术支持，就更难吸引企业参与人才培养。所以，科研并非校企联合培养人才的最佳切入点。我国正在走新型工业化道路和建设创新型国家，企业作为推动创新发展的主力军，从需求侧看，需要大批优秀的工程技术人才。企业缺乏参与高校人才培养积极性的原因，一方面是人才资源的市场化淡化了原有的工业界与教育界在人才培养上的紧密联系；另一方面，从供给侧看，工程教育的科学化和人才培养模式的单一化，使工业界很难参与到工程教育中来。因此，吸引企业参与高校育人的关键在于双方共同改革现有工程教育，让工程教育回归工程，使工程教育的各个环节聚焦于工业界的需求、聚焦于学生工程实践能力和创新能力的培养。所以，人才培养才是吸引企业参与工程教育的最佳切入点。

（2）“产教融合”协同育人的三个基础问题。一是人才培养定位。我国部分高校在办学目标和发展模式上呈趋同化趋势，不断追求高层次和大规模，使人才培养定位脱离了社会对工程人才需求的实际。培养的学生既满足不了高新技术产业的需求，在一般工业企业又缺乏实践能力，不能很好地满足社会的需求；二是校企对等性。目前在建或建成的国家工程实践教育中心，大部分都是依托国有大型企业。这些企业人力资源竞争相对激烈，对人才需求的层次相对固定，很难满足众多工科院校的需求，特别是地方高校的需要。因此，各高校要以服务面向和学科专业结构为基础，充分挖掘有活力的中小企业的资源优势。实际上，这些企业更加渴望得到适合企业发展的工程技术人才，也更愿意同高校联合培养人才，要保护、调动好这一部分企业的积极性；三是校企双方权责利。受之前计划经济体制的影响，我国工科高校大多带有明显的行业背景，至今仍保持着行业特色。因此，必须明确行业企业和科研院所在人才培养上的职责，要充分发挥行业部门的指导作用，以专业为单位，制定行业培养标准，以满足工业界的基本要求；学校作为人才培养的主体，要将教育理念进行战略性转变，坚持走开放办学之路，密切结合行业发展前沿，充分吸纳企业对人才培养的意见和建议，不断更新教学内容，满足行业需要；企业要将与学校合作培养工程师视为己任，并作为产业发展的战略任务，充分发挥其在培养学生实践能力上的指导作用，通过制定、落实企业培养方案，让学生了解企业文化，参与企业技术创新和工程研发，培养学生的团队合作意识和职业精神。

参见《中国建设教育》2019年第5期“以‘产教融合’为抓手 推动建筑类高校人才培养内涵建设”（第十五届全国建筑类高校书记、校（院）长论坛暨第六届中国高等建筑教育高峰论坛论文）。

4.7.2　产教融合的主体关系分析

湖南城市学院校长李建奇等从“三螺旋”理念出发，通过产教融合的主体关系分析，构建出产教融合生态系统，为应用型人才培养提供了一种可借鉴的范式。

依据“三螺旋”理论，学校、企业和政府是实施产教融合的核心三要素，三者之间交叉融合，体现了相互螺旋缠绕的关系结构。同时，在彼此构建的生态系统中又主导了不同的社会职能。

（1）产教融合中学校、企业和政府的关系结构。“三螺旋”理论的核心价值在于打破了传统的组织边界和功能划分，作为知识生产方和人才供给方的学校和作为知识应用方和人才需求方的企业之间的边界变得越来越模糊。学校、企业和政府三个主体间不仅通过彼此间的间接关系，还通过直接关系来进行相互作用（参见图 4-3）。三主体在合作模式和创新机制中相互渗透、融合，每个主体在他们共同构建的产教融合生态系统中既独自承担自己的权利、责任和义务，扮演自己的角色，同时也履行其他两个主体的部分职能。正是由于三主体之间的两两互动，角色重叠，协同合作，促使三者的内部职能不断演化，形成三边网络与混生结构，从而总体呈现“三螺旋”上升的状态。

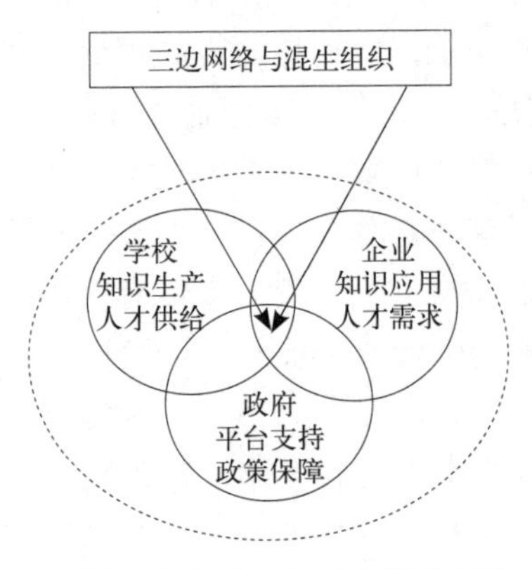

图 4-3　产教融合生态系统中三主体关系结构示意图

（2）产教融合中学校、企业和政府的角色定位。依据“三螺旋”理论，产教融合生态系统中，学校、企业和政府在各自的螺旋体内都承担自己的基本职能，保持独立的身份地位。具体表现：一是政府主体。在产教融合进程中，政府的主体作用主要包括顶层设计、环境建设和绩效评价；二是学校主导。学校的基本职能是知识生产、传播和人才培养。因此，在产教融合过程中，学校要发挥主导作用，主导知识生产对接产业实践、人才培养对接社会需求。作为地方高校，知识生产对接产业实践，要将学校的科研范围突破内部少数“科研集团”，将研究价值链扩展到社会领域，将知识生产与技术相结合，注重科研成果的应用与转化。人才培养对接社会需求，要依据区域发展、产业结构调整专业结构，通过课程设置、实习实训、创新创业教育提升学生的实践能力，培育高素质应用型人才；三是企业主动。企业作为知识应用方和人才需求方，主要承担科研成果转化生产和人才应用标准制定的基本职能。企业在产教融合进程中要转变观念，主动对接学校，积极探索技术转移和知识转化的途径，并将生产经营环节的用人需求反馈到学校人才培养过程中。此外，企业应依据行业人才需求，制定人才培养方案，并据此主动介入或参与学校教育教学全过程，发挥场地、设备、师资等优势，提高人才培养与社会需求的契合度。政府、学校和企业除了自身独立的基本职能外，还有在相互关联作用后产生的衍生职能，这种衍生职能体现在该主体履行其他主体的基本职能。例如，企业基于高校基础知识之上进行的技术研发，对其聘用员工进行的创新培训，企业联合开展专业办学的行业认证，承担产教融合的评价职能；学校自身开设的校办企业与学校合作的技术转化生产与经营，对接政府，针对产教融合献言献策；政府利用财政资金直接投资生产环节，组织劳动人事培训等（参见图4-4）。

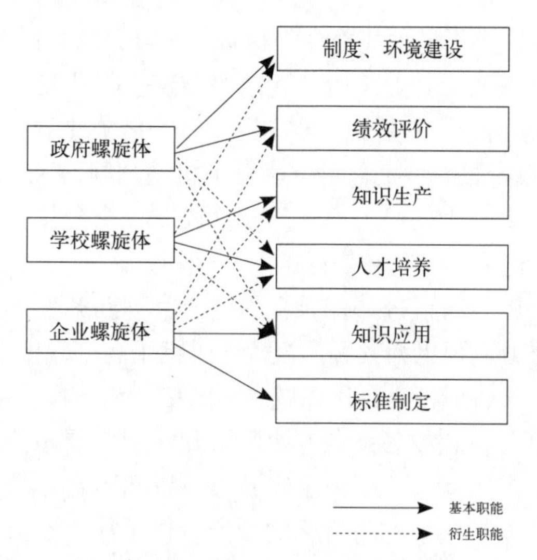

图4-4 产教融合生态系统中三主体职能分析示意图

参见《中国建设教育》2019年第5期"'三螺旋'视角下地方高校产教融合生态系统构建"（第十五届全国建筑类高校书记、校（院）长论坛暨第六届中国高等建筑教育高峰论坛论文）。

4.7.3 从战略和战术两个层面推进校企合作与产教融合工作

依托"校企合作发展理事会"和"职教集团"这两大主要平台，借鉴兄弟院校的成功经验，广西建设职业技术学院积极推进校企合作、产教深度融合，不断涉向改革的深水区，取得了比较明显的成效，积累了一些经验。

（1）在战略上，做好顶层设计—以服务整个行业为工作基本面来规划、布局和开展校企合作工作。作为广西住房和城乡建设厅下属的行业学校，广西建设职业技术学院与行业的政府主管部门、与行业企业有着长期的密切联系，这是该校的办学资源和天然优势。建设系统当初举办这个学校的初衷，或者说这个学校的使命和职责，就是服务整个行业发展。因此，该校开展人才培养工作所面向的主阵地，就是整个行业。但近些年来，不少非建设类高职院校出于办学效益需要，也开办了一些建设类专业，带来了一些同质化竞争。作为正统、传统的建设行业学校，广西唯一的建设类高职院校，如何巩固好原有阵地，守好自留地，看好这段渠，保持和站稳建设类人才培养的主渠道龙头地位，以更高水平，服务好行业企业发展，不辱使命，不负期望，不丢阵地，一直是该校思考问题、推进工作的立足点和出发点。从战略层面上考虑，该校认为，首先要建好一个机制，搭好一个平台，把关涉这个行业发展的各方，都拢进来，结成一个利益共同体，形成一种战略合作和协作伙伴关系，争取各方的最大支持，来实现人才培养工作的全行业覆盖。所谓关涉这个行业发展的各方，主要包括“政行校企”四个方面。也就是说，需要建立一个政府主导、行业指导、学校主体、企业参与的“政行校企联动”的办学育人机制体制，来推进校企合作制度化，来布好行业职业教育的大格局。很多院校都成立校企合作理事会和实行集团化办学，实践证明，这是一个符合实际的发展选择。

（2）在战术上，与时俱进—注重合作内容的创新开发，不断拓展、丰富和充实合作内涵，努力实现更大发展。该校通过赋予各个教学系合作办学自主权，激发其办学活力，来实现校企合作领域的不断拓展和合作内涵的不断更新丰富。在良好机制的激励下，全校各系各专业紧跟建筑业发展趋势，整合资源，发挥优势，多路并进，多措并举，积极组织开展了以拓展合作领域渠道、丰富合作内涵特色、创新合作机制模式为目标的校企合作工作，努力把人才培养工作全方位融入行业企业生产和服务中，推进产教深度融合，与企业结成共同体，助力行业发展前行。在合作模式方面，各系积极探索引企入校、合办校中企业、企业中办校等多样化的产教融合模式；在合作内容方面，灵活选用智力支持、员工培训、订单办学、毕业生推优选用、联合研发技术和联合开发项目等诸多选项。

参见彭红圃“乘势而上 发挥特色优势 推进校企合作 产教深度融合”一文，(《中国建设教育》2018 年第 1 期，第九届全国建设类高职院校书记、院长论坛论文)。

4.7.4 基于《华盛顿协议》标准设计校企合作机制

李隽等认为：“卓越工程师计划”是在我国加入“华盛顿协议”之前实施的应用型人才培养模式，加入“华盛顿协议”后，需要按照其标准实施应用型人才培养。

《华盛顿协议》特别强调复杂工程问题解决和终生学习能力的培养，强调学生在人才培养过程中的主体地位。因此，基于《华盛顿协议》标准的校企合作机制设计需要考虑以下几点：

(1) 建立校企合作长效机制。由于教育的公益性和企业追求市场利益之间的矛盾，校企合作若没有一个健全的长效机制，企业参与人才培养的积极性就会受到很大影响。学校在开展校企合作时要考虑企业的需求，秉承优势互补、互惠共赢的原则，主动帮助企业在技术能力方面进行提升，促进企业积极性和主动性的提高，促进双方的稳定合作。

(2) 建立校企合作组织体系和工作制度。组织体系要包含学校相关服务部门和学校的主要负责人，服务于“卓越工程师计划”的实施工作。同时，针对不同的专业，需要在合作体系的构架下形成学校主要领导与企业主要负责人作为体系的领导层，企业同样需要在组织框架下配备相应的人员，明确人员在合作过程中的职责。

(3) 协同建设“双师型”教师队伍。“卓越工程师计划”和《华盛顿协议》都注重教师的实践能力对人才培养的关键作用。对于“双师型”教师队伍建设，一方面，高校应出台政策，鼓励和定期选派有发展潜力的中青年教师到企业开展实践锻炼，既提高自身的实践能力，同时也为企业提供技术支持。另一方面，高校应选择管理规范、效益良好的企业作为合作伙伴，实现校企先进技术和管理创新的共享，形成实训教学环节的双导师培养模式。

(4) 制定校企合作培养质量考评体系。“卓越工程师计划”的人才培养模式要求把学生的工程实践能力培养贯穿整个本科教育阶段，学生在企业实践时间累计达1学年以上。依据《华盛顿协议》条款中人才培养的质量目标，建立强调实践环节的质量检查、过程督导以及注重实践单位的评价在质量考评中作用的人才培养质量考评体系。

参见《中国建设教育》2019年第1期“适应‘卓越工程师计划’的校企合作机制设计——基于《华盛顿协议》标准”。

4.8　服务行业和地方

4.8.1　对高校服务城市建设管理的一些思考

安徽建筑大学校长方潜生在对安徽建筑大学服务城市建设管理的创新与实践进行总结的基础上，认为：高校在聚集和培养人才、推动科技进步和科技创业等方面对区域经济有着很重要的影响。正确认识和充分发挥高校对区域经济的影响，有助于高校与区域经济紧密结合，利用高校资源更好地促进区域经济的发展。同时，也有利于促进高校自身建设与发展，提高人才培养质量、科学研究水平、服务社会的能力。“新工科”背景下的建筑类高校建设与发展应紧密围绕城市建设行业工作的发展需求。

（1）服务地方，要精准定位，明确错位发展的方向和路径。建筑类高校应紧紧抓住国家城市工作发展新机遇，面向新型城镇化、建筑工业化的发展需求，重点在地下空间综合开发利用、城市综合交通体系、智慧城市和城市特色保护、城市双修和海绵城市、城市建设与管理等领域，开展技术研发和深度合作，为城市建设发展做出自己的贡献。

（2）瞄准区域行业发展要求，调整优化学科专业的新布局。应结合中央城市工作会议精神和区域经济发展战略，调整现有学科专业结构，设置新兴专业，使学科群、专业群对接城市规划建设管理的产业链、技术链，助力地方相关产业结构转型升级。

（3）创新产学研协同模式，构建政校企合作共同体。地方高校应坚持开放办学，主动回应政府、行业企业需求与关切，寻求价值认同和共识，以合作的形式进行有机结合，形成产学研联盟，通过合作办学校、办学院、办专业、办协同中心等多种协同模式促使高等教育与社会和市场协调有序发展。

参见《中国建设教育》2018年第2期“打好‘建’字牌，做好‘徽’文章”（第十三届全国建筑类高校书记、校（院）长论坛暨第四届中国高等建筑教育高峰论坛论文）

4.8.2 以“四个服务”为指引 培养行业英才 服务区域经济发展

河北建筑工程学院党委书记王海龙认为：习近平总书记在全国高校思想政治工作会议上的重要讲话，从全局和战略高度，提出了“四个服务”思想，即“为人民服务，为中国共产党治国理政服务，为巩固和发展中国特色社会主义制度服务，为改革开放和社会主义现代化建设服务”。“四个服务”是习近平总书记教育思想的重要内容，是新时期我国高等教育改革发展的根本遵循。落实“四个服务”，必须做到如下“四个坚持”：

（1）坚持社会主义办学方向。“四个服务”体现了党的教育方针和社会主义办学方向的内在要求，赋予了新的时代内涵。要把“四个服务”作为办学治校的根本落脚点，进一步贯彻落实好党委领导下的校长负责制。

（2）坚持价值引领，构建大思政格局。一要构建“三位一体”的学生培养模式，创新思政教育新模式；二要开展“三史结合”育人活动，开辟思政教育新途径；三要加强网络阵地建设，创新思政教育新载体；四要发挥第二课堂阵地功能，打造思政教育新平台。

(3) 坚持推进创新创业教育。一要为创新创业教育提供制度保障；二要注重引领和培育大学生创新创业项目；三要整合校内外各种优质资源；四要全面修订人才培养方案，把创新创业教育融入人才培养全过程，促进专业教育与创新创业教育有机融合；五要建立健全创新创业课程体系，挖掘和充实各类创新创业教育资源；六要构建创新创业生态系统。

(4) 坚持聚焦国家重大战略需求。主动融入国家战略，主动契合行业和区域经济社会发展的需求，积极发挥自身学科优势对提升行业发展水平的支撑和引领作用，培养一大批能站在多领域技术发展前沿、具有综合能力的现代工程技术和管理人才，为国家战略实施提供智力、技术、人才等方面的有效支撑，在服务国家战略和区域经济社会发展中凸显学校地位。

参见《中国建设教育》2018年第2期"以'四个服务'为指引 培养行业英才 服务区域经济发展"（第十三届全国建筑类高校书记、校（院）长论坛暨第四届中国高等建筑教育高峰论坛论文）。

4.9 农民工培训

4.9.1 建筑业新生代农民工"工匠精神"培养与培训服务体系构建

随着科技的发展，农民工已经不能够完全适应当前建筑市场的职业技术要求，在施工方面存在诸多的安全隐患行为，对建筑质量产生一定的影响。建筑工程是一项民生工程，建筑质量意义重大，对质量的追求应该具有"工匠精神"，从而打造品质建筑。在培训建筑新生代农民工时应该首先从建筑行业的职业精神出发，培养具有"工匠精神"的建筑业新生代农民工。彭子茂等分析了新生代农民工职业培训中存在的问题，提出相关的解决策略。

(1) 建筑业新生代农民工的培训原则。一是实用性原则。以实际的工作岗位技能要求来进行培训，并且具体的培训应该是动态的，需要根据农民工的个人需求变化来调整，以职业需求为导向；二是柔性原则。对农民工的培训需要一定的灵活性，可以根据地区对农民工的需求情况以及社会经济发展状况来组织符合地区需要的职业培训，教学方法上也可以采取多样的教学方法，分为职业性的专门培训和业余性的培训。尽可能采取外来务工人员容易理解和接受的教学方法，在教学实践中，要根据不同参与者的情况，分层次分批次安排培训时间，以便工人能够工作学习两不误，可采取晚间业余培训、周末固定培训或上岗前的短期培训等；三是可持续性原则。职业培训要符合社会发展的需求，能够应对建筑行业的要求。新生代建筑业农民工的职业培训是动态的，需要培训单位做出创新。具体的培训方法、培训规划需要针对外界的变化做出改变，与外部环境建立一个可持续发展的机制，来保证对农民工的培训是有效的；四是人本原则。建筑农民工的培训根本就是农民工，以人为本的原则是培训最基本的要求，一切培训都应该避免形式化，考虑农民工工作的实际需求。从农民工需求角度，通过有效的培训，提高建筑业农民工职业素养与技能，把农民工变成合格的建筑工业工人。

（2）新生代建筑业农民工的培训体系建设。一是完善农民工培训的法律法规。当前对农民工进行职业技能培训的新一代立法保障有待完善，可以借鉴国外发达国家的成功经验，以法律的形式明确界定农民工的培训现状、培训内容和培训成本。在各级政府和有关部门的财政捐助和资金占用时间方面，也应做出明确规定。此外，对培训机构和施工企业不按规定执行培训经费的行为采取处罚措施，以确保农民工职业培训的良性发展；二是建立科学培训过程。新一代建筑业农民工的职业培训需要建立一个科学的管理体系，不仅仅需要规范化，还要符合农民工的实际情况。因此政府部门应该重视农民工的培训，发挥农民工的主导作用，相关部门应根据培训现状，建立专门的管理机构，形成规范、科学的工作机制；三是创新运行机制。为了提高新一代建筑行业职业技能培训的质量和培训效率，可以引导建立专门的培训机构，促进培训竞争市场化；四是政府相关部门的协调培训机制。农民工的培训是一项有利于社会发展的公共培训产品，因此在发展中需要权力部门合理地协调。政府相关部门可以推动培训项目建设，帮助建筑行业农民工向产业工人转变，确保满足建筑行业的产业升级需要。政府应该从行业的角度出发，加强培训机构的管理以及对培训机构建立政策上的支持，在各主体之间，政府担负起沟通协调责任；五是培训机构的建设。培训机构的发展可以采取多元化的发展要求，可以开展公办培训机构、私立培训学校、政府主导培训活动等；六是加强培训监督管理。加强新一代农民工职业培训的监督管理，监督执行任务，及时纠正目标偏差。为了充分利用农民工业余学校、职业院校和社会力量的多元培训组织模式，政府应协调新一代农民工的培训与运行机制，建筑业培训机构长期发展应该是由国家规划培训资源而逐步形成的。在培训管理方面，各部门需要做好分工监管，对培训机构可以采取定期考核的制度，对待不合格的培训机构，督促整改。对培训机构的培训过程，进行全方位的监督，同时加入社会监督的作用，鼓励公众对培训活动提出监督意见；七是建议建立建筑工人工会。建立公益性的建筑农民工工会，来维护农民工培训的权益，通过工会做好社会保障工作。

参见《教育教学论坛》2019年第4期“建筑业新生代农民工‘工匠精神’培养与培训服务体系构建”。

4.9.2 高职院校开展农民工培训的问题及对策研究

龚英认为：企业的发展壮大不仅需要优秀的管理者，更需要素质较高且能熟练掌握操作技能的劳动者。近几年国家倡导高职院校要承担并加强对农民工的教育培训，越来越多的高职院校也加强了对农民工群体教育培训的重视，纷纷投身于对农民工的教育培训中，虽然培训取得了一定成绩，但在实践过程中仍存在较多限制和不足。一是目前我国高职院校对农民工的培训以一刀切式的短期技能培训为主，培训模式单一，随意性较强，缺乏对不同农民工群体培训需求的调研和分析；二是资金短缺限制了农民工培训；三是缺乏培训评价与考核。高职院校加强农民工培训可以采取的对策有：

（1）开展供需分析。高职院校在开展农民工培训前，应该建立需求调研系统，对农民工需求、市场需求进行充分的调研，做好需求分析及需求预测工作，再根据不同的需求，制定相应的培训内容，采取适当的培训方式，为不同层次的农民工提供基于需求的多元化和个性化的培训服务，以提高培训的实用性。此外，除了要对农民工和市场需求进行调研和分析外，高职院校也要对自身的供给能力进行审视和分析，明确能为农民工开展哪些培训服务，在使供需匹配的同时，也可保证培训质量和效果。

（2）拓宽资金筹措渠道。首先，农民工的教育培训作为准公共产品，政府除了制定和完善扶持政策外，还应加大对农民工教育培训的公共财政支持力度，以扶持农民工教育培训工作。其次，要灵活运用多种筹资方法，拓宽融资渠道。虽然公共财政是农民工教育培训的支持主体，但受财政资金的限制，公共财政也只能发挥有限的作用，所以还需积极寻求其他融资渠道来解决资金问题。对于企业而言，参与农民工的教育培训能为其带来潜在的经济收益，企业理应为农民工的培训投入一定的资金。再次，在拓宽融资渠道的过程中，政府应该充分发挥财政资金的导向作用，鼓励社会各界参与到农民工的教育培训中来，让社会共同发挥作用，努力形成政府、企业、非政府组织和农民工个人的多元化的融资渠道。

（3）建立和完善教学评价考核机制。为了促进高职院校农民工培训工作的健康有序发展，应注重建立和完善教学评价考核机制，制定符合高职院校农民工培训的教学质量评价指标，并赋予科学的评价权重，通过量化的评价指标对教师的教学工作，农民工的学习效果进行客观的评价，为教学计划、课程设置、学习内容的制定和更新提供依据，实现供给和需求的匹配，促进高职院校对农民工培训的供给侧改革，提升培训效果。

参见《劳动保障世界》2019年第20期“高职院校开展农民工培训的问题及对策研究”。

第5章

中国建设教育相关政策、文件汇编与发展大事记

5.1 2018年相关政策、文件汇编

5.1.1 中共中央、国务院下发的相关文件

5.1.1.1 关于全面深化新时代教师队伍建设改革的意见

2018年1月20日，中共中央、国务院发布了《关于全面深化新时代教师队伍建设改革的意见》，全文如下：

百年大计，教育为本；教育大计，教师为本。为深入贯彻落实党的十九大精神，造就党和人民满意的高素质专业化创新型教师队伍，落实立德树人根本任务，培养德智体美全面发展的社会主义建设者和接班人，全面提升国民素质和人力资源质量，加快教育现代化，建设教育强国，办好人民满意的教育，为决胜全面建成小康社会、夺取新时代中国特色社会主义伟大胜利、实现中华民族伟大复兴的中国梦奠定坚实基础，现就全面深化新时代教师队伍建设改革提出如下意见。

一、坚持兴国必先强师，深刻认识教师队伍建设的重要意义和总体要求

1.战略意义。教师承担着传播知识、传播思想、传播真理的历史使命，肩负着塑造灵魂、塑造生命、塑造人的时代重任，是教育发展的第一资源，是国家富强、民族振兴、人民幸福的重要基石。党和国家历来高度重视教师工作。党的十八大以来，以习近平同志为核心的党中央将教师队伍建设摆在突出位置，作出一系列重大决策部署，各地各部门和各级各类学校采取有力措施认真贯彻落实，教师队伍建设取得显著成就。广大教师牢记使命、不忘初衷，爱岗敬业、教书育人，改革创新、服务社会，作出了重要贡献。

当今世界正处在大发展大变革大调整之中，新一轮科技和工业革命正在孕育，新的增长动能不断积聚。中国特色社会主义进入了新时代，开启了全面建设社会主义现代化国家的新征程。我国社会主要矛盾已经转化为人民日益增长的美好生活需要和不平衡不充分的发展之间的矛盾，人民对公平而有质量的教育的向往更加迫切。面对新方位、新征程、新使命，教师队伍建设还不能完全适应。有的地方对教育和教师工作重视不够，在教育事业发展中重硬件轻软件、重外延轻内涵的现象还比较突出，对教师队伍建设的支持力度亟须加大；师范教育体系有所削弱，对师范院校支持不够；有的教师素质能力难以适应新时代人才培养需要，思想政治素质和师德水平需要提升，专业化水平需要提高；教师特别是中小学教师职业吸引力不足，地位待遇有待提高；教师城乡结构、学

科结构分布不尽合理，准入、招聘、交流、退出等机制还不够完善，管理体制机制亟须理顺。时代越是向前，知识和人才的重要性就愈发突出，教育和教师的地位和作用就愈发凸显。各级党委和政府要从战略和全局高度充分认识教师工作的极端重要性，把全面加强教师队伍建设作为一项重大政治任务和根本性民生工程切实抓紧抓好。

2. 指导思想。全面贯彻落实党的十九大精神，以习近平新时代中国特色社会主义思想为指导，紧紧围绕统筹推进“五位一体”总体布局和协调推进“四个全面”战略布局，坚持和加强党的全面领导，坚持以人民为中心的发展思想，坚持全面深化改革，牢固树立新发展理念，全面贯彻党的教育方针，坚持社会主义办学方向，落实立德树人根本任务，遵循教育规律和教师成长发展规律，加强师德师风建设，培养高素质教师队伍，倡导全社会尊师重教，形成优秀人才争相从教、教师人人尽展其才、好教师不断涌现的良好局面。

3. 基本原则

——确保方向。坚持党管干部、党管人才，坚持依法治教、依法执教，坚持严格管理监督与激励关怀相结合，充分发挥党委（党组）的领导和把关作用，确保党牢牢掌握教师队伍建设的领导权，保证教师队伍建设正确的政治方向。

——强化保障。坚持教育优先发展战略，把教师工作置于教育事业发展的重点支持战略领域，优先谋划教师工作，优先保障教师工作投入，优先满足教师队伍建设需要。

——突出师德。把提高教师思想政治素质和职业道德水平摆在首要位置，把社会主义核心价值观贯穿教书育人全过程，突出全员全方位全过程师德养成，推动教师成为先进思想文化的传播者、党执政的坚定支持者、学生健康成长的指导者。

——深化改革。抓住关键环节，优化顶层设计，推动实践探索，破解发展瓶颈，把管理体制改革与机制创新作为突破口，把提高教师地位待遇作为真招实招，增强教师职业吸引力。

——分类施策。立足我国国情，借鉴国际经验，根据各级各类教师的不同特点和发展实际，考虑区域、城乡、校际差异，采取有针对性的政策举措，定向发力，重视专业发展，培养一批教师；加大资源供给，补充一批教师；创新体制机制，激活一批教师；优化队伍结构，调配一批教师。

4. 目标任务。经过5年左右努力，教师培养培训体系基本健全，职业发展通道比较畅通，事权人权财权相统一的教师管理体制普遍建立，待遇提升保障机制更加完善，教师职业吸引力明显增强。教师队伍规模、结构、素质能力基本满足各级各类教育发展需要。

到2035年，教师综合素质、专业化水平和创新能力大幅提升，培养造就数以百万计的骨干教师、数以十万计的卓越教师、数以万计的教育家型教师。教师管理体制机制科学高效，实现教师队伍治理体系和治理能力现代化。教师主动适应信息化、人工智能等新技术变革，积极有效开展教育教学。尊师重教蔚然成风，广大教师在岗位上有幸福感、事业上有成就感、社会上有荣誉感，教师成为让人羡慕的职业。

二、着力提升思想政治素质，全面加强师德师风建设

5. 加强教师党支部和党员队伍建设。将全面从严治党要求落实到每个教师党支部和教师党员，把党的政治建设摆在首位，用习近平新时代中国特色社会主义思想武装头脑，充分发挥教师党支部教育管理监督党员和宣传引导凝聚师生的战斗堡垒作用，充分发挥党员教师的先锋模范作用。选优配强教师党支部书记，注重选拔党性强、业务精、有威信、肯奉献的优秀党员教师担任教师党支部书记，实施教师党支部书记“双带头人”培育工程，定期开展教师党支部书记轮训。坚持党的组织生活各项制度，创新方式方法，增强党的组织生活活力。健全主题党日活动制度，加强党员教师日常管理监督。推进“两学一做”学习教育常态化制度化，开展“不忘初心、牢记使命”主题教育，引导党员教师增强政治意识、大局意识、核心意识、看齐意识，自觉爱党护党为党，敬业修德，奉献社会，争做“四有”好教师的示范标杆。重视做好在优秀青年教师、海外留学归国教师中发展党员工作。健全把骨干教师培养成党员，把党员教师培养成教学、科研、管理骨干的“双培养”机制。

配齐建强高等学校思想政治工作队伍和党务工作队伍，完善选拔、培养、激励机制，形成一支专职为主、专兼结合、数量充足、素质优良的工作力量。把从事学生思想政治教育计入高等学校思想政治工作兼职教师的工作量，作为职称评审的重要依据，进一步增强开展思想政治工作的积极性和主动性。

6. 提高思想政治素质。加强理想信念教育，深入学习领会习近平新时代中国特色社会主义思想，引导教师树立正确的历史观、民族观、国家观、文化观，坚定中国特色社会主义道路自信、理论自信、制度自信、文化自信。引导教师准确理解和把握社会主义核心价值观的深刻内涵，增强价值判断、选择、塑造能力，带头践行社会主义核心价值观。引导广大教师充分认识中国教育辉煌成就，扎根中国大地，办好中国教育。

加强中华优秀传统文化和革命文化、社会主义先进文化教育，弘扬爱国主义精神，引导广大教师热爱祖国、奉献祖国。创新教师思想政治工作方式方法，开辟思想政治教育新阵地，利用思想政治教育新载体，强化教师社会实践参与，推动教师充分了解党情、国情、社情、民情，增强思想政治工作的针对性和实效性。

要着眼青年教师群体特点，有针对性地加强思想政治教育。落实党的知识分子政策，政治上充分信任，思想上主动引导，工作上创造条件，生活上关心照顾，使思想政治工作接地气、入人心。

7.弘扬高尚师德。健全师德建设长效机制，推动师德建设常态化长效化，创新师德教育，完善师德规范，引导广大教师以德立身、以德立学、以德施教、以德育德，坚持教书与育人相统一、言传与身教相统一、潜心问道与关注社会相统一、学术自由与学术规范相统一，争做“四有”好教师，全心全意做学生锤炼品格、学习知识、创新思维、奉献祖国的引路人。

实施师德师风建设工程。开展教师宣传国家重大题材作品立项，推出一批让人喜闻乐见、能够产生广泛影响、展现教师时代风貌的影视作品和文学作品，发掘师德典型、讲好师德故事，加强引领，注重感召，弘扬楷模，形成强大正能量。注重加强对教师思想政治素质、师德师风等的监察监督，强化师德考评，体现奖优罚劣，推行师德考核负面清单制度，建立教师个人信用记录，完善诚信承诺和失信惩戒机制，着力解决师德失范、学术不端等问题。

三、大力振兴教师教育，不断提升教师专业素质能力

8.加大对师范院校支持力度。实施教师教育振兴行动计划，建立以师范院校为主体、高水平非师范院校参与的中国特色师范教育体系，推进地方政府、高等学校、中小学“三位一体”协同育人。研究制定师范院校建设标准和师范类专业办学标准，重点建设一批师范教育基地，整体提升师范院校和师范专业办学水平。鼓励各地结合实际，适时提高师范专业生均拨款标准，提升师范教育保障水平。切实提高生源质量，对符合相关政策规定的，采取到岗退费或公费培养、定向培养等方式，吸引优秀青年踊跃报考师范院校和师范专业。完善教育部直属师范大学师范生公费教育政策，履约任教服务期调整为6年。改革招生制度，鼓励部分办学条件好、教学质量高院校的师范专业实行提前批次录取或采取入校后二次选拔方式，选拔有志于从教的优秀学生进入师范专业。加强教师教育学科建设。教育硕士、教育博士授予单位及授权点向师范院校倾斜。强化教师教育师资队伍建设，在专业发展、职称晋升和岗位聘用等方面予以倾斜支持。师范院校评估要体现师范教育特色，确保师范院校坚持以师范教育为主业，严控师范院校更名为非师范院校。开展师范类专业认证，确保教师培养质量。

9.支持高水平综合大学开展教师教育。创造条件，推动一批有基础的高水平综合大学成立教师教育学院，设立师范专业，积极参与基础教育、职业教育教师培养培训工作。整合优势学科的学术力量，凝聚高水平的教学团队。发挥专业优势，开设厚基础、宽口径、多样化的教师教育课程。创新教师培养形态，

突出教师教育特色，重点培养教育硕士，适度培养教育博士，造就学科知识扎实、专业能力突出、教育情怀深厚的高素质复合型教师。

10. 全面提高中小学教师质量，建设一支高素质专业化的教师队伍。提高教师培养层次，提升教师培养质量。推进教师培养供给侧结构性改革，为义务教育学校侧重培养素质全面、业务见长的本科层次教师，为高中阶段教育学校侧重培养专业突出、底蕴深厚的研究生层次教师。大力推动研究生层次教师培养，增加教育硕士招生计划，向中西部地区和农村地区倾斜。根据基础教育改革发展需要，以实践为导向优化教师教育课程体系，强化“钢笔字、毛笔字、粉笔字和普通话”等教学基本功和教学技能训练，师范生教育实践不少于半年。加强紧缺薄弱学科教师、特殊教育教师和民族地区双语教师培养。开展中小学教师全员培训，促进教师终身学习和专业发展。转变培训方式，推动信息技术与教师培训的有机融合，实行线上线下相结合的混合式研修。改进培训内容，紧密结合教育教学一线实际，组织高质量培训，使教师静心钻研教学，切实提升教学水平。推行培训自主选学，实行培训学分管理，建立培训学分银行，搭建教师培训与学历教育衔接的“立交桥”。建立健全地方教师发展机构和专业培训者队伍，依托现有资源，结合各地实际，逐步推进县级教师发展机构建设与改革，实现培训、教研、电教、科研部门有机整合。继续实施教师国培计划。鼓励教师海外研修访学。加强中小学校长队伍建设，努力造就一支政治过硬、品德高尚、业务精湛、治校有方的校长队伍。面向全体中小学校长，加大培训力度，提升校长办学治校能力，打造高品质学校。实施校长国培计划，重点开展乡村中小学骨干校长培训和名校长研修。支持教师和校长大胆探索，创新教育思想、教育模式、教育方法，形成教学特色和办学风格，营造教育家脱颖而出的制度环境。

11. 全面提高幼儿园教师质量，建设一支高素质善保教的教师队伍。办好一批幼儿师范专科学校和若干所幼儿师范学院，支持师范院校设立学前教育专业，培养热爱学前教育事业，幼儿为本、才艺兼备、擅长保教的高水平幼儿园教师。创新幼儿园教师培养模式，前移培养起点，大力培养初中毕业起点的五年制专科层次幼儿园教师。优化幼儿园教师培养课程体系，突出保教融合，科学开设儿童发展、保育活动、教育活动类课程，强化实践性课程，培养学前教育师范生综合能力。

建立幼儿园教师全员培训制度，切实提升幼儿园教师科学保教能力。加大幼儿园园长、乡村幼儿园教师、普惠性民办幼儿园教师的培训力度。创新幼儿园教师培训模式，依托高等学校和优质幼儿园，重点采取集中培训与跟岗实践相结合的方式培训幼儿园教师。鼓励师范院校与幼儿园协同建立幼儿园教师培养培训基地。

12. 全面提高职业院校教师质量，建设一支高素质双师型的教师队伍。继续实施职业院校教师素质提高计划，引领带动各地建立一支技艺精湛、专兼结合的双师型教师队伍。加强职业技术师范院校建设，支持高水平学校和大中型企业共建双师型教师培养培训基地，建立高等学校、行业企业联合培养双师型教师的机制。切实推进职业院校教师定期到企业实践，不断提升实践教学能力。建立企业经营管理者、技术能手与职业院校管理者、骨干教师相互兼职制度。

13. 全面提高高等学校教师质量，建设一支高素质创新型的教师队伍。着力提高教师专业能力，推进高等教育内涵式发展。搭建校级教师发展平台，组织研修活动，开展教学研究与指导，推进教学改革与创新。加强院系教研室等学习共同体建设，建立完善传帮带机制。全面开展高等学校教师教学能力提升培训，重点面向新入职教师和青年教师，为高等学校培养人才培育生力军。重视各级各类学校辅导员专业发展。结合"一带一路"建设和人文交流机制，有序推动国内外教师双向交流。支持孔子学院教师、援外教师成长发展。服务创新型国家和人才强国建设、世界一流大学和一流学科建设，实施好千人计划、万人计划、长江学者奖励计划等重大人才项目，着力打造创新团队，培养引进一批具有国际影响力的学科领军人才和青年学术英才。加强高端智库建设，依托人文社会科学重点研究基地等，汇聚培养一大批哲学社会科学名家名师。高等学校高层次人才遴选和培育中要突出教书育人，让科学家同时成为教育家。

四、深化教师管理综合改革，切实理顺体制机制

14. 创新和规范中小学教师编制配备。适应加快推进教育现代化的紧迫需求和城乡教育一体化发展改革的新形势，充分考虑新型城镇化、全面二孩政策及高考改革等带来的新情况，根据教育发展需要，在现有编制总量内，统筹考虑、合理核定教职工编制，盘活事业编制存量，优化编制结构，向教师队伍倾斜，采取多种形式增加教师总量，优先保障教育发展需要。落实城乡统一的中小学教职工编制标准，有条件的地方出台公办幼儿园人员配备规范、特殊教育学校教职工编制标准。创新编制管理，加大教职工编制统筹配置和跨区域调整力度，省级统筹、市域调剂、以县为主，动态调配。编制向乡村小规模学校倾斜，按照班师比与生师比相结合的方式核定。加强和规范中小学教职工编制管理，严禁挤占、挪用、截留编制和有编不补。实行教师编制配备和购买工勤服务相结合，满足教育快速发展需求。

15. 优化义务教育教师资源配置。实行义务教育教师"县管校聘"。深入推进县域内义务教育学校教师、校长交流轮岗，实行教师聘期制、校长任期制管理，推动城镇优秀教师、校长向乡村学校、薄弱学校流动。实行学区（乡镇）内走教制度，地方政府可根据实际给予相应补贴。逐步扩大农村教师特岗计划实施

规模，适时提高特岗教师工资性补助标准。鼓励优秀特岗教师攻读教育硕士。鼓励地方政府和相关院校因地制宜采取定向招生、定向培养、定期服务等方式，为乡村学校及教学点培养“一专多能”教师，优先满足老少边穷地区教师补充需要。实施银龄讲学计划，鼓励支持乐于奉献、身体健康的退休优秀教师到乡村和基层学校支教讲学。

16. 完善中小学教师准入和招聘制度。完善教师资格考试政策，逐步将修习教师教育课程、参加教育教学实践作为认定教育教学能力、取得教师资格的必备条件。新入职教师必须取得教师资格。严格教师准入，提高入职标准，重视思想政治素质和业务能力，根据教育行业特点，分区域规划，分类别指导，结合实际，逐步将幼儿园教师学历提升至专科，小学教师学历提升至师范专业专科和非师范专业本科，初中教师学历提升至本科，有条件的地方将普通高中教师学历提升至研究生。建立符合教育行业特点的中小学、幼儿园教师招聘办法，遴选乐教适教善教的优秀人才进入教师队伍。按照中小学校领导人员管理暂行办法，明确任职条件和资格，规范选拔任用工作，激发办学治校活力。

17. 深化中小学教师职称和考核评价制度改革。适当提高中小学中级、高级教师岗位比例，畅通教师职业发展通道。完善符合中小学特点的岗位管理制度，实现职称与教师聘用衔接。将中小学教师到乡村学校、薄弱学校任教1年以上的经历作为申报高级教师职称和特级教师的必要条件。推行中小学校长职级制改革，拓展职业发展空间，促进校长队伍专业化建设。进一步完善职称评价标准，建立符合中小学教师岗位特点的考核评价指标体系，坚持德才兼备、全面考核，突出教育教学实绩，引导教师潜心教书育人。加强聘后管理，激发教师的工作活力。完善相关政策，防止形式主义的考核检查干扰正常教学。不简单用升学率、学生考试成绩等评价教师。实行定期注册制度，建立完善教师退出机制，提升教师队伍整体活力。加强中小学校长考核评价，督促提高素质能力，完善优胜劣汰机制。

18. 健全职业院校教师管理制度。根据职业教育特点，有条件的地方研究制定中等职业学校人员配备规范。完善职业院校教师资格标准，探索将行业企业从业经历作为认定教育教学能力、取得专业课教师资格的必要条件。落实职业院校用人自主权，完善教师招聘办法。推动固定岗和流动岗相结合的职业院校教师人事管理制度改革。支持职业院校专设流动岗位，适应产业发展和参与全球产业竞争需求，大力引进行业企业一流人才，吸引具有创新实践经验的企业家、高科技人才、高技能人才等兼职任教。完善职业院校教师考核评价制度，双师型教师考核评价要充分体现技能水平和专业教学能力。

19. 深化高等学校教师人事制度改革。积极探索实行高等学校人员总量管理。严把高等学校教师选聘入口关，实行思想政治素质和业务能力双重考察。严格教师职业准入，将新入职教师岗前培训和教育实习作为认定教育教学能力、取得高等学校教师资格的必备条件。适应人才培养结构调整需要，优化高等学校教师结构，鼓励高等学校加大聘用具有其他学校学习工作和行业企业工作经历教师的力度。配合外国人永久居留制度改革，健全外籍教师资格认证、服务管理等制度。帮助高等学校青年教师解决住房等困难。推动高等学校教师职称制度改革，将评审权直接下放至高等学校，由高等学校自主组织职称评审、自主评价、按岗聘任。条件不具备、尚不能独立组织评审的高等学校，可采取联合评审的方式。推行高等学校教师职务聘任制改革，加强聘期考核，准聘与长聘相结合，做到能上能下、能进能出。教育、人力资源社会保障等部门要加强职称评聘事中事后监管。深入推进高等学校教师考核评价制度改革，突出教育教学业绩和师德考核，将教授为本科生上课作为基本制度。坚持正确导向，规范高层次人才合理有序流动。

五、不断提高地位待遇，真正让教师成为令人羡慕的职业

20. 明确教师的特别重要地位。突显教师职业的公共属性，强化教师承担的国家使命和公共教育服务的职责，确立公办中小学教师作为国家公职人员特殊的法律地位，明确中小学教师的权利和义务，强化保障和管理。各级党委和政府要切实负起中小学教师保障责任，提升教师的政治地位、社会地位、职业地位，吸引和稳定优秀人才从教。公办中小学教师要切实履行作为国家公职人员的义务，强化国家责任、政治责任、社会责任和教育责任。

21. 完善中小学教师待遇保障机制。健全中小学教师工资长效联动机制，核定绩效工资总量时统筹考虑当地公务员实际收入水平，确保中小学教师平均工资收入水平不低于或高于当地公务员平均工资收入水平。完善教师收入分配激励机制，有效体现教师工作量和工作绩效，绩效工资分配向班主任和特殊教育教师倾斜。实行中小学校长职级制的地区，根据实际实施相应的校长收入分配办法。

22. 大力提升乡村教师待遇。深入实施乡村教师支持计划，关心乡村教师生活。认真落实艰苦边远地区津贴等政策，全面落实集中连片特困地区乡村教师生活补助政策，依据学校艰苦边远程度实行差别化补助，鼓励有条件的地方提高补助标准，努力惠及更多乡村教师。加强乡村教师周转宿舍建设，按规定将符合条件的教师纳入当地住房保障范围，让乡村教师住有所居。拿出务实举措，帮助乡村青年教师解决困难，关心乡村青年教师工作生活，巩固乡村青年教师队伍。在培训、职称评聘、表彰奖励等方面向乡村青年教师倾斜，优化乡村青

年教师发展环境，加快乡村青年教师成长步伐。为乡村教师配备相应设施，丰富精神文化生活。

23. 维护民办学校教师权益。完善学校、个人、政府合理分担的民办学校教师社会保障机制，民办学校应与教师依法签订合同，按时足额支付工资，保障其福利待遇和其他合法权益，并为教师足额缴纳社会保险费和住房公积金。依法保障和落实民办学校教师在业务培训、职务聘任、教龄和工龄计算、表彰奖励、科研立项等方面享有与公办学校教师同等权利。

24. 推进高等学校教师薪酬制度改革。建立体现以增加知识价值为导向的收入分配机制，扩大高等学校收入分配自主权，高等学校在核定的绩效工资总量内自主确定收入分配办法。高等学校教师依法取得的科技成果转化奖励收入，不纳入本单位工资总额基数。完善适应高等学校教学岗位特点的内部激励机制，对专职从事教学的人员，适当提高基础性绩效工资在绩效工资中的比重，加大对教学型名师的岗位激励力度。

25. 提升教师社会地位。加大教师表彰力度。大力宣传教师中的“时代楷模”和“最美教师”。开展国家级教学名师、国家级教学成果奖评选表彰，重点奖励贡献突出的教学一线教师。做好特级教师评选，发挥引领作用。做好乡村学校从教30年教师荣誉证书颁发工作。各地要按照国家有关规定，因地制宜开展多种形式的教师表彰奖励活动，并落实相关优待政策。鼓励社会团体、企事业单位、民间组织对教师出资奖励，开展尊师活动，营造尊师重教良好社会风尚。

建设现代学校制度，体现以人为本，突出教师主体地位，落实教师知情权、参与权、表达权、监督权。建立健全教职工代表大会制度，保障教师参与学校决策的民主权利。推行中国特色大学章程，坚持和完善党委领导下的校长负责制，充分发挥教师在高等学校办学治校中的作用。维护教师职业尊严和合法权益，关心教师身心健康，克服职业倦怠，激发工作热情。

六、切实加强党的领导，全力确保政策举措落地见效

26. 强化组织保障。各级党委和政府要满腔热情关心教师，充分信任、紧紧依靠广大教师。要切实加强领导，实行一把手负责制，紧扣广大教师最关心、最直接、最现实的重大问题，找准教师队伍建设的突破口和着力点，坚持发展抓公平、改革抓机制、整体抓质量、安全抓责任、保证抓党建，把教师工作记在心里、扛在肩上、抓在手中，摆上重要议事日程，细化分工，确定路线图、任务书、时间表和责任人。主要负责同志和相关责任人要切实做到实事求是、求真务实，善始善终、善作善成，把准方向、敢于担当，亲力亲为、抓实工作。各省、自治区、直辖市党委常委会每年至少研究一次教师队伍建设工作。建立教师工作联席会议制度，解决教师队伍建设重大问题。相关部门要制定切实提

高教师待遇的具体措施。研究修订教师法。统筹现有资源，壮大全国教师工作力量，培育一批专业机构，专门研究教师队伍建设重大问题，为重大决策提供支撑。

27. 强化经费保障。各级政府要将教师队伍建设作为教育投入重点予以优先保障，完善支出保障机制，确保党和国家关于教师队伍建设重大决策部署落实到位。优化经费投入结构，优先支持教师队伍建设最薄弱、最紧迫的领域，重点用于按规定提高教师待遇保障、提升教师专业素质能力。加大师范教育投入力度。健全以政府投入为主、多渠道筹集教育经费的体制，充分调动社会力量投入教师队伍建设的积极性。制定严格的经费监管制度，规范经费使用，确保资金使用效益。各级党委和政府要将教师队伍建设列入督查督导工作重点内容，并将结果作为党政领导班子和有关领导干部综合考核评价、奖惩任免的重要参考，确保各项政策措施全面落实到位，真正取得实效。

5.1.1.2　关于分类推进人才评价机制改革的指导意见

2018年2月，中共中央办公厅、国务院办公厅以中办发〔2018〕6号文印发了《关于分类推进人才评价机制改革的指导意见》，并发出通知，要求各地区各部门结合实际认真贯彻落实。《关于分类推进人才评价机制改革的指导意见》全文如下：

人才评价是人才发展体制机制的重要组成部分，是人才资源开发管理和使用的前提。建立科学的人才分类评价机制，对于树立正确用人导向、激励引导人才职业发展、调动人才创新创业积极性、加快建设人才强国具有重要作用。当前，我国人才评价机制仍存在分类评价不足、评价标准单一、评价手段趋同、评价社会化程度不高、用人主体自主权落实不够等突出问题，亟须通过深化改革加以解决。为深入贯彻落实《中共中央印发〈关于深化人才发展体制机制改革的意见〉的通知》，创新人才评价机制，发挥人才评价指挥棒作用，现就分类推进人才评价机制改革提出如下意见。

一、总体要求和基本原则

（一）总体要求。全面贯彻党的十九大精神，以习近平新时代中国特色社会主义思想为指导，认真落实党中央、国务院决策部署，按照统筹推进“五位一体”总体布局和协调推进“四个全面”战略布局要求，落实新发展理念，围绕实施人才强国战略和创新驱动发展战略，以科学分类为基础，以激发人才创新创业活力为目的，加快形成导向明确、精准科学、规范有序、竞争择优的科学化社会化市场化人才评价机制，建立与中国特色社会主义制度相适应的人才评价制度，努力形成人人渴望成才、人人努力成才、人人皆可成才、人人尽展其才的良好局面，使优秀人才脱颖而出。

（二）基本原则

——坚持党管人才原则。充分发挥党的思想政治优势、组织优势、密切联系群众优势，进一步加强党对人才评价工作的领导，将改革完善人才评价机制作为人才工作的重要内容，在全社会大兴识才爱才敬才用才容才聚才之风，把各方面优秀人才集聚到党和人民的伟大奋斗中来。

——坚持服务发展。围绕经济社会发展和人才发展需求，充分发挥人才评价正向激励作用，推动多出人才、出好人才，最大限度地激发和释放人才创新创业活力，促进人才发展与经济社会发展深度融合。

——坚持科学公正。遵循人才成长规律，突出品德、能力和业绩评价导向，分类建立体现不同职业、不同岗位、不同层次人才特点的评价机制，科学客观公正评价人才，让各类人才价值得到充分尊重和体现。

——坚持改革创新。围绕用好用活人才，着力破除思想障碍和制度藩篱，加快转变政府职能，保障落实用人主体自主权，发挥政府、市场、专业组织、用人单位等多元评价主体作用，营造有利于人才成长和发挥作用的评价制度环境。

二、分类健全人才评价标准

（三）实行分类评价。以职业属性和岗位要求为基础，健全科学的人才分类评价体系。根据不同职业、不同岗位、不同层次人才特点和职责，坚持共通性与特殊性、水平业绩与发展潜力、定性与定量评价相结合，分类建立健全涵盖品德、知识、能力、业绩和贡献等要素，科学合理、各有侧重的人才评价标准。加快新兴职业领域人才评价标准开发工作。建立评价标准动态更新调整机制。

（四）突出品德评价。坚持德才兼备，把品德作为人才评价的首要内容，加强对人才科学精神、职业道德、从业操守等评价考核，倡导诚实守信，强化社会责任，抵制心浮气躁、急功近利等不良风气，从严治理弄虚作假和学术不端行为。完善人才评价诚信体系，建立诚信守诺、失信行为记录和惩戒制度。探索建立基于道德操守和诚信情况的评价退出机制。

（五）科学设置评价标准。坚持凭能力、实绩、贡献评价人才，克服唯学历、唯资历、唯论文等倾向，注重考察各类人才的专业性、创新性和履责绩效、创新成果、实际贡献。着力解决评价标准“一刀切”问题，合理设置和使用论文、专著、影响因子等评价指标，实行差别化评价，鼓励人才在不同领域、不同岗位作出贡献、追求卓越。

三、改进和创新人才评价方式

（六）创新多元评价方式。按照社会和业内认可的要求，建立以同行评价为基础的业内评价机制，注重引入市场评价和社会评价，发挥多元评价主体作用。

基础研究人才以同行学术评价为主，加强国际同行评价。应用研究和技术开发人才突出市场评价，由用户、市场和专家等相关第三方评价。哲学社会科学人才评价重在同行认可和社会效益。丰富评价手段，科学灵活采用考试、评审、考评结合、考核认定、个人述职、面试答辩、实践操作、业绩展示等不同方式，提高评价的针对性和精准性。

（七）科学设置人才评价周期。遵循不同类型人才成长发展规律，科学合理设置评价考核周期，注重过程评价和结果评价、短期评价和长期评价相结合，克服评价考核过于频繁的倾向。探索实施聘期评价制度。突出中长期目标导向，适当延长基础研究人才、青年人才等评价考核周期，鼓励持续研究和长期积累。

（八）畅通人才评价渠道。进一步打破户籍、地域、所有制、身份、人事关系等限制，依托具备条件的行业协会、专业学会、公共人才服务机构等，畅通非公有制经济组织、社会组织和新兴职业等领域人才申报评价渠道。对引进的海外高层次人才和急需紧缺人才，建立评价绿色通道。完善外籍人才、港澳台人才申报评价办法。

（九）促进人才评价和项目评审、机构评估有机衔接。按照既出成果、又出人才的要求，在各类工程项目、科技计划、机构平台等评审评估中加强人才评价，完善在重大科研、工程项目实施、急难险重工作中评价、识别人才机制。深入推进项目评审、人才评价、机构评估改革，树立正确评价导向，进一步精简整合、取消下放、优化布局评审事项，简化评审环节，改进评审方式，减轻人才负担。避免简单通过各类人才计划头衔评价人才。加强评价结果共享，避免多头、频繁、重复评价人才。

四、加快推进重点领域人才评价改革

（十）改革科技人才评价制度。围绕建设创新型国家和世界科技强国目标，结合科技体制改革，建立健全以科研诚信为基础，以创新能力、质量、贡献、绩效为导向的科技人才评价体系。对主要从事基础研究的人才，着重评价其提出和解决重大科学问题的原创能力、成果的科学价值、学术水平和影响等。对主要从事应用研究和技术开发的人才，着重评价其技术创新与集成能力、取得的自主知识产权和重大技术突破、成果转化、对产业发展的实际贡献等。对从事社会公益研究、科技管理服务和实验技术的人才，重在评价考核工作绩效，引导其提高服务水平和技术支持能力。

实行代表性成果评价，突出评价研究成果质量、原创价值和对经济社会发展实际贡献。改变片面将论文、专利、项目、经费数量等与科技人才评价直接挂钩的做法，建立并实施有利于科技人才潜心研究和创新的评价制度。

注重个人评价与团队评价相结合。适应科技协同创新和跨学科、跨领域发展等特点，进一步完善科技创新团队评价办法，实行以合作解决重大科技问题为重点的整体性评价。对创新团队负责人以把握研究发展方向、学术造诣水平、组织协调和团队建设等为评价重点。尊重认可团队所有参与者的实际贡献，杜绝无实质贡献的虚假挂名。

（十一）科学评价哲学社会科学和文化艺术人才。坚持马克思主义指导地位、为人民做学问的研究立场、以人民为中心的创作导向，注重政治标准和学术标准、继承性和民族性、原创性和时代性、系统性和专业性相统一，建立健全中国特色的哲学社会科学和文化艺术人才评价体系，推进中国特色哲学社会科学学科体系、学术体系、话语体系建设，推出更多无愧于民族、无愧于时代的文艺精品。

根据人文科学、社会科学、文化艺术等不同学科领域，理论研究、应用对策研究、艺术表演创作等不同类型，对其人才实行分类评价。对主要从事理论研究的人才，重点评价其在推动理论创新、传承文明、学科建设等方面的能力贡献。对主要从事应用对策研究的人才，重点评价其围绕统筹推进"五位一体"总体布局和协调推进"四个全面"战略布局，为党和政府决策提供服务支撑的能力业绩。对主要从事艺术表演创作的人才，重点评价其在艺术表演、作品创作、满足人民精神文化需求等方面的能力业绩。突出成果的研究质量、内容创新和社会效益，推行理论文章、决策咨询研究报告、建言献策成果、优秀网络文章、艺术创作作品等与论文、专著等效评价。

（十二）健全教育人才评价体系。坚持立德树人，把教书育人作为教育人才评价的核心内容。深化高校教师评价制度改革，坚持社会主义办学方向，坚持思想政治素质和业务能力双重考察、全面考核和突出重点相结合，注重对师德师风、教育教学、科学研究、社会服务、专业发展的综合评价。坚持分类指导和分层次评价相结合，根据不同类型高校、不同岗位教师的职责特点，分类分层次分学科设置评价内容和评价方式。突出教育教学业绩评价，将人才培养中心任务落到实处，要求所有教师都必须承担教育教学工作，建立健全教学工作量评价标准，落实教授为本专科生授课制度，加强教学质量和课堂教学纪律考核。

适应现代职业教育发展需要，按照兼备专业理论知识和技能操作实践能力的要求，完善职业院校（含技工院校）"双师型"教师评价标准，吸纳行业、企业作为评价参与主体，重点评价其职业素养、专业教学能力和生产一线实践经验。

适应中小学素质教育和课程改革新要求，建立充分体现中小学教师岗位特点的评价标准，重点评价其教育教学方法、教书育人工作业绩和一线实践经历。严禁简单用学生升学率和考试成绩评价中小学教师。

（十三）改进医疗卫生人才评价制度。强化医疗卫生人才临床实践能力评价，完善涵盖医德医风、临床实践、科研带教、公共卫生服务等要素的评价指标体系，合理确定不同医疗卫生机构、不同专业岗位人才评价重点。对主要从事临床工作的人才，重点考察其临床医疗医技水平、实践操作能力和工作业绩，引入临床病历、诊治方案等作为评价依据。对主要从事科研工作的人才，重点考察其创新能力业绩，突出创新成果的转化应用能力。对主要从事疾病预防控制等的公共卫生人才，重点考察其流行病学调查、传染病疫情和突发公共卫生事件处置、疾病及危害因素监测与评价等能力。

建立符合全科医生岗位特点的评价机制，考核其掌握全科医学基本理论知识、常见病多发病诊疗、预防保健和提供基本公共卫生服务的能力，将签约居民数量、接诊量、服务质量、群众满意度作为重要评价因素。

按照强基层、保基本及分级诊疗要求，建立更加注重临床水平、服务质量、工作业绩的基层医疗卫生人才评价机制，鼓励医疗卫生人才服务基层，更好满足基层人民群众健康需求。

（十四）创新技术技能人才评价制度。适应工程技术专业化、标准化程度高、通用性强等特点，分专业领域建立健全工程技术人才评价标准，着力解决评价标准过于追求学术化问题，重点评价其掌握必备专业理论知识和解决工程技术难题、技术创造发明、技术推广应用、工程项目设计、工艺流程标准开发等实际能力和业绩。探索推动工程师国际互认，提高工程教育质量和工程技术人才职业化、国际化水平。

健全以职业能力为导向、以工作业绩为重点、注重职业道德和知识水平的技能人才评价体系。加快构建国家职业标准、行业企业工种岗位要求、专项职业能力考核规范等多层次职业标准。完善职业资格评价、职业技能等级认定、专项职业能力考核等多元化评价方式，做好评价结果有机衔接。坚持职业标准和岗位要求、职业能力考核和工作业绩评价、专业评价和企业认可相结合的原则，对技术技能型人才突出实际操作能力和解决关键生产技术难题要求，对知识技能型人才突出掌握运用理论知识指导生产实践、创造性开展工作要求，对复合技能型人才突出掌握多项技能、从事多工种多岗位复杂工作要求，引导鼓励技能人才培育精益求精的工匠精神。

（十五）完善面向企业、基层一线和青年人才的评价机制。建立与产业发展需求、经济结构相适应的企业人才评价机制，突出创新创业实践能力，推动企业自主创新能力提升。对业绩贡献突出的优秀企业家、经营管理人才、高层次创新创业人才，可放宽学历、资历、年限等申报条件。健全以市场和出资人认可为重要标准的企业经营管理人才评价体系，突出对经营业绩和综合素质的考核。建立社会化的职业经理人评价制度。

创新基层人才评价激励机制。对长期在基层一线和艰苦边远地区工作的人才，加大爱岗敬业表现、实际工作业绩、工作年限等评价权重，着力拓展基层人才职业发展空间。健全以职业农民为主体的农村实用人才评价制度，完善教育培训、认定评价管理、政策扶持“三位一体”的制度体系。完善社会工作专业人才职业水平评价制度，加强社会工作者职业化管理与激励保障，提升社会治理和社会服务现代化水平。

完善青年人才评价激励措施。破除论资排辈、重显绩不重潜力等陈旧观念，重点遴选支持一批有较大发展潜力、有真才实学、堪当重任的优秀青年人才。加大各类科技、教育、人才工程项目对青年人才支持力度，鼓励设立青年专项，促进优秀青年人才脱颖而出。探索建立优秀青年人才举荐制度。

五、健全完善人才评价管理服务制度

（十六）保障和落实用人单位自主权。尊重用人单位主导作用，支持用人单位结合自身功能定位和发展方向评价人才，促进人才评价与培养、使用、激励等相衔接。合理界定和下放人才评价权限，推动具备条件的高校、科研院所、医院、文化机构、大型企业、国家实验室、新型研发机构及其他人才智力密集单位自主开展评价聘用（任）工作。防止人才评价行政化、“官本位”倾向，充分发挥学术委员会等作用。对开展自主评价的单位，人才管理部门不再进行资格审批，通过完善信用机制、第三方评估、检查抽查等方式加强事中事后监管。

（十七）健全市场化、社会化的管理服务体系。进一步明确政府、市场、用人主体在人才评价中的职能定位，建立权责清晰、管理科学、协调高效的人才评价管理体制。推动人才管理部门转变职能、简政放权，强化政府人才评价宏观管理、政策法规制定、公共服务、监督保障等职能，减少审批事项和微观管理。发挥市场、社会等多元评价主体作用，积极培育发展各类人才评价社会组织和专业机构，逐步有序承接政府转移的人才评价职能。建立人才评价机构综合评估、动态调整机制。

（十八）优化公平公正的评价环境。加强人才评价法治建设，健全完善规章制度，提高评价质量和公信力，维护人才合法权益。严格规范评价程序，建立健全申报、审核、公示、反馈、申诉、巡查、举报、回溯等制度。加强评价专家数据库建设和资源共享，建立随机、回避、轮换的专家遴选机制，优化专家来源和结构，强化业内代表性。建立评价专家责任和信誉制度，实施退出和问责机制。强化人才评价综合治理，依法清理规范各类人才评价活动和发证、收费等事项，加强考试环境治理，落实考试安全主体责任。加强人才评价文化建设，提倡开展平等包容的学术批评、学术争论，保障不同学术观点的充分讨论，营造求真务实、鼓励创新、宽容失败的评价氛围和环境。

各地区各部门要坚持党管人才原则，切实加强党委和政府对改革完善人才评价机制的统一领导，党委组织部门要牵头抓总，有关部门要各司其职、密切配合，发挥社会力量重要作用，认真抓好组织落实。要深入调查研究，结合实际制定具体实施方案，加强分类指导，强化督促检查，确保改革任务落地见效。军队可根据本意见，结合实际建立健全军队人才评价机制。要坚持分类推进、先行试点、稳步实施，及时研究解决改革中遇到的新情况新问题。要加强政策解读和舆论引导，积极回应社会关切，为分类推进人才评价机制改革营造良好氛围。

5.1.1.3　关于进一步加强科研诚信建设的若干意见

2018年5月，中共中央办公厅、国务院办公厅印发了《关于进一步加强科研诚信建设的若干意见》，并发出通知，要求各地区各部门结合实际认真贯彻落实。《关于进一步加强科研诚信建设的若干意见》全文如下：

科研诚信是科技创新的基石。近年来，我国科研诚信建设在工作机制、制度规范、教育引导、监督惩戒等方面取得了显著成效，但整体上仍存在短板和薄弱环节，违背科研诚信要求的行为时有发生。为全面贯彻党的十九大精神，培育和践行社会主义核心价值观，弘扬科学精神，倡导创新文化，加快建设创新型国家，现就进一步加强科研诚信建设、营造诚实守信的良好科研环境提出以下意见。

一、总体要求

（一）指导思想。全面贯彻党的十九大和十九届二中、三中全会精神，以习近平新时代中国特色社会主义思想为指导，落实党中央、国务院关于社会信用体系建设的总体要求，以优化科技创新环境为目标，以推进科研诚信建设制度化为重点，以健全完善科研诚信工作机制为保障，坚持预防与惩治并举，坚持自律与监督并重，坚持无禁区、全覆盖、零容忍，严肃查处违背科研诚信要求的行为，着力打造共建共享共治的科研诚信建设新格局，营造诚实守信、追求真理、崇尚创新、鼓励探索、勇攀高峰的良好氛围，为建设世界科技强国奠定坚实的社会文化基础。

（二）基本原则

——明确责任，协调有序。加强顶层设计、统筹协调，明确科研诚信建设各主体职责，加强部门沟通、协同、联动，形成全社会推进科研诚信建设合力。

——系统推进，重点突破。构建符合科研规律、适应建设世界科技强国要求的科研诚信体系。坚持问题导向，重点在实践养成、调查处理等方面实现突破，在提高诚信意识、优化科研环境等方面取得实效。

——激励创新，宽容失败。充分尊重科学研究灵感瞬间性、方式多样性、路径不确定性的特点，重视科研试错探索的价值，建立鼓励创新、宽容失败的容错纠错机制，形成敢为人先、勇于探索的科研氛围。

——坚守底线，终身追责。综合采取教育引导、合同约定、社会监督等多种方式，营造坚守底线、严格自律的制度环境和社会氛围，让守信者一路绿灯，失信者处处受限。坚持零容忍，强化责任追究，对严重违背科研诚信要求的行为依法依规终身追责。

（三）主要目标。在各方共同努力下，科学规范、激励有效、惩处有力的科研诚信制度规则健全完备，职责清晰、协调有序、监管到位的科研诚信工作机制有效运行，覆盖全面、共享联动、动态管理的科研诚信信息系统建立完善，广大科研人员的诚信意识显著增强，弘扬科学精神、恪守诚信规范成为科技界的共同理念和自觉行动，全社会的诚信基础和创新生态持续巩固发展，为建设创新型国家和世界科技强国奠定坚实基础，为把我国建成富强民主文明和谐美丽的社会主义现代化强国提供重要支撑。

二、完善科研诚信管理工作机制和责任体系

（四）建立健全职责明确、高效协同的科研诚信管理体系。科技部、中国社科院分别负责自然科学领域和哲学社会科学领域科研诚信工作的统筹协调和宏观指导。地方各级政府和相关行业主管部门要积极采取措施加强本地区本系统的科研诚信建设，充实工作力量，强化工作保障。科技计划管理部门要加强科技计划的科研诚信管理，建立健全以诚信为基础的科技计划监管机制，将科研诚信要求融入科技计划管理全过程。教育、卫生健康、新闻出版等部门要明确要求教育、医疗、学术期刊出版等单位完善内控制度，加强科研诚信建设。中国科学院、中国工程院、中国科协要强化对院士的科研诚信要求和监督管理，加强院士推荐（提名）的诚信审核。

（五）从事科研活动及参与科技管理服务的各类机构要切实履行科研诚信建设的主体责任。从事科研活动的各类企业、事业单位、社会组织等是科研诚信建设第一责任主体，要对加强科研诚信建设作出具体安排，将科研诚信工作纳入常态化管理。通过单位章程、员工行为规范、岗位说明书等内部规章制度及聘用合同，对本单位员工遵守科研诚信要求及责任追究作出明确规定或约定。

科研机构、高等学校要通过单位章程或制定学术委员会章程，对学术委员会科研诚信工作任务、职责权限作出明确规定，并在工作经费、办事机构、专职人员等方面提供必要保障。学术委员会要认真履行科研诚信建设职责，切实发挥审议、评定、受理、调查、监督、咨询等作用，对违背科研诚信要求的行为，发现一起，查处一起。学术委员会要组织开展或委托基层学术组织、第三方机构对本单位科研人员的重要学术论文等科研成果进行全覆盖核查，核查工作应以3－5年为周期持续开展。

科技计划（专项、基金等）项目管理专业机构要严格按照科研诚信要求，加强立项评审、项目管理、验收评估等科技计划全过程和项目承担单位、评审专家等科技计划各类主体的科研诚信管理，对违背科研诚信要求的行为要严肃查处。

从事科技评估、科技咨询、科技成果转化、科技企业孵化和科研经费审计等的科技中介服务机构要严格遵守行业规范，强化诚信管理，自觉接受监督。

（六）学会、协会、研究会等社会团体要发挥自律自净功能。学会、协会、研究会等社会团体要主动发挥作用，在各自领域积极开展科研活动行为规范制定、诚信教育引导、诚信案件调查认定、科研诚信理论研究等工作，实现自我规范、自我管理、自我净化。

（七）从事科研活动和参与科技管理服务的各类人员要坚守底线、严格自律。科研人员要恪守科学道德准则，遵守科研活动规范，践行科研诚信要求，不得抄袭、剽窃他人科研成果或者伪造、篡改研究数据、研究结论；不得购买、代写、代投论文，虚构同行评议专家及评议意见；不得违反论文署名规范，擅自标注或虚假标注获得科技计划（专项、基金等）等资助；不得弄虚作假，骗取科技计划（专项、基金等）项目、科研经费以及奖励、荣誉等；不得有其他违背科研诚信要求的行为。

项目（课题）负责人、研究生导师等要充分发挥言传身教作用，加强对项目（课题）成员、学生的科研诚信管理，对重要论文等科研成果的署名、研究数据真实性、实验可重复性等进行诚信审核和学术把关。院士等杰出高级专家要在科研诚信建设中发挥示范带动作用，做遵守科研道德的模范和表率。

评审专家、咨询专家、评估人员、经费审计人员等要忠于职守，严格遵守科研诚信要求和职业道德，按照有关规定、程序和办法，实事求是，独立、客观、公正开展工作，为科技管理决策提供负责任、高质量的咨询评审意见。科技管理人员要正确履行管理、指导、监督职责，全面落实科研诚信要求。

三、加强科研活动全流程诚信管理

（八）加强科技计划全过程的科研诚信管理。科技计划管理部门要修改完善各级各类科技计划项目管理制度，将科研诚信建设要求落实到项目指南、立项评审、过程管理、结题验收和监督评估等科技计划管理全过程。要在各类科研合同（任务书、协议等）中约定科研诚信义务和违约责任追究条款，加强科研诚信合同管理。完善科技计划监督检查机制，加强对相关责任主体科研诚信履责情况的经常性检查。

（九）全面实施科研诚信承诺制。相关行业主管部门、项目管理专业机构等要在科技计划项目、创新基地、院士增选、科技奖励、重大人才工程等工作中实施科研诚信承诺制度，要求从事推荐（提名）、申报、评审、评估等工作的相关人员签署科研诚信承诺书，明确承诺事项和违背承诺的处理要求。

（十）强化科研诚信审核。科技计划管理部门、项目管理专业机构要对科技计划项目申请人开展科研诚信审核，将具备良好的科研诚信状况作为参与各类科技计划的必备条件。对严重违背科研诚信要求的责任者，实行“一票否决”。相关行业主管部门要将科研诚信审核作为院士增选、科技奖励、职称评定、学位授予等工作的必经程序。

（十一）建立健全学术论文等科研成果管理制度。科技计划管理部门、项目管理专业机构要加强对科技计划成果质量、效益、影响的评估。从事科学研究活动的企业、事业单位、社会组织等应加强科研成果管理，建立学术论文发表诚信承诺制度、科研过程可追溯制度、科研成果检查和报告制度等成果管理制度。学术论文等科研成果存在违背科研诚信要求情形的，应对相应责任人严肃处理并要求其采取撤回论文等措施，消除不良影响。

（十二）着力深化科研评价制度改革。推进项目评审、人才评价、机构评估改革，建立以科技创新质量、贡献、绩效为导向的分类评价制度，将科研诚信状况作为各类评价的重要指标，提倡严谨治学，反对急功近利。坚持分类评价，突出品德、能力、业绩导向，注重标志性成果质量、贡献、影响，推行代表作评价制度，不把论文、专利、荣誉性头衔、承担项目、获奖等情况作为限制性条件，防止简单量化、重数量轻质量、“一刀切”等倾向。尊重科学研究规律，合理设定评价周期，建立重大科学研究长周期考核机制。开展临床医学研究人员评价改革试点，建立设置合理、评价科学、管理规范、运转协调、服务全面的临床医学研究人员考核评价体系。

四、进一步推进科研诚信制度化建设

（十三）完善科研诚信管理制度。科技部、中国社科院要会同相关单位加强科研诚信制度建设，完善教育宣传、诚信案件调查处理、信息采集、分类评价等管理制度。从事科学研究的企业、事业单位、社会组织等应建立健全本单位教育预防、科研活动记录、科研档案保存等各项制度，明晰责任主体，完善内部监督约束机制。

（十四）完善违背科研诚信要求行为的调查处理规则。科技部、中国社科院要会同教育部、国家卫生健康委、中国科学院、中国科协等部门和单位依法依规研究制定统一的调查处理规则，对举报受理、调查程序、职责分工、处理尺度、申诉、实名举报人及被举报人保护等作出明确规定。从事科学研究的企业、事业单位、社会组织等应制定本单位的调查处理办法，明确调查程序、处理规则、处理措施等具体要求。

（十五）建立健全学术期刊管理和预警制度。新闻出版等部门要完善期刊管理制度，采取有效措施，加强高水平学术期刊建设，强化学术水平和社会效益优先要求，提升我国学术期刊影响力，提高学术期刊国际话语权。学术期刊应充分发挥在科研诚信建设中的作用，切实提高审稿质量，加强对学术论文的审核把关。

科技部要建立学术期刊预警机制，支持相关机构发布国内和国际学术期刊预警名单，并实行动态跟踪、及时调整。将罔顾学术质量、管理混乱、商业利益至上，造成恶劣影响的学术期刊，列入黑名单。论文作者所在单位应加强对本单位科研人员发表论文的管理，对在列入预警名单的学术期刊上发表论文的科研人员，要及时警示提醒；对在列入黑名单的学术期刊上发表的论文，在各类评审评价中不予认可，不得报销论文发表的相关费用。

五、切实加强科研诚信的教育和宣传

（十六）加强科研诚信教育。从事科学研究的企业、事业单位、社会组织应将科研诚信工作纳入日常管理，加强对科研人员、教师、青年学生等的科研诚信教育，在入学入职、职称晋升、参与科技计划项目等重要节点必须开展科研诚信教育。对在科研诚信方面存在倾向性、苗头性问题的人员，所在单位应当及时开展科研诚信诫勉谈话，加强教育。

科技计划管理部门、项目管理专业机构以及项目承担单位，应当结合科技计划组织实施的特点，对承担或参与科技计划项目的科研人员有效开展科研诚信教育。

（十七）充分发挥学会、协会、研究会等社会团体的教育培训作用。学会、协会、研究会等社会团体要主动加强科研诚信教育培训工作，帮助科研人员熟悉和掌握科研诚信具体要求，引导科研人员自觉抵制弄虚作假、欺诈剽窃等行为，开展负责任的科学研究。

（十八）加强科研诚信宣传。创新手段，拓宽渠道，充分利用广播电视、报刊杂志等传统媒体及微博、微信、手机客户端等新媒体，加强科研诚信宣传教育。大力宣传科研诚信典范榜样，发挥典型人物示范作用。及时曝光违背科研诚信要求的典型案例，开展警示教育。

六、严肃查处严重违背科研诚信要求的行为

（十九）切实履行调查处理责任。自然科学论文造假监管由科技部负责，哲学社会科学论文造假监管由中国社科院负责。科技部、中国社科院要明确相关机构负责科研诚信工作，做好受理举报、核查事实、日常监管等工作，建立跨部门联合调查机制，组织开展对科研诚信重大案件联合调查。违背科研诚信要求行为人所在单位是调查处理第一责任主体，应当明确本单位科研诚信机构和监察审计机构等调查处理职责分工，积极主动、公正公平开展调查处理。相关行业主管部门应按照职责权限和隶属关系，加强指导和及时督促，坚持学术、行政两条线，注重发挥学会、协会、研究会等社会团体作用。对从事学术论文买卖、代写代投以及伪造、虚构、篡改研究数据等违法违规活动的中介服务机构，市场监督管理、公安等部门应主动开展调查，严肃惩处。保障相关责任主体申诉权等合法权利，事实认定和处理决定应履行对当事人的告知义务，依法依规及时公布处理结果。科研人员应当积极配合调查，及时提供完整有效的科学研究记录，对拒不配合调查、隐匿销毁研究记录的，要从重处理。对捏造事实、诬告陷害的，要依据有关规定严肃处理；对举报不实、给被举报单位和个人造成严重影响的，要及时澄清、消除影响。

（二十）严厉打击严重违背科研诚信要求的行为。坚持零容忍，保持对严重违背科研诚信要求行为严厉打击的高压态势，严肃责任追究。建立终身追究制度，依法依规对严重违背科研诚信要求行为实行终身追究，一经发现，随时调查处理。积极开展对严重违背科研诚信要求行为的刑事规制理论研究，推动立法、司法部门适时出台相应刑事制裁措施。

相关行业主管部门或严重违背科研诚信要求责任人所在单位要区分不同情况，对责任人给予科研诚信诫勉谈话；取消项目立项资格，撤销已获资助项目或终止项目合同，追回科研项目经费；撤销获得的奖励、荣誉称号，追回奖金；依法开除学籍，撤销学位、教师资格，收回医师执业证书等；一定期限直至终身取消晋升职务职称、申报科技计划项目、担任评审评估专家、被提名为院士候选人等资格；依法依规解除劳动合同、聘用合同；终身禁止在政府举办的学校、医院、科研机构等从事教学、科研工作等处罚，以及记入科研诚信严重失信行为数据库或列入观察名单等其他处理。严重违背科研诚信要求责任人属于公职人员的，依法依规给予处分；属于党员的，依纪依规给予党纪处分。涉嫌存在诈骗、贪污科研经费等违法犯罪行为的，依法移交监察、司法机关处理。

对包庇、纵容甚至骗取各类财政资助项目或奖励的单位，有关主管部门要给予约谈主要负责人、停拨或核减经费、记入科研诚信严重失信行为数据库、移送司法机关等处理。

（二十一）开展联合惩戒。加强科研诚信信息跨部门跨区域共享共用，依法依规对严重违背科研诚信要求责任人采取联合惩戒措施。推动各级各类科技计划统一处理规则，对相关处理结果互认。将科研诚信状况与学籍管理、学历学位授予、科研项目立项、专业技术职务评聘、岗位聘用、评选表彰、院士增选、人才基地评审等挂钩。推动在行政许可、公共采购、评先创优、金融支持、资质等级评定、纳税信用评价等工作中将科研诚信状况作为重要参考。

七、加快推进科研诚信信息化建设

（二十二）建立完善科研诚信信息系统。科技部会同中国社科院建立完善覆盖全国的自然科学和哲学社会科学科研诚信信息系统，对科研人员、相关机构、组织等的科研诚信状况进行记录。研究拟订科学合理、适用不同类型科研活动和对象特点的科研诚信评价指标、方法模型，明确评价方式、周期、程序等内容。重点对参与科技计划（项目）组织管理或实施、科技统计等科技活动的项目承担人员、咨询评审专家，以及项目管理专业机构、项目承担单位、中介服务机构等相关责任主体开展诚信评价。

（二十三）规范科研诚信信息管理。建立健全科研诚信信息采集、记录、评价、应用等管理制度，明确实施主体、程序、要求。根据不同责任主体的特点，制定面向不同类型科技活动的科研诚信信息目录，明确信息类别和管理流程，规范信息采集的范围、内容、方式和信息应用等。

（二十四）加强科研诚信信息共享应用。逐步推动科研诚信信息系统与全国信用信息共享平台、地方科研诚信信息系统互联互通，分阶段分权限实现信息共享，为实现跨部门跨地区联合惩戒提供支撑。

八、保障措施

（二十五）加强党对科研诚信建设工作的领导。各级党委（党组）要高度重视科研诚信建设，切实加强领导，明确任务，细化分工，扎实推进。有关部门、地方应整合现有科研保障措施，建立科研诚信建设目标责任制，明确任务分工，细化目标责任，明确完成时间。科技部要建立科研诚信建设情况督查和通报制度，对工作取得明显成效的地方、部门和机构进行表彰；对措施不得力、工作不落实的，予以通报批评，督促整改。

（二十六）发挥社会监督和舆论引导作用。充分发挥社会公众、新闻媒体等对科研诚信建设的监督作用。畅通举报渠道，鼓励对违背科研诚信要求的行为进行负责任实名举报。新闻媒体要加强对科研诚信正面引导。对社会舆论广泛关注的科研诚信事件，当事人所在单位和行业主管部门要及时采取措施调查处理，及时公布调查处理结果。

（二十七）加强监测评估。开展科研诚信建设情况动态监测和第三方评估，监测和评估结果作为改进完善相关工作的重要基础以及科研事业单位绩效评价、企业享受政府资助等的重要依据。对重大科研诚信事件及时开展跟踪监测和分析。定期发布中国科研诚信状况报告。

（二十八）积极开展国际交流合作。积极开展与相关国家、国际组织等的交流合作，加强对科技发展带来的科研诚信建设新情况新问题研究，共同完善国际科研规范，有效应对跨国跨地区科研诚信案件。

5.1.2 教育部下发的相关文件

5.1.2.1 职业学校校企合作促进办法

2018年2月5日，教育部等6部门以教职成〔2018〕1号文印发了《职业学校校企合作促进办法》，该办法全文如下：

第一章 总 则

第一条 为促进、规范、保障职业学校校企合作，发挥企业在实施职业教育中的重要办学主体作用，推动形成产教融合、校企合作、工学结合、知行合一的共同育人机制，建设知识型、技能型、创新型劳动者大军，完善现代职业教育制度，根据《教育法》《劳动法》《职业教育法》等有关法律法规，制定本办法。

第二条 本办法所称校企合作是指职业学校和企业通过共同育人、合作研究、共建机构、共享资源等方式实施的合作活动。

第三条 校企合作实行校企主导、政府推动、行业指导、学校企业双主体实施的合作机制。国务院相关部门和地方各级人民政府应当建立健全校企合作的促进支持政策、服务平台和保障机制。

第四条 开展校企合作应当坚持育人为本，贯彻国家教育方针，致力培养高素质劳动者和技术技能人才；坚持依法实施，遵守国家法律法规和合作协议，保障合作各方的合法权益；坚持平等自愿，调动校企双方积极性，实现共同发展。

第五条 国务院教育行政部门负责职业学校校企合作工作的综合协调和宏观管理，会同有关部门做好相关工作。

县级以上地方人民政府教育行政部门负责本行政区域内校企合作工作的统筹协调、规划指导、综合管理和服务保障；会同其他有关部门根据本办法以及地方人民政府确定的职责分工，做好本地校企合作有关工作。

行业主管部门和行业组织应当统筹、指导和推动本行业的校企合作。

第二章 合作形式

第六条 职业学校应当根据自身特点和人才培养需要，主动与具备条件的企业开展合作，积极为企业提供所需的课程、师资等资源。

企业应当依法履行实施职业教育的义务，利用资本、技术、知识、设施、设备和管理等要素参与校企合作，促进人力资源开发。

第七条 职业学校和企业可以结合实际在人才培养、技术创新、就业创业、社会服务、文化传承等方面，开展以下合作：

（一）根据就业市场需求，合作设置专业、研发专业标准，开发课程体系、教学标准以及教材、教学辅助产品，开展专业建设；

（二）合作制定人才培养或职工培训方案，实现人员互相兼职，相互为学生实习实训、教师实践、学生就业创业、员工培训、企业技术和产品研发、成果转移转化等提供支持；

（三）根据企业工作岗位需求，开展学徒制合作，联合招收学员，按照工学结合模式，实行校企双主体育人；

（四）以多种形式合作办学，合作创建并共同管理教学和科研机构，建设实习实训基地、技术工艺和产品开发中心及学生创新创业、员工培训、技能鉴定等机构；

（五）合作研发岗位规范、质量标准等；

（六）组织开展技能竞赛、产教融合型企业建设试点、优秀企业文化传承和社会服务等活动；

（七）法律法规未禁止的其他合作方式和内容。

第八条　职业学校应当制定校企合作规划，建立适应开展校企合作的教育教学组织方式和管理制度，明确相关机构和人员，改革教学内容和方式方法、健全质量评价制度，为合作企业的人力资源开发和技术升级提供支持与服务；增强服务企业特别是中小微企业的技术和产品研发的能力。

第九条　职业学校和企业开展合作，应当通过平等协商签订合作协议。合作协议应当明确规定合作的目标任务、内容形式、权利义务等必要事项，并根据合作的内容，合理确定协议履行期限，其中企业接收实习生的，合作期限应当不低于3年。

第十条　鼓励有条件的企业举办或者参与举办职业学校，设置学生实习、学徒培养、教师实践岗位；鼓励规模以上企业在职业学校设置职工培训和继续教育机构。企业职工培训和继续教育的学习成果，可以依照有关规定和办法与职业学校教育实现互认和衔接。

企业开展校企合作的情况应当纳入企业社会责任报告。

第十一条　职业学校主管部门应当会同有关部门、行业组织，鼓励和支持职业学校与相关企业以组建职业教育集团等方式，建立长期、稳定合作关系。

职业教育集团应当以章程或者多方协议等方式，约定集团成员之间合作的方式、内容以及权利义务关系等事项。

第十二条　职业学校和企业应建立校企合作的过程管理和绩效评价制度，定期对合作成效进行总结，共同解决合作中的问题，不断提高合作水平，拓展合作领域。

第三章 促进措施

第十三条 鼓励东部地区的职业学校、企业与中西部地区的职业学校、企业开展跨区校企合作，带动贫困地区、民族地区和革命老区职业教育的发展。

第十四条 地方人民政府有关部门在制定产业发展规划、产业激励政策、脱贫攻坚规划时，应当将促进企业参与校企合作、培养技术技能人才作为重要内容，加强指导、支持和服务。

第十五条 教育、人力资源社会保障部门应当会同有关部门，建立产教融合信息服务平台，指导、协助职业学校与相关企业建立合作关系。

行业主管部门和行业组织应当充分发挥作用，根据行业特点和发展需要，组织和指导企业提出校企合作意向或者规划，参与校企合作绩效评价，并提供相应支持和服务，推进校企合作。

鼓励有关部门、行业、企业共同建设互联互通的校企合作信息化平台，引导各类社会主体参与平台发展、实现信息共享。

第十六条 教育行政部门应当把校企合作作为衡量职业学校办学水平的基本指标，在院校设置、专业审批、招生计划、教学评价、教师配备、项目支持、学校评价、人员考核等方面提出相应要求；对校企合作设置的适应就业市场需求的新专业，应当予以支持；应当鼓励和支持职业学校与企业合作开设专业，制定专业标准、培养方案等。

第十七条 职业学校应当吸纳合作关系紧密、稳定的企业代表加入理事会（董事会），参与学校重大事项的审议。

职业学校设置专业，制定培养方案、课程标准等，应当充分听取合作企业的意见。

第十八条 鼓励职业学校与企业合作开展学徒制培养。开展学徒制培养的学校，在招生专业、名额等方面应当听取企业意见。有技术技能人才培养能力和需求的企业，可以与职业学校合作设立学徒岗位，联合招收学员，共同确定培养方案，以工学结合方式进行培养。

教育行政部门、人力资源社会保障部门应当在招生计划安排、学籍管理等方面予以倾斜和支持。

第十九条 国家发展改革委、教育部会同人力资源社会保障部、工业和信息化部、财政部等部门建立工作协调机制，鼓励省级人民政府开展产教融合型企业建设试点，对深度参与校企合作，行为规范、成效显著、具有较大影响力的企业，按照国家有关规定予以表彰和相应政策支持。各级工业和信息化行政部门应当把企业参与校企合作的情况，作为服务型制造示范企业及其他有关示范企业评选的重要指标。

第二十条 鼓励各地通过政府和社会资本合作、购买服务等形式支持校企合作。鼓励各地采取竞争性方式选择社会资本，建设或者支持企业、学校建设公共性实习实训、创新创业基地、研发实践课程、教学资源等公共服务项目。按规定落实财税用地等政策，积极支持职业教育发展和企业参与办学。

鼓励金融机构依法依规审慎授信管理，为校企合作提供相关信贷和融资支持。

第二十一条 企业因接收学生实习所实际发生的与取得收入有关的合理支出，以及企业发生的职工教育经费支出，依法在计算应纳税所得额时扣除。

第二十二条 县级以上地方人民政府对校企合作成效显著的企业，可以按规定给予相应的优惠政策；应当鼓励职业学校通过场地、设备租赁等方式与企业共建生产型实训基地，并按规定给予相应的政策优惠。

第二十三条 各级人民政府教育、人力资源社会保障等部门应当采取措施，促进职业学校与企业人才的合理流动、有效配置。

职业学校可在教职工总额中安排一定比例或者通过流动岗位等形式，用于面向社会和企业聘用经营管理人员、专业技术人员、高技能人才等担任兼职教师。

第二十四条 开展校企合作企业中的经营管理人员、专业技术人员、高技能人才，具备职业学校相应岗位任职条件，经过职业学校认定和聘任，可担任专兼职教师，并享受相关待遇。上述企业人员在校企合作中取得的教育教学成果，可视同相应的技术或科研成果，按规定予以奖励。

职业学校应当将参与校企合作作为教师业绩考核的内容，具有相关企业或生产经营管理一线工作经历的专业教师在评聘和晋升职务（职称）、评优表彰等方面，同等条件下优先对待。

第二十五条 经所在学校或企业同意，职业学校教师和管理人员、企业经营管理和技术人员根据合作协议，分别到企业、职业学校兼职的，可根据有关规定和双方约定确定薪酬。

职业学校及教师、学生拥有知识产权的技术开发、产品设计等成果，可依法依规在企业作价入股。职业学校和企业对合作开发的专利及产品，根据双方协议，享有使用、处置和收益管理的自主权。

第二十六条 职业学校与企业就学生参加跟岗实习、顶岗实习和学徒培养达成合作协议的，应当签订学校、企业、学生三方协议，并明确学校与企业在保障学生合法权益方面的责任。

企业应当依法依规保障顶岗实习学生或者学徒的基本劳动权益，并按照有关规定及时足额支付报酬。任何单位和个人不得克扣。

第二十七条　推动建立学生实习强制保险制度。职业学校和实习单位应根据有关规定，为实习学生投保实习责任保险。职业学校、企业应当在协议中约定为实习学生投保实习责任保险的义务与责任，健全学生权益保障和风险分担机制。

第四章　监督检查

第二十八条　各级人民政府教育督导委员会负责对职业学校、政府落实校企合作职责的情况进行专项督导，定期发布督导报告。

第二十九条　各级教育、人力资源社会保障部门应当将校企合作情况作为职业学校办学业绩和水平评价、工作目标考核的重要内容。

各级人民政府教育行政部门会同相关部门以及行业组织，加强对企业开展校企合作的监督、指导，推广效益明显的模式和做法，推进企业诚信体系建设，做好管理和服务。

第三十条　职业学校、企业在合作过程中不得损害学生、教师、企业员工等的合法权益；违反相关法律法规规定的，由相关主管部门责令整改，并依法追究相关单位和人员责任。

第三十一条　职业学校、企业骗取和套取政府资金的，有关主管部门应当责令限期退还，并依法依规追究单位及其主要负责人、直接负责人的责任；构成犯罪的，依法追究刑事责任。

第五章　附则

第三十二条　本办法所称的职业学校，是指依法设立的中等职业学校（包括普通中等专业学校、成人中等专业学校、职业高中学校、技工学校）和高等职业学校。

本办法所称的企业，指在各级工商行政管理部门登记注册的各类企业。

第三十三条　其他层次类型的高等学校开展校企合作，职业学校与机关、事业单位、社会团体等机构开展合作，可参照本办法执行。

第三十四条　本办法自2018年3月1日起施行。

5.1.2.2　全国职业院校技能大赛章程

2018年2月7日，教育部等37部门以教职成函〔2018〕4号文印发了《全国职业院校技能大赛章程》，该章程全文如下：

为贯彻落实习近平新时代中国特色社会主义思想和党的十九大精神，完善职业教育和培训体系，加强全国职业院校技能大赛规范化建设，提高制度化水平，特制定本章程。

第一章　总则

第一条　全国职业院校技能大赛（简称大赛）是教育部发起并牵头，联合国务院有关部门以及有关行业、人民团体、学术团体和地方共同举办的一项公益性、全国性职业院校学生综合技能竞赛活动。每年举办一届。

第二条　大赛是职业院校教育教学活动的一种重要形式和有效延伸，是提升技术技能人才培养质量的重要抓手。大赛以提升职业院校学生技能水平、培育工匠精神为宗旨，以促进职业教育专业建设和教学改革、提高教育教学质量为导向，面向职业院校在校学生，基本覆盖职业院校主要专业群，是对接产业需求、反映国家职业教育教学水平的学生技能赛事。

第三条　大赛坚持德技并修、工学结合，深化产教融合、校企合作，弘扬劳动光荣、技能宝贵、创造伟大的时代风尚，推动人人皆可成才、人人尽展其才的局面形成，引导社会了解、支持和参与职业教育。

第四条　大赛坚持以赛促教、以赛促学、以赛促改，坚持政府主导、行业指导、企业参与，坚持联合办赛、开放办赛，坚持办出特色、办出水平、办出影响。大赛分设中等职业学校（简称中职）和高等职业院校（简称高职）两个组别，以校级赛、省（地市）级赛两级选拔的方式确定参赛选手。大赛采用主赛区和分赛区制，天津市是大赛的主赛区。

第五条　大赛的内容设计围绕专业教学标准和真实工作的过程、任务与要求，重点考查选手的职业素养、实践动手能力、规范操作程度、精细工作质量、创新创意水平、工作组织能力和团队合作精神。

第六条　大赛经费来自各级政府为举办大赛投入的财政资金、比赛项目（简称赛项）承办单位自筹资金和按规定取得的社会捐赠资金等。

第二章　组织机构

第七条　大赛设立全国职业院校技能大赛组织委员会（简称大赛组委会）。大赛组委会是大赛的最高领导决策机构，由联办单位有关领导同志组成。大赛组委会设主任、委员若干名。大赛组委会任期一届5年，委员可以连任。

第八条　大赛组委会主要职责包括：

1. 确定大赛定位、办赛原则及组织形式。

2. 顶层设计大赛制度安排。

3. 审定赛事规划。

4. 审定大赛设赛范围及实施方案。

5. 发布年度赛事公告。

6. 指导开展大赛。

7. 审定发布大赛最终成绩等。

第九条　大赛组委会设秘书处，负责大赛组委会日常事务。大赛组委会秘书处设在教育部职业教育与成人教育司。秘书处设秘书长一名。

第十条　大赛设立全国职业院校技能大赛执行委员会（简称大赛执委会）。大赛执委会由联办单位代表、分赛区执委会主任、赛项专家组组长等组成，在大赛组委会领导下开展工作，负责具体赛事组织与管理。大赛执委会设主任、副主任、委员若干名。大赛执委会任期与大赛组委会一致，委员可以连任。

第十一条　大赛执委会主要职责包括：

1. 制定赛事管理制度。

2. 制定分赛区方案。

3. 组织赛项申报与遴选。

4. 审定赛项规程。

5. 审定赛项组织机构，审核赛项执委会、专家、裁判、监督、仲裁人员资格及确定具体人员。

6. 负责部本资金和社会捐赠货币资金的使用并按规定做好监管和绩效考核等工作。

7. 统筹大赛同期活动。

8. 监督各赛区汇总比赛相关资料，并存档备案。

9. 聘请法律顾问，对赛事规则、程序、经费管理等进行合法性审查，负责处理相关法律事务。

10. 做好大赛年度总结。

第十二条　大赛执委会设办公室，负责大赛日常管理。大赛执委会办公室设在教育部职业技术教育中心研究所。办公室设主任一名。

第十三条　大赛执委会设经费管理委员会。负责对执委会办公室提交的赛事公共运转支出预（决）算和具体赛项补助经费预（决）算提出审核意见，供执委会决策参考。经费管理委员会设主任一名，委员若干名。经费管理委员会任期与大赛执委会一致。

第十四条　大赛组委会秘书处每年对大赛组委会、执委会和经费管理委员会成员名单重新核实、更新、确定一次，结果与年度大赛通知一并发布。

第十五条　大赛分赛区指主赛区以外承办赛项的省（区、市）或计划单列市。省级教育行政部门可根据自身条件和承办意愿，向大赛执委会提出赛项承办申请。大赛分赛区每年确定一次。计划单列市、新疆生产建设兵团只能以分赛区名义申请承办中职组比赛。

第十六条　大赛分赛区设组织委员会（简称分赛区组委会）。分赛区组委会是各分赛区赛事组织的领导决策机构，负责监督分赛区承办赛项的各项工作及经费使用。分赛区组委会设主任一名，原则上由承办地分管教育的副省级（计划单列市可为副市级）领导担任。

第十七条　大赛分赛区设执行委员会（简称分赛区执委会）。分赛区执委会在分赛区组委会领导下开展工作，负责本分赛区的具体赛事组织。分赛区执委会设主任一名。

第十八条　分赛区执委会主要职责包括：

1. 落实申办承诺，组织协调本分赛区承办赛项的筹备工作。

2. 协调赛场所在地人民政府、赛项执行委员会（简称赛项执委会）和承办院校落实赛场、赛务以及安全保障工作。

3. 按规定负责本分赛区承办赛项经费的使用与管理，委托会计师事务所进行赛项经费收支审计。

4. 负责宣传方案设计。

5. 做好本分赛区的比赛资料汇总工作。

6. 落实大赛执委会安排的其他工作。

第十九条　大赛各赛项设赛项执委会。赛项执委会在大赛执委会领导下开展工作，并接受赛项所在分赛区执委会的协调和指导。各赛项组织机构须经大赛执委会核准后成立。

第二十条　赛项执委会主要职责包括：

1. 全面负责本赛项的筹备和实施工作。

2. 编制赛项经费预（决）算，监督赛项预算执行以及经费的使用与管理。

3. 向大赛执委会推荐赛项专家工作组成员、裁判和仲裁人员。

4. 赛项展示体验和宣传工作。

5. 统筹赛事安全保障工作。

6. 统筹实施赛项资源转化工作。

7. 做好赛项年度总结。

8. 落实分赛区执委会安排的其他工作。

第二十一条　赛项执委会下设赛项专家工作组。赛项专家工作组在赛项执委会领导下开展工作。赛项专家工作组主要职责包括：赛项技术文件编撰、赛题设计、赛场设计、赛事咨询、竞赛成绩分析和技术点评、资源转化、裁判人员培训等竞赛技术工作。

第二十二条　大赛赛项主要由职业院校承办。赛项承办院校在分赛区执委会和赛项执委会领导下开展工作，负责赛项的具体实施和保障。

第二十三条　赛项承办院校遴选原则是：

1. 主赛区优先，同等条件下向中西部地区和民族地区倾斜。

2. 院校优势专业及当地优势产业与赛项内容相关度高。

3. 分赛区中，同一院校同一届大赛承办赛项不超过2个；新承办比赛的院校当届大赛承办赛项不超过1个。

4. 分赛区中，同一院校承办同一赛项连续不超过2届。优先考虑承办院校第二年对同一赛项的承办申请。

第二十四条　赛项承办院校主要职责包括：

1. 按照赛项技术方案落实比赛场地以及基础设施。

2. 配合赛项执委会做好比赛的组织、接待工作。

3. 配合分赛区执委会做好比赛的宣传工作。

4. 维持赛场秩序，保障赛事安全。

5. 参与赛项经费预算编制和管理，执行赛项预算支出。

6. 比赛过程文件存档和赛后资料上报等。

第三章　赛项设置

第二十五条　每5年制定一次大赛执行规划，规划以后5年的赛项设置方向和大赛发展重点。大赛年度赛项以大赛执行规划为依据，每年遴选确定一次。

第二十六条　大赛赛项设置须对应职业院校主要专业群，对接产业需求、行业标准和企业主流技术水平。大赛赛项分为常规赛项和行业特色赛项两类。中职组赛项和高职组赛项数量大体相当。

第二十七条　常规赛项指面向的专业全国布点较多、产业行业需求较大、比赛内容成熟、比赛用设备相对稳定、适当兼顾专业大类平衡的赛项；行业特色赛项指面向的专业对国家基础性、战略性产业起重要支持作用，行业特色突出、全国布点较少，由大赛组委会根据需要核准委托行业设计实施，大赛统一管理的赛项。

第二十八条　中职赛项设计突出岗位针对性；高职赛项设计注重考查选手的综合技术应用能力与水平及团队合作能力，除岗位针对性极强的专业外，不做单一技能测试。比赛形式鼓励团体赛，可根据需要设置个人赛。

第二十九条　赛项申报单位主要包括：

1. 全国行业职业教育教学指导委员会。

2. 教育部职业院校教学（教育）指导委员会。

3. 全国性行业学会（协会）。

4. 其他全国性的职业教育学术组织。

第三十条　赛项申报与遴选基本流程：

1. 大赛执委会发布赛项征集通知。

2. 申报单位成立赛项申报工作专家组，编制赛项方案申报书，提交大赛执委会办公室。

3. 大赛执委会对申报赛项开展材料有效性核定，组织赛项初审、专家评议、答辩评审和综合评议，形成拟设年度赛项建议。

4. 大赛组委会核准确定年度赛项。

5. 大赛执委会组织征集和遴选合作企业、承办院校，形成年度赛项合作企业和承办院校建议名单。

6. 大赛组委会秘书处核准确定年度赛项合作企业和承办院校。

第四章 参赛规则与奖项设置

第三十一条 省级教育行政部门负责分别组队参加中、高职组的比赛，计划单列市只可以单独组队参加中职组比赛。团体赛不跨校组队，同一学校相同项目报名参赛队不超过1支；个人赛同一学校相同项目报名参赛不超过2人。团体赛和个人赛参赛选手均可配指导教师。第三十二条高职选手应为普通高等学校全日制在籍高职学生，比赛当年一般不超过25周岁。中职选手应为中等职业学校全日制在籍学生，比赛当年一般不超过21周岁。五年制高职一、二、三年级学生参加中职组比赛，四、五年级学生参加高职组比赛。往届大赛获得过一等奖的学生不再参加同一项目相同组别的比赛。超出年龄的报名选手，须经赛项组委会专门确认其全日制在籍学生身份，并在赛前一个月报大赛执委会批准。

第三十二条 大赛不向参赛选手和学校收取参赛费用。

第三十三条 大赛面向参赛选手设立奖励，对做出突出贡献的专家、裁判员、监督员、仲裁员、工作人员、合作企业、承办院校及获奖选手（个人赛）或参赛队（团体赛）指导教师颁发写实性证书。比赛以赛项实际参赛队（团体赛）或参赛选手（个人赛）总数为基数设团体赛或个人赛一、二、三等奖，获奖比例分别控制在10%、20%、30%；涉及专业布点数过少的行业特色赛项的设奖比例由大赛执委会根据常规赛项相应情况适当核减。各赛区和赛项不得以技能大赛名义另外设奖。大赛不进行省市总成绩排名。

第三十四条 大赛组委会每年向各赛区组委会授分赛区旗，年度赛事结束后收回。连续承办5年比赛的分赛区，可永久保留。

第五章 宣传与资源转化

第三十五条 大赛设官方网站，并通过各类媒体深入开展多种形式的宣传推广。提升大赛管理的信息化水平。

第三十六条 大赛坚持加强与其他国际及区域性学生技能比赛的联系，建立交流渠道，促进相互了解，探索合作方式；及时借鉴国（境）外先进成熟赛事的标准、规范、经验；探索邀请国（境）外学校组队参赛的机制。

第三十七条 大赛坚持资源转化与赛项筹办统筹设计、协调实施、相互驱动，将竞赛内容转化为教学资源，推动大赛成果在专业教学领域的推广和应用。

第六章　规范廉洁办赛

第三十八条　大赛坚持公平、公正、安全、有序。公开遴选赛项、承办单位，根据赛项方案公开征集合作企业，公开遴聘专家、裁判。赛前公开赛项规程、赛题或题库、比赛时间、比赛方式、比赛规则、比赛环境、技术规范、技术平台、评分标准等内容。公开申诉程序，建立畅通的申诉渠道。

第三十九条　大赛坚持规范赛项设备与设施管理，规范赛项规程编制，规范专家和裁判管理，规范赛题管理。实施赛项监督与仲裁制度。

第四十条　大赛结束后公示和公开发布获奖名单。公示期内，大赛组委会秘书处接受实名书面形式投诉或异议反映，不接受匿名投诉。大赛组委会保护实名投诉人的合法权益。

第四十一条　大赛坚持规范经费的筹集、使用和管理，加强大赛经费管理，按相关规定严格执行捐赠、拨付、使用及审计等程序。

第四十二条　严格执行大赛纪律。严禁铺张浪费，严格执行用餐、住宿、交通规定。严格贯彻落实中央八项规定精神、执行六项禁令和中纪委九个严禁要求。

第七章　附则

第四十三条　大赛执委会应健全议事制度，依据本章程制定和公布大赛有关工作的具体规定、规则、办法、标准等规范性文件，严格遵守大赛经费管理办法。各赛区、赛项均要制定经费管理细则，并针对实施中新发现的问题适时修订。

第四十四条　本章程的修订工作由大赛组委会秘书处根据需要启动和组织，修订内容须经组委会成员单位三分之二以上同意。

第四十五条　本章程自发布之日起生效，由大赛组委会秘书处负责解释。

5.1.2.3　新时代高校思想政治理论课教学工作基本要求

2018年4月12日，教育部以教社科〔2018〕2号文印发了《新时代高校思想政治理论课教学工作基本要求》，该基本要求全文如下：

思想政治理论课承担着对大学生进行系统的马克思主义理论教育的任务，是巩固马克思主义在高校意识形态领域指导地位、坚持社会主义办学方向的重要阵地，是全面贯彻党的教育方针、落实立德树人根本任务的主干渠道和核心课程，是加强和改进高校思想政治工作、实现高等教育内涵式发展的灵魂课程。党的十八大以来，以习近平同志为核心的党中央高度重视思想政治理论课建设，作出一系列重大决策部署，思想政治理论课建设在改进中不断加强，课堂教学状况显著改善，大学生学习思想政治理论课的获得感明显增强。中国特色社会主义进入新时代，对高校思想政治理论课发挥育人主渠道作用提出了新的更高要求。为继续打好提高思想政治理论课质量和水平的攻坚战，坚持不懈传播马克思主义科学理论，讲清讲透习近平新时代中国特色社会主义思想的时代背景、重大意义、科学体系、精神实质、实践要求，全面推动习近平新时代中国特色社会主义思想进教材进课堂进学生头脑，打牢大学生成长成才的科学思想基础，引导大学生树立正确的世界观、人生观、价值观，不断提高大学生对思想政治理论课的获得感，现就教学工作提出以下基本要求。

1. 明确指导思想。高举中国特色社会主义伟大旗帜，以马克思列宁主义、毛泽东思想、邓小平理论、“三个代表”重要思想、科学发展观、习近平新时代中国特色社会主义思想为指导，全面贯彻党的教育方针，落实立德树人根本任务，把高校思想政治理论课教学工作摆在更加突出的位置，更加重视加强和改进教学管理，更加重视提升教学质量，不断提升思想政治理论课的亲和力和针对性，全面推动习近平新时代中国特色社会主义思想进教材进课堂进学生头脑，牢固树立“四个意识”，坚定“四个自信”，培养德智体美全面发展的中国特色社会主义合格建设者和可靠接班人，培养担当民族复兴大任的时代新人。

2. 坚持基本原则。(1) 坚持正确政治方向，强化思想政治理论课价值引领功能；(2) 坚持全流程管理，贯穿思想政治理论课课前、课中、课后各环节；(3) 坚持规范化建设，不断健全思想政治理论课教学工作制度；(4) 坚持增强获得感，促进思想政治理论课教学有虚有实、有棱有角、有情有义、有滋有味。

3. 严格落实学分。本科生“马克思主义基本原理概论”（以下简称“原理”）课3学分、“毛泽东思想和中国特色社会主义理论体系概论”（以下简称“概论”）课5学分、“中国近现代史纲要”（以下简称“纲要”）课3学分、“思想道德修养与法律基础”（以下简称“基础”）课3学分、“形势与政策”课2学分。专科生“概论”课4学分、“基础”课3学分、“形势与政策”课1学分。

硕士研究生“中国特色社会主义理论与实践研究”课2学分，同时须从“自然辩证法概论”课和“马克思主义与社会科学方法论”课中选择1门作为选修课程，占1学分。博士研究生“中国马克思主义与当代”课2学分，同时可开设“马克思恩格斯列宁经典著作选读”课（列入学校博士生公共选修课）。鼓励各地各高校结合实际开设思想政治理论课选修课。

从本科思想政治理论课现有学分中划出2个学分、从专科思想政治理论课现有学分中划出1个学分，开展本专科思想政治理论课实践教学。学生既可通过参加教师统一组织的实践教学获得相应学分，也可通过提交与思想政治理论课学习相关的实践成果申请获得相应学分。网络教学作为思想政治理论课辅助手段，不得挤占课堂教学时数。

4. 合理安排教务。思想政治理论课各门课程应有序衔接，原则上本科生先学习“基础”课、“纲要”课，再学习“原理”课、“概论”课；专科生先学习“基础”课，再学习“概论”课；本专科生每学期必修“形势与政策”课。原则上晚间和周末不安排思想政治理论课必修课。应避免教师周课时安排过于集中。应综合考虑学生专业背景组织思想政治理论课教学班，积极推行100人以下的中班教学，大力提倡中班教学、小班研讨的教学模式，逐步消除大班额现象。

5.规范建设教研室（组）。本专科思想政治理论课教学应按课程分别设置教研室（组），研究生思想政治理论课教学可结合实际设置教研室（组）。思想政治理论课教学科研二级机构的所有教师都要明确所属教研室（组），承担相应的思想政治理论课教学任务。教研室（组）具体负责本课程的教学管理工作。按照师生比不低于1：350的比例设置专职思想政治理论课教师岗位，为每个教研室（组）配足师资。可以返聘高水平思想政治理论课退休教师继续承担一定的教学工作。本科院校按在校本硕博全部在校生总数每生每年不低于20元，专科院校每生每年不低于15元的标准提取专项经费，加强以教研室（组）为单位开展教师学术交流、实践研修等。思想政治理论课兼职教师、特聘教授，要由相应的教研室（组）规范管理。

6.统一实行集体备课。教研室（组）要依据马克思主义理论研究和建设工程统编思想政治理论课最新版教材和教学大纲定期组织集体备课，准确把握教材基本精神，研究确定教学进度和内容，形成统一的参考教案。思想政治理论课教学科研二级机构要定期组织全员集体备课，集中研讨教学共性问题，促进各门课程有效衔接。要组织教师集中学习党中央重大方针政策和决策部署，及时将党的理论创新最新成果贯穿融入教学，充分体现课程的思想性理论性时效性。

7.创新集体备课形式。要丰富集体备课载体，通过多种方式有针对性地增强集体备课效果。要组织新任职教师进行试讲，加强对新任职教师的教学指导。要组织骨干教师讲示范课，加强对其他教师的引领带动。要组织教学经验丰富的教师说课，加强广大教师对思想政治理论课教学规律的把握。要组织教师互相听课，促进思想政治理论课教师互学互鉴。要推动思想政治理论课教师在有条件的情况下兼职担任辅导员、班主任，充分了解学生思想政治状况，提高备课针对性。要注重运用新媒体新技术开展集体备课，提升集体备课效果。

8.严肃课堂教学纪律。要保证思想政治理论课教师在课堂教学中始终坚持马克思主义立场观点方法，在政治立场、政治方向、政治原则、政治道路上同以习近平同志为核心的党中央保持高度一致，坚定不移维护党中央权威和集中统一领导。进一步加强课堂教学秩序管理，确保学生到课率，为高质量开展教学提供保障。进一步完善教学事故认定及处理办法，把课堂教学纪律的要求落到实处。

9. 科学运用教学方法。要鼓励思想政治理论课教师结合教学实际、针对学生思想和认知特点，积极探索行之有效的教学方法，自觉强化党的理论创新成果的学理阐释，努力实现思想政治理论课教学“配方”先进、“工艺”精湛、“包装”时尚。要加大对优秀教学方法的推广力度，注重用点上的经验带动面上的提升。课堂教学方法创新要坚持以学生为主体，以教师为主导，加强生师互动，注重调动学生积极性主动性。实践教学作为课堂教学的延伸拓展，重在帮助学生巩固课堂学习效果，深化对教学重点难点问题的理解和掌握。要制定实践教学大纲，整合实践教学资源，拓展实践教学形式，注重实践教学效果。网络教学作为课堂教学的有益补充，重在引导学生学习基本知识、基本理论等内容。要深入研究网络教学的内容设计和功能发挥，不断创新网络教学形式，推动传统教学方式与现代信息技术有机融合。

10. 改进完善考核方式。要采取多种方式综合考核学生对所学内容的理解和实际运用，注重考查学生运用马克思主义立场观点方法分析、解决问题的能力，力求全面、客观反映学生的马克思主义理论素养和思想道德品质。坚持闭卷统一考试为主，与开放式个性化考核相结合，注重过程考核。闭卷统一考试须集体命题，不断更新题库，提高命题质量。开放式个性化考核应具有严格的组织流程和明确可操作的考核评价标准。要合理区分学生考核档次，避免考核走形式，引导学生更加重视思想政治理论课学习。各门课程均须先学后考，不得以考代学。应优先安排思想政治理论课成绩优良的学生入党积极分子参加党校学习。

11. 强化科研支撑教学。要引导思想政治理论课教师围绕马克思主义理论一级学科所属相应二级学科开展科学研究，凝练形成与所教课程紧密相关的科研方向，深入研究课程教学重点难点问题和教学方法改革创新。要支持思想政治理论课教师将研究成果作为重要教学资源，有机融入课堂教学。要进一步完善思想政治理论课教师科研评价机制，将科研成果在教学中的转化情况作为重要考核指标。

12. 健全听课指导制度。建立校、省、部三级听课制度。高校党委书记、校长，分管思想政治理论课建设和分管教学、科研工作的校领导，对每门思想政治理论课必修课，每人每学期至少听1次课；思想政治理论课教学科研二级机构领导班子每位成员，在一个任期内要对所有授课教师做到听课全覆盖。省级教育部门每学年要组织专家对属地高校开展全覆盖听课，总体上要覆盖各门思想政治理论课，并形成本地高校思想政治理论课课堂教学状况报告。教育部高校思想政治理论课教学指导委员会要组织专家开展随机听课，研制发布全国高校思想政治理论课教学状况年度报告。

13. 综合评价教学质量。要建立健全多元评价机制，采用教师自评、学生评价、同行评价、督导评价、社会评价等多种方式，对教师教学质量进行综合评价。合理运用教师教学质量评价结果，在教师职务职称评聘标准中提高教学和教学研究占比，评价结果与绩效考核和津贴分配等挂钩，引导和鼓励思想政治理论课教师将更多时间和精力投入到教学中。可基于评价结果探索建立思想政治理论课教师课堂教学退出机制。

14. 落实高校主体责任。高校党委书记要落实思想政治理论课建设第一责任人责任，校长要切实负起政治责任和领导责任，进一步完善思想政治理论课教学工作制度，建立健全教学督导机制，面向全体思想政治理论课教师、全部思想政治理论课课堂，全面提升思想政治理论课教学质量。高校要建立思想政治理论课教学科研二级机构牵头，宣传、教务、学工、科研、财务、人事等部门共同配合的思想政治理论课教学管理体制，建立健全教学管理制度体系，推动各类课程与思想政治理论课同向同行，形成协同效应。

15. 强化地方统筹管理。各地党委教育工作部门要加强对属地高校思想政治理论课教学工作的统筹管理，结合实际制定政策、创造条件，消除思想政治理论课教学工作中的薄弱环节，注重从整体上提升思想政治理论课教学质量。原则上各地都要分课程组建思想政治理论课教学指导委员会，建立教学热点难点定期搜集解答制度，组织专家深入一线精准指导，确保教学指导工作贯穿教学全过程、覆盖全体教师。要及时总结属地高校思想政治理论课教学工作经验，宣传推广教学工作先进典型，为加强和改进思想政治理论课教学工作、提升教学质量营造良好环境和氛围。

16. 加强全国宏观指导。教育部高校思想政治理论课教学指导委员会要发挥好咨询、研判、督查、评估、培训、示范、指导、引领等作用，组织专家建好“全国高校思想政治理论课教师网络集体备课平台”，研制发布各门课程专题教学指南，加强对教学重点难点问题研究解答，开展精品课程教学展示活动，及时发布各门课程教学建议。要统筹好思想政治理论课教师理论培训和实践研修，加大教师社会实践的力度。要适时开展思想政治理论课教学情况督查，推动各方面把教学管理责任落到实处。

5.1.2.4 教育部关于加强新时代高校“形势与政策”课建设的若干意见

2018 年 4 月 12 日，教育部以教社科〔2018〕1 号文下发了《教育部关于加强新时代高校“形势与政策”课建设的若干意见》，全文如下：

各省、自治区、直辖市党委教育工作部门、教育厅（教委），新疆生产建设兵团教育局，部属各高等学校：

“形势与政策”课是理论武装时效性、释疑解惑针对性、教育引导综合性都很强的一门高校思想政治理论课，是帮助大学生正确认识新时代国内外形势，深刻领会党的十八大以来党和国家事业取得的历史性成就、发生的历史性变革、面临的历史性机遇和挑战的核心课程，是第一时间推动党的理论创新成果进教材进课堂进学生头脑，引导大学生准确理解党的基本理论、基本路线、基本方略的重要渠道。为深入学习贯彻党的十九大精神，深入贯彻落实习近平总书记关于加强和改进高校思想政治工作的重要论述和中共中央、国务院《关于加强和改进新形势下高校思想政治工作的意见》精神，及时、准确、深入地推动习近平新时代中国特色社会主义思想进教材进课堂进学生头脑，宣传党中央大政方针，牢固树立"四个意识"，坚定"四个自信"，培养担当民族复兴大任的时代新人，现就进一步加强和改进新时代高校"形势与政策"课建设提出如下意见。

1. 切实加强教学管理。要将"形势与政策"课纳入思想政治理论课管理体系，由学校思想政治理论课教学科研二级机构统一组织开课、统一管理任课教师，党委宣传部、党委学生工作部、教务处等相关部门配合做好教学管理工作。要设置"形势与政策"课教研室，定期组织任课教师开展集体备课，确定教学专题、明确教学重点、研制教学课件、规范教学要求。

2. 充分保证规范开课。要将"形势与政策"课纳入学校教学计划，严格落实"形势与政策"课的学分。要保证本、专科学生在校学习期间开课不断线。本科每学期不低于8学时，共计2学分；专科每学期不低于8学时，共计1学分。各高校应结合实际和学生需求，开设形势与政策教育类的选修课，完善思想政治理论教育课程体系，发挥"课程思政"作用。

3. 准确把握教学内容。要紧密围绕学习贯彻习近平新时代中国特色社会主义思想，把坚定"四个自信"贯穿教学全过程，重点讲授党的理论创新最新成果，重点讲授新时代坚持和发展中国特色社会主义的生动实践，引导学生正确认识世界和中国发展大势，正确认识中国特色和国际比较，正确认识时代责任和历史使命，正确认识远大抱负和脚踏实地。要开设好全面从严治党形势与政策的专题，重点讲授党的政治建设、思想建设、组织建设、作风建设、纪律建设以及贯穿其中的制度建设的新举措新成效；开设好我国经济社会发展形势与政策的专题，重点讲授党中央关于经济建设、政治建设、文化建设、社会建设、生态文明建设的新决策新部署；开设好港澳台工作形势与政策的专题，重点讲授坚持"一国两制"、推进祖国统一的新进展新局面；开设好国际形势与政策专题，重点讲授中国坚持和平发展道路、推动构建人类命运共同体的新理念新贡献。各高校依据教育部每学期印发的《高校"形势与政策"课教学要点》安排教学。要根据形势发展要求和学生特点有针对性地设置教学内容，及时回应学生关注的热点问题。

4. 规范建设教学资源。教育部组织力量、协调资源加强“全国高校思想政治理论课教师网络集体备课平台”建设，各高校要积极参与、共建共享，共同打造“形势与政策”课教学优质资源。各地各高校可结合实际，编写“形势与政策”课教学辅助资料，原则上各地组织编写的教学辅助资料由地方党委宣传、教育工作部门负责审定，各高校组织编写的教学辅助资料由学校党委负责审定。

5. 择优遴选教师队伍。要配备高素质专职教师负责“形势与政策”课组织工作，并承担一定的教学和科研任务。坚持高标准，按照“优中选优”原则，从思想政治理论课教师、哲学社会科学专业课教师、高校辅导员等教师队伍中择优遴选“形势与政策”课骨干教师。实行“形势与政策”课特聘教授制度，分层建立特聘教授专家库，选聘社科理论界专家、企事业单位负责人、各行业先进模范等参与“形势与政策”课教学。积极邀请党政领导干部上讲台讲“形势与政策”课。要完善“形势与政策”课教学评议制度，探索实行教师退出机制。

6. 创新设计教学方式。要坚持马克思主义立场、观点和方法，结合中华民族发展史、中国共产党史、中华人民共和国史、改革开放史和世界社会主义发展史，结合大学生思想实际，科学分析当前形势与政策，准确阐释习近平新时代中国特色社会主义思想。可采取灵活多样的方式组织课堂教学，积极运用现代信息技术手段，扩大优质课程的覆盖面，提升“形势与政策”课教学效果。

7. 注重考核学习效果。要保证课程覆盖所有在校本专科生，学生听课要涵盖教学内容中的四大类专题。成绩考核以提交专题论文、调研报告为主，重点考核学生对马克思主义中国化最新成果的掌握水平，考核学生对新时代中国特色社会主义实践的了解情况。按照学期进行考核，缺课学生要及时补课，各学期考核的平均成绩为该课程最终成绩，一次计入成绩册。

8. 大力加强组织领导。教育部加强对“形势与政策”课建设的统筹管理，定期研究制定教学要点，组织专家加强教学指导，定期举办骨干教师示范培训班，加强教学经验交流和重点难点问题研讨解析。各高校要研制科学的考核标准，计算教师教学工作量要充分考虑“形势与政策”课难度大、变化快、备课耗时多的特点。各地各高校要组织教师加强教学研究，及时关注形势与政策变化，学深悟透习近平新时代中国特色社会主义思想，切实保障“形势与政策”课教学效果，让学生真心喜爱、终身受益，把这门课真正打造成思想政治理论课的示范课。

5.1.2.5　中等职业学校职业指导工作规定

2018 年 8 月，教育部以教职成〔2018〕4 号文印发了《中等职业学校职业指导工作规定》，该工作规定全文如下：

第一章　总则

第一条　为规范和加强中等职业学校职业指导工作，不断提高人才培养质量，扩大优质职业教育资源供给，依据《中华人民共和国职业教育法》等法律法规，制订本规定。

第二条　职业指导是职业教育的重要内容，是职业学校的基础性工作。在中等职业学校开展职业指导工作，主要是通过学业辅导、职业指导教育、职业生涯咨询、创新创业教育和就业服务等，培养学生规划管理学业、职业生涯的意识和能力，培育学生的工匠精神和质量意识，为适应融入社会、就业创业和职业生涯可持续发展做好准备。

第三条　中等职业学校职业指导工作应深入贯彻习近平新时代中国特色社会主义思想，坚持立德树人、育人为本，遵循职业教育规律和学生成长规律，适应经济社会发展需求，完善机制、整合资源，构建全方位职业指导工作体系，动员学校全员参与、全程服务，持续提升职业指导工作水平。

第四条　中等职业学校职业指导工作应坚持以下原则：

（一）以学生为本原则。通过开展生动活泼的教学与实践活动，充分调动学生的积极性、主动性，引导学生参与体验，激发职业兴趣，增强职业认同，帮助学生形成职业生涯决策和规划能力。

（二）循序渐进原则。坚持从经济社会发展、学校办学水平以及学生自身实际出发，遵循学生身心发展和职业生涯发展规律，循序渐进开展有针对性的职业指导。

（三）教育与服务相结合原则。面向全体学生开展职业生涯教育，帮助学生树立正确的职业理想，学会职业选择。根据学生个体差异，开展有针对性的职业指导服务，为学生就业、择业、创业提供帮助，促进学生顺利就业创业和可持续发展。

（四）协同推进原则。职业指导工作应贯穿学校教育教学和管理服务的全过程，融入课程教学、实训实习、校企合作、校园文化活动和学生日常管理中，全员全程协同推进。

第二章　主要任务

第五条　开展学业辅导。激发学生的学习兴趣，帮助学生结合自身特点及专业，进行学业规划与管理，养成良好的学习习惯和行为，培养学生终身学习的意识与能力。

第六条　开展职业指导教育。帮助学生认识自我，了解社会，了解专业和职业，增强职业意识，树立正确的职业观和职业理想，增强学生提高职业素养的自觉性，培育职业精神；引导学生选择职业、规划职业，提高求职择业过程中的抗挫折能力和职业转换的适应能力，更好地适应和融入社会。

第七条　提供就业服务。帮助学生了解就业信息、就业有关法律法规，掌握求职技巧，疏导求职心理，促进顺利就业。鼓励开展就业后的跟踪指导。

第八条　开展职业生涯咨询。通过面谈或小组辅导，开展有针对性的职业咨询辅导，满足学生的个性化需求。鼓励有条件的学校面向社会开展职业生涯咨询服务和面向中小学生开展职业启蒙教育。

第九条　开展创新创业教育。帮助学生学习创新创业知识，了解创新创业的途径和方法，树立创新创业意识，提高创新创业能力。

第三章　主要途径

第十条　课程教学是职业指导的主渠道。中等职业学校应根据学生认知规律和身心特点，在开设应有的职业生涯规划课程基础上，采取必修、选修相结合的方式开设就业指导、创新创业等课程。持续改进教学方式方法，注重采用案例教学、情景模拟、行动教学等，提高教学效果。

第十一条　实践活动是职业指导的重要载体。中等职业学校可通过开展实训实习以及组织学生参加校内外拓展活动、企业现场参观培训、观摩人才招聘会等活动，强化学生的职业体验，提升职业素养。

第十二条　中等职业学校可通过职业心理倾向测评、创新创业能力测评、自我分析、角色扮演等个性化服务，帮助学生正确认识自我和社会，解决在择业和成长中的问题。

第十三条　中等职业学校应主动加强与行业、企业的合作，提供有效就业信息。组织供需见面会等，帮助学生推荐实习和就业单位。

第十四条　中等职业学校应充分利用各种优质网络资源，运用信息化手段开展职业指导服务。鼓励有条件的地区建立适合本地区需要的人才就业网络平台，发布毕业生信息和社会人才需求信息，为学生就业提供高效便捷的服务。

第四章　师资队伍

第十五条　中等职业学校应在核定的编制内至少配备 1 名具有一定专业水准的专兼职教师从事职业指导。鼓励选聘行业、企业优秀人员担任兼职职业指导教师。

第十六条　中等职业学校职业指导教师负责课程教学、活动组织、咨询服务等，其主要职责如下：

（一）了解学生的职业心理和职业认知情况，建立学生职业生涯档案，跟踪指导学生成长。

（二）根据学生职业认知水平，开展职业生涯规划、就业指导、创新创业等课程教学。

（三）策划和组织开展就业讲座、供需见面会、职业访谈等活动。

（四）结合学生个性化需要，提供有针对性的咨询服务或小组辅导。

（五）积极参加职业指导相关业务培训、教研活动、企业实践等，及时更新职业指导信息，提高职业指导的专业能力和教学科研水平。

（六）跟踪调查毕业生就业状况，做好总结分析反馈，为专业设置、招生、课程改革等提供合理化建议。

（七）配合做好其他职业指导相关工作。

第十七条 中等职业学校应加强职业指导教师的业务培训和考核。对职业指导教师的考核，注重过程性评价。

第五章 工作机制

第十八条 中等职业学校职业指导工作实行校长负责制。学校应建立专门工作机构，形成以专兼职职业指导教师为主体，班主任、思想政治课教师、学生管理人员等为辅助的职业指导工作体系。

第十九条 中等职业学校职业指导涉及教学管理、学生管理等工作领域，相关部门应积极配合支持。学校应主动对接行业组织、企业、家长委员会等，协同推进职业指导工作。

第二十条 中等职业学校应建立职业指导考核评价体系，定期开展职业指导工作评价，对在职业指导工作中做出突出贡献的，应予以相应激励。

第二十一条 中等职业学校应建立毕业生就业统计公告制度，按规定向上级主管部门报送并及时向社会发布毕业生就业情况。

第二十二条 中等职业学校应结合举办“职业教育活动周”等活动，积极展示优秀毕业生风采，广泛宣传高素质劳动者和技术技能人才先进事迹，大力弘扬劳模精神和工匠精神，营造劳动光荣的社会风尚和精益求精的敬业风气。

第六章 实施保障

第二十三条 各地教育行政部门和中等职业学校应为职业指导工作提供必要的人力、物力和经费保障，确保职业指导工作有序开展。

第二十四条 各地教育行政部门应加强对中等职业学校校长、职业指导教师、其他管理人员的职业指导业务培训，将职业指导纳入教师培训的必修内容。

第二十五条 各地教育行政部门应当积极协调人社、税务、金融等部门，为中等职业学校毕业生就业创业创造良好的政策环境。

第二十六条 中等职业学校应拓展和用足用好校内外职业指导场所、机构等资源。有条件的学校可建立学生创新创业孵化基地。

第二十七条 中等职业学校应将职业指导信息化建设统筹纳入学校整体信息化建设中，建立健全职业指导信息服务平台。

第二十八条　中等职业学校应加强职业指导的教学科研工作，与相关专业机构合作开展职业指导研究和课程建设，不断提高职业指导工作专业化水平。

第七章　附则

第二十九条　各省、自治区、直辖市教育行政部门可依据本规定制订实施细则。

第三十条　本规定由教育部负责解释，自发布之日起施行。

5.1.2.6　关于高等学校加快“双一流”建设的指导意见

2018年8月8日，教育部、财政部、国家发展改革委以教研〔2018〕5号文下发了《关于高等学校加快“双一流”建设的指导意见》，该指导意见全文如下：

为深入贯彻落实党的十九大精神，加快一流大学和一流学科建设，实现高等教育内涵式发展，全面提高人才培养能力，提升我国高等教育整体水平，根据《统筹推进世界一流大学和一流学科建设总体方案》和《统筹推进世界一流大学和一流学科建设实施办法（暂行）》，制定本意见。

一、总体要求

（一）指导思想

以习近平新时代中国特色社会主义思想为指导，深入贯彻落实党的十九大精神，紧紧围绕统筹推进“五位一体”总体布局和协调推进“四个全面”战略布局，全面贯彻落实党的教育方针，以中国特色世界一流为核心，以高等教育内涵式发展为主线，落实立德树人根本任务，紧紧抓住坚持办学正确政治方向、建设高素质教师队伍和形成高水平人才培养体系三项基础性工作，以体制机制创新为着力点，全面加强党的领导，调动各种积极因素，在深化改革、服务需求、开放合作中加快发展，努力建成一批中国特色社会主义标杆大学，确保实现“双一流”建设总体方案确定的战略目标。

（二）基本原则

坚持特色一流。扎根中国大地，服务国家重大战略需求，传承创新优秀文化，积极主动融入改革开放、现代化建设和民族复兴伟大进程，体现优势特色，提升发展水平，办人民满意的教育。瞄准世界一流，吸收世界上先进的办学治学经验，遵循教育教学规律，积极参与国际合作交流，有效扩大国际影响，实现跨越发展、超越引领。

坚持内涵发展。创新办学理念，转变发展模式，以多层次多类型一流人才培养为根本，以学科为基础，更加注重结构布局优化协调，更加注重人才培养模式创新，更加注重资源的有效集成和配置，统筹近期目标与长远规划，实现以质量为核心的可持续发展。

坚持改革驱动。全面深化改革，注重体制机制创新，充分激发各类人才积极性主动性创造性和高校内生动力，加快构建充满活力、富有效率、更加开放、动态竞争的体制机制。

坚持高校主体。明确高校主体责任，对接需求，统筹学校整体建设和学科建设，主动作为，充分发掘集聚各方面积极因素，加强多方协同，确保各项建设与改革任务落地见效。

二、落实根本任务，培养社会主义建设者和接班人

（三）坚持中国特色社会主义办学方向

建设中国特色世界一流大学必须坚持办学正确政治方向。坚持和加强党的全面领导，牢固树立“四个意识”，坚定“四个自信”，把“四个自信”转化为办好中国特色世界一流大学的自信和动力。践行“四个服务”，立足中国实践、解决中国问题，为国家发展、人民福祉做贡献。高校党委要把政治建设摆在首位，深入实施基层党建质量提升攻坚行动，全面推进高校党组织“对标争先”建设计划和教师党支部书记“双带头人”培育工程，加强教师党支部、学生党支部建设，巩固马克思主义在高校意识形态领域的指导地位，切实履行好管党治党、办学治校主体责任。

（四）引导学生成长成才

育人为本，德育为先，着力培养一大批德智体美全面发展的社会主义建设者和接班人。深入研究学生的新特点新变化新需求，大力加强理想信念教育和国情教育，抓好马克思主义理论教育，践行社会主义核心价值观，坚持不懈推进习近平新时代中国特色社会主义思想进教材、进课堂、进学生头脑，使党的创新理论全面融入高校思想政治工作。深入实施高校思想政治工作质量提升工程，深化“三全育人”综合改革，实现全员全过程全方位育人；实施普通高校思想政治理论课建设体系创新计划，大力推动以“思政课＋课程思政”为目标的课堂教学改革，使各类课程、资源、力量与思想政治理论课同向同行，形成协同效应。发挥哲学社会科学育人优势，加强人文关怀和心理引导。实施高校体育固本工程和美育提升工程，提高学生体质健康水平和艺术审美素养。鼓励学生参与教学改革和创新实践，改革学习评价制度，激励学生自主学习、奋发学习、全面发展。做好学生就业创业工作，鼓励学生到基层一线发光发热，在服务国家发展战略中大显身手。

（五）形成高水平人才培养体系

把立德树人的成效作为检验学校一切工作的根本标准，一体化构建课程、科研、实践、文化、网络、心理、管理、服务、资助、组织等育人体系，把思想政治工作贯穿教育教学全过程、贯通人才培养全体系。突出特色优势，完善

切合办学定位、互相支撑发展的学科体系，充分发挥学科育人功能；突出质量水平，建立知识结构完备、方式方法先进的教学体系，推动信息技术、智能技术与教育教学深度融合，构建“互联网+”条件下的人才培养新模式，推进信息化实践教学，充分利用现代信息技术实现优质教学资源开放共享，全面提升师生信息素养；突出价值导向，建立思想性、科学性和时代性相统一的教材体系，加快建设教材建设研究基地，把教材建设作为学科建设的重要内容和考核指标，完善教材编写审查、遴选使用、质量监控和评价机制，建立优秀教材编写激励保障机制，努力编写出版具有世界影响的一流教材；突出服务效能，创新以人为本、责权明确的管理体系；健全分流退出机制和学生权益保护制度，完善有利于激励学习、公平公正的学生奖助体系。

（六）培养拔尖创新人才

深化教育教学改革，提高人才培养质量。率先确立建成一流本科教育目标，强化本科教育基础地位，把一流本科教育建设作为“双一流”建设的基础任务，加快实施“六卓越一拔尖”人才培养计划 2.0，建成一批一流本科专业；深化研究生教育综合改革，进一步明确不同学位层次的培养要求，改革培养方式，加快建立科教融合、产学结合的研究生培养机制，着力改进研究生培养体系，提升研究生创新能力。深化和扩大专业学位教育改革，强化研究生实践能力，培养高层次应用型人才。大力培养高精尖急缺人才，多方集成教育资源，制定跨学科人才培养方案，探索建立政治过硬、行业急需、能力突出的高层次复合型人才培养新机制。推进课程改革，加强不同培养阶段课程和教学的一体化设计，坚持因材施教、循序渐进、教学相长，将创新创业能力和实践能力培养融入课程体系。

三、全面深化改革，探索一流大学建设之路

（七）增强服务重大战略需求能力

需求是推动建设的原动力。加强对各类需求的针对性研究、科学性预测和系统性把握，主动对接国家和区域重大战略，加强各类教育形式、各类专项计划统筹管理，优化学科专业结构，完善以社会需求和学术贡献为导向的学科专业动态调整机制。推进高层次人才供给侧结构性改革，优化不同层次学生的培养结构，适应需求调整培养规模与培养目标，适度扩大博士研究生规模，加快发展博士专业学位研究生教育；加强国家战略、国家安全、国际组织等相关急需学科专业人才的培养，超前培养和储备哲学社会科学特别是马克思主义理论、传承中华优秀传统文化等相关人才。进一步完善以提高招生选拔质量为核心、科学公正的研究生招生选拔机制。建立面向服务需求的资源集成调配机制，充分发挥各类资源的集聚效应和放大效应。

（八）优化学科布局

构建协调可持续发展的学科体系。立足学校办学定位和学科发展规律，打破传统学科之间的壁垒，以“双一流”建设学科为核心，以优势特色学科为主体，以相关学科为支撑，整合相关传统学科资源，促进基础学科、应用学科交叉融合，在前沿和交叉学科领域培植新的学科生长点。与国家和区域发展战略需求紧密衔接，加快建设对接区域传统优势产业，以及先进制造、生态环保等战略型新兴产业发展的学科。加强马克思主义学科建设，加快完善具有支撑作用的学科，突出优势、拓展领域、补齐短板，努力构建全方位、全领域、全要素的中国特色哲学社会科学体系。优化学术学位和专业学位类别授权点布局，处理好交叉学科与传统学科的关系，完善学科新增与退出机制，学科的调整或撤销不应违背学校和学科发展规律，力戒盲目跟风简单化。

（九）建设高素质教师队伍

人才培养，关键在教师。加强师德师风建设，严把选聘考核晋升思想政治素质关，将师德师风作为评价教师队伍素质的第一标准，打造有理想信念、道德情操、扎实学识、仁爱之心的教师队伍，建成师德师风高地。坚持引育并举、以育为主，建立健全青年人才蓬勃生长的机制，精准引进活跃于国际学术前沿的海外高层次人才，坚决杜绝片面抢挖“帽子”人才等短期行为。改革编制及岗位管理制度，突出教学一线需求，加大教师教学岗位激励力度。建立建强校级教师发展中心，提升教师教学能力，促进高校教师职业发展，加强职前培养、入职培训和在职研修，完善访问学者制度，探索建立专任教师学术休假制度，支持高校教师参加国际化培训项目、国际交流和科研合作。支持高校教师参与基础教育教学改革、教材建设等工作。深入推进高校教师职称评审制度、考核评价制度改革，建立健全教授为本科生上课制度，不唯头衔、资历、论文作为评价依据，突出学术贡献和影响力，激发教师积极性和创造性。

（十）提升科学研究水平

突出一流科研对一流大学建设的支撑作用。充分发挥高校基础研究主力军作用，实施高等学校基础研究珠峰计划，建设一批前沿科学中心，牵头或参与国家科技创新基地、国家重大科技基础设施、哲学社会科学平台建设，促进基础研究和应用研究融通创新、全面发展、重点突破。加强协同创新，发挥高校、科研院所、企业等主体在人才、资本、市场、管理等方面的优势，加大技术创新、成果转化和技术转移力度；围绕关键核心技术和前沿共性问题，完善成果转化管理体系和运营机制，探索建立专业化技术转移机构及新型研发机构，促进创新链和产业链精准对接。主动融入区域发展、军民融合体系，推进军民科技成果双向转移转化，提升对地方经济社会和国防建设的贡献度。推进中国特色哲学社会科学发展，从我国改革发展的实践中挖掘新材料、发现新问题、提出新观点、构建新理论，打造高水平的新型高端智库。探索以代表性成果和原创性贡献为主要内容的科研评价，完善同行专家评价机制。

（十一）深化国际合作交流

大力推进高水平实质性国际合作交流，成为世界高等教育改革的参与者、推动者和引领者。加强与国外高水平大学、顶尖科研机构的实质性学术交流与科研合作，建立国际合作联合实验室、研究中心等；推动中外优质教育模式互学互鉴，以我为主创新联合办学体制机制，加大校际访问学者和学生交流互换力度。以“一带一路”倡议为引领，加大双语种或多语种复合型国际化专业人才培养力度。进一步完善国际学生招收、培养、管理、服务的制度体系，不断优化生源结构，提高生源质量。积极参与共建“一带一路”教育行动和中外人文交流项目，在推进孔子学院建设中，进一步发挥建设高校的主体作用。选派优秀学生、青年教师、学术带头人等赴国外高水平大学、机构访学交流，积极推动优秀研究生公派留学，加大高校优秀毕业生到国际组织实习任职的支持力度，积极推荐高校优秀人才在国际组织、学术机构、国际期刊任职兼职。

（十二）加强大学文化建设

培育理念先进、特色鲜明、中国智慧的大学文化，成为大学生命力、竞争力重要源泉。立足办学传统和现实定位，以社会主义核心价值观为引领，推动中华优秀教育文化的创造性转化和创新性发展，构建具有时代精神、风格鲜明的中国特色大学文化。加强校风教风学风和学术道德建设，深入开展高雅艺术进校园、大学生艺术展演、中华优秀传统文化传承基地建设，营造全方位育人文化。塑造追求卓越、鼓励创新的文化品格，弘扬勇于开拓、求真务实的学术精神，形成中外互鉴、开放包容的文化气质。坚定对发展知识、追求真理、造福人类的责任感使命感，在对口支援、精准扶贫、合建共建等行动中，勇于担当、主动作为，发挥带动作用。传播科学理性与人文情怀，承担引领时代风气和社会未来、促进人类社会发展进步的使命。

（十三）完善中国特色现代大学制度

以制度建设保障高校整体提升。坚持和完善党委领导下的校长负责制，健全完善各项规章制度，贯彻落实大学章程，规范高校内部治理体系，推进管理重心下移，强化依法治校；创新基层教学科研组织和学术管理模式，完善学术治理体系，保障教学、学术委员会在人才培养和学术事务中有效发挥作用；建立和完善学校理事会制度，进一步完善社会支持和参与学校发展的组织形式和制度平台。充分利用云计算、大数据、人工智能等新技术，构建全方位、全过程、全天候的数字校园支撑体系，提升教育教学管理能力。

四、强化内涵建设，打造一流学科高峰

（十四）明确学科建设内涵

学科建设要明确学术方向和回应社会需求，坚持人才培养、学术团队、科研创新“三位一体”。围绕国家战略需求和国际学术前沿，遵循学科发展规律，找准特色优势，着力凝练学科方向、增强问题意识、汇聚高水平人才队伍、搭建学科发展平台，重点建设一批一流学科。以一流学科为引领，辐射带动学科整体水平提升，形成重点明确、层次清晰、结构协调、互为支撑的学科体系，支持大学建设水平整体提升。

（十五）突出学科优势与特色

学科建设的重点在于尊重规律、构建体系、强化优势、突出特色。国内领先、国际前沿高水平的学科，加快培育国际领军人才和团队，实现重大突破，抢占未来制高点，率先冲击和引领世界一流；国内前列、有一定国际影响力的学科，围绕主干领域方向，强化特色，扩大优势，打造新的学科高峰，加快进入世界一流行列。在中国特色的领域、方向，立足解决重大理论、实践问题，积极打造具有中国特色中国风格中国气派的一流学科和一流教材，加快构建中国特色哲学社会科学学科体系、学术体系、话语体系、教材体系，不断提升国际影响力和话语权。

（十六）拓展学科育人功能

以学科建设为载体，加强科研实践和创新创业教育，培养一流人才。强化科研育人，结合国家重点、重大科技计划任务，建立科教融合、相互促进的协同培养机制，促进知识学习与科学研究、能力培养的有机结合。学科建设要以人才培养为中心，支撑引领专业建设，推进实践育人，积极构建面向实践、突出应用的实践实习教学体系，拓展实践实习基地的数量、类型和层次，完善实践实习的质量监控与评价机制。加强创新创业教育，促进专业教育与创新创业教育有机融合，探索跨院系、跨学科、跨专业交叉培养创新创业人才机制，依托大学科技园、协同创新中心和工程研究中心等，搭建创新创业平台，鼓励师生共同开展高质量创新创业。

（十七）打造高水平学科团队和梯队

汇聚拔尖人才，激发团队活力。完善开放灵活的人才培育、吸引和使用机制，着眼长远，构建以学科带头人为领军、以杰出人才为骨干、以优秀青年人才为支撑，衔接有序、结构合理的人才团队和梯队，注重培养团队精神，加强团队合作。充分发挥学科带头人凝练方向、引领发展的重要作用，既看重学术造诣，也看重道德品质，既注重前沿方向把握，也关注组织能力建设，保障学科带头人的人财物支配权。加大对青年教师教学科研的稳定支持力度，着力把中青年学术骨干推向国际学术前沿和国家战略前沿，承担重大项目、参与重大任务，加强博士后等青年骨干力量培养；建立稳定的高水平实验技术、工程技术、实践指导和管理服务人才队伍，重视和培养学生作为科研生力军。以解决重大科研问题与合作机制为重点，对科研团队实行整体性评价，形成与贡献匹配的评价激励体系。

（十八）增强学科创新能力

学术探索与服务国家需求紧密融合，着力提高关键领域原始创新、自主创新能力和建设性社会影响。围绕国家和区域发展战略，凝练提出学科重大发展问题，加强对关键共性技术、前沿引领技术、现代工程技术、颠覆性技术、重大理论和实践问题的有组织攻关创新，实现前瞻性基础研究、引领性原创成果和建设性社会影响的重大突破。加强重大科技项目的培育和组织，积极承担国家重点、重大科技计划任务，在国家和地方重大科技攻关项目中发挥积极作用。积极参与、牵头国际大科学计划和大科学工程，研究和解决全球性、区域性重大问题，在更多前沿领域引领科学方向。

（十九）创新学科组织模式

聚焦建设学科，加强学科协同交叉融合。整合各类资源，加大对原创性、系统性、引领性研究的支持。围绕重大项目和重大研究问题组建学科群，主干学科引领发展方向，发挥凝聚辐射作用，各学科紧密联系、协同创新，避免简单地“搞平衡、铺摊子、拉郎配”。瞄准国家重大战略和学科前沿发展方向，以服务需求为目标，以问题为导向，以科研联合攻关为牵引，以创新人才培养模式为重点，依托科技创新平台、研究中心等，整合多学科人才团队资源，着重围绕大物理科学、大社会科学为代表的基础学科，生命科学为代表的前沿学科，信息科学为代表的应用学科，组建交叉学科，促进哲学社会科学、自然科学、工程技术之间的交叉融合。鼓励组建学科联盟，搭建国际交流平台，发挥引领带动作用。

五、加强协同，形成“双一流”建设合力

（二十）健全高校“双一流”建设管理制度

明确并落实高校在“双一流”建设中的主体责任，增强建设的责任感和使命感。充分发挥高校党委在“双一流”建设全程的领导核心作用，推动重大安排部署的科学决策、民主决策和依法决策，确保“双一流”建设方案全面落地。健全高校“双一流”建设管理机构，创新管理体制与运行机制，完善部门分工负责、全员协同参与的责任体系，建立内部监测评价制度，按年度发布建设进展报告，加强督导考核，避免简单化层层分解、机械分派任务指标。

（二十一）增强高校改革创新自觉性

改革创新是高校持续发展的不竭动力。建设高校要积极主动深化改革，发挥教育改革排头兵的引领示范作用，以改革增添动力，以创新彰显特色。全面深化高校综合改革，着力加大思想政治教育、人才培养模式、人事制度、科研体制机制、资源募集调配机制等关键领域环节的改革力度，重点突破，探索形成符合教育规律、可复制可推广的经验做法。增强高校外部体制机制改革协同与政策协调，加快形成高校改革创新成效评价机制，完善社会参与改革、支持改革的合作机制，促进优质资源共享，为高校创新驱动发展营造良好的外部环境。

（二十二）加大地方区域统筹

将“双一流”建设纳入区域重大战略，结合区域内科创中心建设等重大工程、重大计划，主动明确对高校提出需求，形成“双一流”建设与其他重大工程互相支撑、协同推进的格局，更好地服务地方经济社会发展。地方政府通过多种方式，对建设高校在资金、政策、资源等方面给予支持。切实落实“放管服”要求，积极推动本地区高水平大学和优势特色学科建设，引导“双一流”建设高校和本地区高水平大学相互促进、共同发展，构建协调发展、有序衔接的建设体系。

（二十三）加强引导指导督导

强化政策支持和资金投入引导。适度扩大高校自主设置学科权限，完善多元化研究生招生选拔机制，适度提高优秀应届本科毕业生直接攻读博士学位的比例。建立健全高等教育招生计划动态调整机制，实施国家急需学科高层次人才培养支持计划，探索研究生招生计划与国家重大科研任务、重点科技创新基地等相衔接的新路径。继续做好经费保障工作，全面实施预算绩效管理，建立符合高等教育规律和管理需要的绩效管理机制，增强建设高校资金统筹权，在现有财政拨款制度基础上完善研究生教育投入机制。建设高校要建立多元筹资机制，统筹自主资金和其他可由高校按规定自主使用的资金等，共同支持“双一流”建设。完善政府、社会、高校相结合的共建机制，形成多元化投入、合力支持的格局。

强化建设过程的指导督导。履行政府部门指导职责，充分发挥“双一流”建设专家委员会咨询作用，支持学科评议组、教育教学指导委员会、教育部科学技术委员会等各类专家组织开展建设评价、诊断、督导，促进学科发展和学校建设。推进“双一流”建设督导制度化常态化长效化。按建设周期跟踪评估建设进展情况，建设期末对建设成效进行整体评价。根据建设进展和评价情况，动态调整支持力度和建设范围。推动地方落实对“双一流”建设的政策支持和资源投入。

（二十四）完善评价和建设协调机制

坚持多元综合性评价。以立德树人成效作为根本标准，探索建立中国特色“双一流”建设的综合评价体系，以人才培养、创新能力、服务贡献和影响力为核心要素，把一流本科教育作为重要内容，定性和定量、主观和客观相结合，学科专业建设与学校整体建设评价并行，重点考察建设效果与总体方案的符合度、建设方案主要目标的达成度、建设高校及其学科专业在第三方评价中的表现度。鼓励第三方独立开展建设过程及建设成效的监测评价。积极探索中国特色现代高等教育评估制度。

健全协调机制。建立健全“双一流”建设部际协调工作机制，创新省部共建合建机制，统筹推进“双一流”建设与地方高水平大学建设，实现政策协同、分工协同、落实协同、效果协同。

5.1.2.7　关于加快建设高水平本科教育全面提高人才培养能力的意见

2018 年 9 月 17 日，教育部以教高〔2018〕2 号文下发了《教育部关于加快建设高水平本科教育全面提高人才培养能力的意见》，全文如下：

各省、自治区、直辖市教育厅（教委），新疆生产建设兵团教育局，有关部门（单位）教育司（局），部属各高等学校、部省合建各高等学校：

为深入贯彻习近平新时代中国特色社会主义思想和党的十九大精神，全面贯彻落实全国教育大会精神，紧紧围绕全面提高人才培养能力这个核心点，加快形成高水平人才培养体系，培养德智体美劳全面发展的社会主义建设者和接班人，现就加快建设高水平本科教育、全面提高人才培养能力提出如下意见。

一、建设高水平本科教育的重要意义和形势要求

1. 深刻认识建设高水平本科教育的重要意义。建设教育强国是中华民族伟大复兴的基础工程。高等教育是国家发展水平和发展潜力的重要标志。统筹推进“五位一体”总体布局和协调推进“四个全面”战略布局，建成社会主义现代化强国，实现中华民族伟大复兴，对高等教育的需要，对科学知识和优秀人才的需要，比以往任何时候都更为迫切。本科生是高素质专门人才培养的最大群体，本科阶段是学生世界观、人生观、价值观形成的关键阶段，本科教育是提高高等教育质量的最重要基础。办好我国高校，办出世界一流大学，人才培养是本，本科教育是根。建设高等教育强国必须坚持“以本为本”，加快建设高水平本科教育，培养大批有理想、有本领、有担当的高素质专门人才，为全面建成小康社会、基本实现社会主义现代化、建成社会主义现代化强国提供强大的人才支撑和智力支持。

2. 准确把握建设高水平本科教育的形势要求。当前，我国高等教育正处于内涵发展、质量提升、改革攻坚的关键时期和全面提高人才培养能力、建设高

等教育强国的关键阶段。进入新时代以来，高等教育发展取得了历史性成就，高等教育综合改革全面推进，高校办学更加聚焦人才培养，立德树人成效显著。但人才培养的中心地位和本科教学的基础地位还不够巩固，一些学校领导精力、教师精力、学生精力、资源投入仍不到位，教育理念仍相对滞后，评价标准和政策机制导向仍不够聚焦。高等学校必须主动适应国家战略发展新需求和世界高等教育发展新趋势，牢牢抓住全面提高人才培养能力这个核心点，把本科教育放在人才培养的核心地位、教育教学的基础地位、新时代教育发展的前沿地位，振兴本科教育，形成高水平人才培养体系，奋力开创高等教育新局面。

二、建设高水平本科教育的指导思想和目标原则

3. 指导思想。以习近平新时代中国特色社会主义思想为指导，全面贯彻落实党的十九大精神，全面贯彻党的教育方针，坚持教育为人民服务、为中国共产党治国理政服务、为巩固和发展中国特色社会主义制度服务、为改革开放和社会主义现代化建设服务，全面落实立德树人根本任务，准确把握高等教育基本规律和人才成长规律，以"回归常识、回归本分、回归初心、回归梦想"为基本遵循，激励学生刻苦读书学习，引导教师潜心教书育人，努力培养德智体美劳全面发展的社会主义建设者和接班人，为建设社会主义现代化强国和实现中华民族伟大复兴的中国梦提供强有力的人才保障。

4. 总体目标。经过5年的努力，"四个回归"全面落实，初步形成高水平的人才培养体系，建成一批立德树人标杆学校，建设一批一流本科专业点，引领带动高校专业建设水平和人才培养能力全面提升，学生学习成效和教师育人能力显著增强；协同育人机制更加健全，现代信息技术与教育教学深度融合，高等学校质量督导评估制度更加完善，大学质量文化建设取得显著成效。到2035年，形成中国特色、世界一流的高水平本科教育，为建设高等教育强国、加快实现教育现代化提供有力支撑。

5. 基本原则。

——坚持立德树人，德育为先。把立德树人内化到大学建设和管理各领域、各方面、各环节，坚持以文化人、以德育人，不断提高学生思想水平、政治觉悟、道德品质、文化素养，教育学生明大德、守公德、严私德。

——坚持学生中心，全面发展。以促进学生全面发展为中心，既注重"教得好"，更注重"学得好"，激发学生学习兴趣和潜能，激励学生爱国、励志、求真、力行，增强学生的社会责任感、创新精神和实践能力。

——坚持服务需求，成效导向。主动对接经济社会发展需求，优化专业结构，完善课程体系，更新教学内容，改进教学方法，切实提高高校人才培养的目标达成度、社会适应度、条件保障度、质保有效度和结果满意度。

——坚持完善机制，持续改进。以创新人才培养机制为重点，形成招生、培养与就业联动机制，完善专业动态调整机制，健全协同育人机制，优化实践育人机制，强化质量评价保障机制，形成人才培养质量持续改进机制。

——坚持分类指导，特色发展。推动高校分类发展，引导各类高校发挥办学优势，在不同领域各展所长，建设优势特色专业，提高创新型、复合型、应用型人才培养质量，形成全局性改革成果。

三、把思想政治教育贯穿高水平本科教育全过程

6. 坚持正确办学方向。要全面加强高校党的建设，毫不动摇地坚持社会主义办学方向，办好高校马克思主义学院和思想政治理论课，加强面向全体学生的马克思主义理论教育，深化中国特色社会主义和中国梦宣传教育，大力推进习近平新时代中国特色社会主义思想进教材、进课堂、进头脑，不断增强学生的道路自信、理论自信、制度自信和文化自信。

7. 坚持德才兼修。把立德树人的成效作为检验学校一切工作的根本标准，加强理想信念教育，厚植爱国主义情怀，把社会主义核心价值观教育融入教育教学全过程各环节，全面落实到质量标准、课堂教学、实践活动和文化育人中，帮助学生正确认识历史规律、准确把握基本国情，掌握科学的世界观、方法论。深入开展道德教育和社会责任教育，引导学生养成良好的道德品质和行为习惯，崇德向善、诚实守信，热爱集体、关心社会。

8. 提升思政工作质量。加强高校思想政治工作体系建设，深入实施高校思想政治工作质量提升工程，建立健全系统化育人长效机制，一体化构建内容完善、标准健全、运行科学、保障有力、成效显著的高校思想政治工作质量体系。把握师生思想特点和发展需求，优化内容供给、改进工作方法、创新工作载体，激活高校思想政治工作内生动力，不断提高师生的获得感。

9. 强化课程思政和专业思政。在构建全员、全过程、全方位“三全育人”大格局过程中，着力推动高校全面加强课程思政建设，做好整体设计，根据不同专业人才培养特点和专业能力素质要求，科学合理设计思想政治教育内容。强化每一位教师的立德树人意识，在每一门课程中有机融入思想政治教育元素，推出一批育人效果显著的精品专业课程，打造一批课程思政示范课堂，选树一批课程思政优秀教师，形成专业课教学与思想政治理论课教学紧密结合、同向同行的育人格局。

四、围绕激发学生学习兴趣和潜能深化教学改革

10. 改革教学管理制度。坚持从严治校，依法依规加强教学管理，规范本科教学秩序。推进辅修专业制度改革，探索将辅修专业制度纳入国家学籍学历管理体系，允许学生自主选择辅修专业。完善学分制，推动健全学分制收费管理

制度，扩大学生学习自主权、选择权，鼓励学生跨学科、跨专业学习，允许学生自主选择专业和课程。鼓励学生通过参加社会实践、科学研究、创新创业、竞赛活动等获取学分。支持有条件的高校探索为优秀毕业生颁发荣誉学位，增强学生学习的荣誉感和主动性。

11. 推动课堂教学革命。以学生发展为中心，通过教学改革促进学习革命，积极推广小班化教学、混合式教学、翻转课堂，大力推进智慧教室建设，构建线上线下相结合的教学模式。因课制宜选择课堂教学方式方法，科学设计课程考核内容和方式，不断提高课堂教学质量。积极引导学生自我管理、主动学习，激发求知欲望，提高学习效率，提升自主学习能力。

12. 加强学习过程管理。加强考试管理，严格过程考核，加大过程考核成绩在课程总成绩中的比重。健全能力与知识考核并重的多元化学业考核评价体系，完善学生学习过程监测、评估与反馈机制。加强对毕业设计（论文）选题、开题、答辩等环节的全过程管理，对形式、内容、难度进行严格监控，提高毕业设计（论文）质量。综合应用笔试、口试、非标准答案考试等多种形式，全面考核学生对知识的掌握和运用，以考辅教、以考促学，激励学生主动学习、刻苦学习。

13. 强化管理服务育人。按照管理育人、服务育人的理念和要求，系统梳理、修订完善与在校大学生学习、生活等相关的各项管理制度，形成依法依规、宽严相济、科学管用的学生管理制度体系。探索建立大学生诚信制度，推动与国家诚信体系建设相衔接。探索建立反映大学生全面发展、个性发展的国家学生信息管理服务平台，为大学生升学、就业、创业提供权威、丰富的学生发展信息服务。高度重视并加强毕业生就业工作，提升就业指导服务水平，定期发布高校就业质量年度报告，建立就业与招生、人才培养联动机制。

14. 深化创新创业教育改革。把深化高校创新创业教育改革作为推进高等教育综合改革的突破口，面向全体、分类施教、结合专业、强化实践，促进学生全面发展。推动创新创业教育与专业教育、思想政治教育紧密结合，深化创新创业课程体系、教学方法、实践训练、队伍建设等关键领域改革。强化创新创业实践，搭建大学生创新创业与社会需求对接平台。加强创新创业示范高校建设，强化创新创业导师培训，发挥“互联网+”大赛引领推动作用，提升创新创业教育水平。鼓励符合条件的学生参加职业资格考试，支持学生在完成学业的同时，获取多种资格和能力证书，增强创业就业能力。

15. 提升学生综合素质。发展素质教育，深入推进体育、美育教学改革，加强劳动教育，促进学生身心健康，提高学生审美和人文素养，在学生中弘扬劳动精神，教育引导学生崇尚劳动、尊重劳动。把国家安全教育融入教育教学，提升学生国家安全意识和提高维护国家安全能力。把生态文明教育融入课程教学、校园文化、社会实践，增强学生生态文明意识。广泛开展社会调查、生产劳动、志愿服务、科技发明、勤工助学等社会实践活动，增强学生表达沟通、团队合作、组织协调、实践操作、敢闯会创的能力。

五、全面提高教师教书育人能力

16. 加强师德师风建设。坚持把师德师风作为教师素质评价的第一标准，健全师德考核制度，建立教师个人信用记录，完善诚信承诺和失信惩戒机制，推动师德建设常态化长效化，引导广大教师教书育人和自我修养相结合，做到以德立身、以德立学、以德施教，更好担当起学生健康成长指导者和引路人的责任。

17. 提升教学能力。加强高校教师教学发展中心建设，全面开展教师教学能力提升培训。深入实施中西部高校新入职教师国培项目和青年骨干教师访问学者项目。大力推动两院院士、国家“千人计划”“万人计划”专家、“长江学者奖励计划”入选者、国家杰出青年科学基金获得者等高层次人才走上本科教学一线并不断提高教书育人水平，完善教授给本科生上课制度，实现教授全员给本科生上课。因校制宜，建立健全多种形式的基层教学组织，广泛开展教育教学研究活动，提高教师现代信息技术与教育教学深度融合的能力。

18. 充分发挥教材育人功能。推进马工程重点教材统一编写、统一审查、统一使用，健全编写修订机制。鼓励和支持专业造诣高、教学经验丰富的专家学者参与教材编写，提高教材编写质量。加强教材研究，创新教材呈现方式和话语体系，实现理论体系向教材体系转化、教材体系向教学体系转化、教学体系向学生的知识体系和价值体系转化，使教材更加体现科学性、前沿性，进一步增强教材针对性和实效性。

19. 改革评价体系。深化高校教师考核评价制度改革，坚持分类指导与分层次评价相结合，根据不同类型高校、不同岗位教师的职责特点，教师分类管理和分类评价办法，分类分层次分学科设置评价内容和评价方式。加强对教师育人能力和实践能力的评价与考核。加强教育教学业绩考核，在教师专业技术职务晋升中施行本科教学工作考评一票否决制。加大对教学业绩突出教师的奖励力度，在专业技术职务评聘、绩效考核和津贴分配中把教学质量和科研水平作为同等重要的依据，对主要从事教学工作人员，提高基础性绩效工资额度，保证合理的工资水平。

六、大力推进一流专业建设

20. 实施一流专业建设“双万计划”。专业是人才培养的基本单元，是建设高水平本科教育、培养一流人才的“四梁八柱”。以建设面向未来、适应需求、引领发展、理念先进、保障有力的一流专业为目标，建设1万个国家级一流专业点和1万个省级一流专业点，引领支撑高水平本科教育。“双一流”高校要率先建成一流专业，应用型本科高校要结合办学特色努力建设一流专业。

21. 提高专业建设质量。适应新时代对人才的多样化需求，推动高校及时调整专业人才培养方案，定期更新教学大纲，适时修订专业教材，科学构建课程体系。适应高考综合改革需求，进一步完善招生选拔机制，推动招生与人才培养的有效衔接。推动高校建立专业办学条件主动公开制度，加强专业质量建设，提高学生和社会的满意度。

22. 动态调整专业结构。深化高校本科专业供给侧改革，建立健全专业动态调整机制，做好存量升级、增量优化、余量消减。主动布局集成电路、人工智能、云计算、大数据、网络空间安全、养老护理、儿科等战略性新兴产业发展和民生急需相关学科专业。推动各地、各行业、各部门完善人才需求预测预警机制，推动高校形成就业与招生计划、人才培养的联动机制。

23. 优化区域专业布局。围绕落实国家主体功能区规划和区域经济社会发展需求，加强省级统筹，建立完善专业区域布局优化机制。结合区域内高校学科专业特色和优势，加强专业布局顶层设计，因地制宜，分类施策，加强指导，及时调整与发展需求不相适应的专业，培育特色优势专业集群，打造专业建设新高地，提升服务区域经济社会发展能力。

七、推进现代信息技术与教育教学深度融合

24. 重塑教育教学形态。加快形成多元协同、内容丰富、应用广泛、服务及时的高等教育云服务体系，打造适应学生自主学习、自主管理、自主服务需求的智慧课堂、智慧实验室、智慧校园。大力推动互联网、大数据、人工智能、虚拟现实等现代技术在教学和管理中的应用，探索实施网络化、数字化、智能化、个性化的教育，推动形成“互联网＋高等教育”新形态，以现代信息技术推动高等教育质量提升的“变轨超车”。

25. 大力推进慕课和虚拟仿真实验建设。发挥慕课在提高质量、促进公平方面的重大作用，制定慕课标准体系，规范慕课建设管理，规划建设一批高质量慕课，推出3000门国家精品在线开放课程，示范带动课程建设水平的整体提升。建设1000项左右国家虚拟仿真实验教学项目，提高实验教学质量和水平。

26. 共享优质教育资源。大力加强慕课在中西部高校的推广使用，加快提升中西部高校教学水平。建立慕课学分认定制度。以1万门国家级和1万门省级一流线上线下精品课程建设为牵引，推动优质课程资源开放共享，促进慕课等优质资源平台发展，鼓励教师多模式应用，鼓励学生多形式学习，提升公共服务水平，推动形成支持学习者人人皆学、处处能学、时时可学的泛在化学习新环境。

八、构建全方位全过程深融合的协同育人新机制

27. 完善协同育人机制。建立与社会用人部门合作更加紧密的人才培养机制。健全培养目标协同机制，与相关部门联合制订人才培养标准，完善人才培养方案。健全教师队伍协同机制，统筹专兼职教师队伍建设，促进双向交流，提高实践教学水平。健全资源共享机制，推动将社会优质教育资源转化为教育教学内容。健全管理协同机制，推动相关部门与高校搭建对接平台，对人才培养进行协同管理，培养真正适应经济社会发展需要的高素质专门人才。

28. 加强实践育人平台建设。综合运用校内外资源，建设满足实践教学需要的实验实习实训平台。加强校内实验教学资源建设，构建功能集约、资源共享、开放充分、运作高效的实验教学平台。建设学生实习岗位需求对接网络平台，征集、发布企业和学生实习需求信息，为学生实习实践提供服务。进一步提高实践教学的比重，大力推动与行业部门、企业共同建设实践教育基地，切实加强实习过程管理，健全合作共赢、开放共享的实践育人机制。

29. 强化科教协同育人。结合重大、重点科技计划任务，建立科教融合、相互促进的协同培养机制。推动国家级、省部级科研基地向本科生开放，为本科生参与科研创造条件，推动学生早进课题、早进实验室、早进团队，将最新科研成果及时转化为教育教学内容，以高水平科学研究支撑高质量本科人才培养。依托大学科技园、协同创新中心、工程研究中心、重点研究基地和学校科技成果，搭建学生科学实践和创新创业平台，推动高质量师生共创，增强学生创新精神和科研能力。

30. 深化国际合作育人。主动服务国家对外开放战略，积极融入“一带一路”建设，推进与国外高水平大学开展联合培养，支持中外高校学生互换、学分互认、学位互授联授，推荐优秀学生到国际组织任职、实习，选拔高校青年教师学术带头人赴国外高水平机构访学交流，加快引进国外优质教育资源，培养具有宽广国际视野的新时代人才。

31. 深化协同育人重点领域改革。推进校企深度融合，加快发展“新工科”，探索以推动创新与产业发展为导向的工程教育新模式。促进医教协同，推进院校教育和毕业后教育紧密衔接，共建医学院和附属医院。深化农科教结合，协同推进学校与地方、院所、企业育人资源互动共享，建设农科教合作人才培养基地。深入推进法学教育和司法实践紧密结合，实施高校与法治实务部门交流“万人计划”。适应媒体深度融合和行业创新发展，深化宣传部门与高校共建新闻学院。完善高校与地方政府、中小学“三位一体”协同育人机制，创建国家教师教育创新实验区。深化科教结合，加强高校与各类科研院所协作，提高基础学科拔尖人才培养能力。

九、加强大学质量文化建设

32. 完善质量评价保障体系。进一步转变政府职能，推进管办评分离，构建以高等学校内部质量保障为基础，教育行政部门为引导，学术组织、行业部门和社会机构共同参与的高等教育质量保障体系。把人才培养水平和质量作为评价大学的首要指标，突出学生中心、产出导向、持续改进，激发高等学校追求卓越，将建设质量文化内化为全校师生的共同价值追求和自觉行为，形成以提高人才培养水平为核心的质量文化。

33. 强化高校质量保障主体意识。完善高校自我评估制度，健全内部质量保障体系。要按照《普通高等学校本科专业类教学质量国家标准》及有关行业标准，根据学校自身办学实际和发展目标，构建教育基本标准，确立人才培养要求，并对照要求建立本科教学自我评估制度。要将评估结果作为校务公开的重要内容向社会公开。

34. 强化质量督导评估。通过督导评估，引导高等学校合理定位、办出水平、办出特色，推进教学改革，提高人才培养质量。完善督导评估机制，形成动态监测、定期评估和专项督导的新型评估体系。建设好高等教育质量监测国家数据平台，利用互联网和大数据技术，形成覆盖高等教育全流程、全领域的质量监测网络体系。规范本科教学工作审核评估和合格评估，开展本科专业评估。推进高等学校本科专业认证工作，开展保合格、上水平、追卓越的三级专业认证。针对突出质量问题开展专项督导检查。强化评估认证结果的应用，建立评估认证结果公示和约谈、整改复查机制。

35. 发挥专家组织和社会机构在质量评价中的作用。充分发挥高等学校教学指导委员会、高等学校本科教学工作评估专家委员会等学术组织在标准制订、评估监测及学风建设方面的重要作用。充分发挥行业部门在人才培养、需求分析、标准制订和专业认证等方面的作用。通过政府购买服务方式，支持社会专业评估机构开展高等教育质量评估。

十、切实做好高水平本科教育建设工作的组织实施

36. 加强组织领导。地方各级教育行政部门、各高校要把建设高水平本科教育作为全面贯彻习近平新时代中国特色社会主义思想，全面贯彻党的教育方针，落实立德树人根本任务，培养社会主义建设者和接班人的重大战略任务。要组织开展新时代全面提高人才培养能力思想大讨论，增强全体教职员工育人意识和育人本领。要加强领导，统筹协调，精心组织，形成合力，研究制定相关政策，积极协调和动员各方面力量支持高水平本科教育建设。

37. 强化高校主体责任。各高校要把建设高水平本科教育作为新时代学校建设改革发展的重点任务，结合本校实际，制定实施方案，明确建设目标、重点

内容和保障措施。高校党委会、常委会和校长办公会要定期研究，书记校长及分管负责人要经常性研究本科教育工作，相关部门和院系负责人要切实担起责任，具体负责组织实施，确保达到预期成效。

38. 加强地方统筹。各地教育行政部门要结合实际，科学制定本地区高水平本科教育建设的总体规划和政策措施，并做好与教育规划和改革任务的有效衔接，健全领导体制、决策机制和评估机制，科学配置公共资源，指导和督促高校将建设目标、任务、政策、举措落到实处。

39. 强化支持保障。教育部会同有关部门围绕高水平本科教育建设，加大政策支持力度，制定实施“六卓越一拔尖”计划 2.0 等重大项目。各地教育主管部门要加强政策协调配套，统筹地方财政高等教育资金和中央支持地方高校改革发展资金，引导支持地方高校推进高水平本科教育建设。各高校要根据自身建设计划，加大与国家和地方政策的衔接、配套和执行力度，加大对本科教育的投入力度。中央部门所属高校要统筹利用中央高校教育教学改革专项等中央高校预算拨款和其他各类资源，结合学校实际，支持高水平本科教育建设。

40. 注重总结宣传。加强分类指导，建立激励机制，保护和激发基层首创精神，鼓励各地各校积极探索，勇于创新，创造性地开展高水平本科教育建设工作。对建设中涌现的好做法和有效经验，要及时总结提炼，充分发挥示范带动作用，特别注重将带有共性的、规律性的做法经验形成可推广的政策制度。加强对高校改革实践成果的宣传，推动全社会进一步关心支持高等教育事业发展，为建设高水平本科教育创造良好的社会环境和舆论氛围。

5.1.2.8 关于加快建设发展新工科实施卓越工程师教育培养计划 2.0 的意见

2018 年 9 月 17 日，教育部、工业和信息化部、中国工程院以教高〔2018〕3 号文下发了《关于加快建设发展新工科实施卓越工程师教育培养计划 2.0 的意见》，全文如下：

各省、自治区、直辖市教育厅（教委）、工业和信息化主管部门，新疆生产建设兵团教育局、工信委，有关部门（单位）教育司（局），部属各高等学校、部省合建各高等学校：

为适应新一轮科技革命和产业变革的新趋势，紧紧围绕国家战略和区域发展需要，加快建设发展新工科，探索形成中国特色、世界水平的工程教育体系，促进我国从工程教育大国走向工程教育强国。根据《教育部关于加快建设高水平本科教育 全面提高人才培养能力的意见》，现就实施卓越工程师教育培养计划 2.0 提出以下意见。

一、总体思路

面向工业界、面向世界、面向未来，主动应对新一轮科技革命和产业变革挑战，服务制造强国等国家战略，紧密对接经济带、城市群、产业链布局，以加入国际工程教育《华盛顿协议》组织为契机，以新工科建设为重要抓手，持续深化工程教育改革，加快培养适应和引领新一轮科技革命和产业变革的卓越工程科技人才，打造世界工程创新中心和人才高地，提升国家硬实力和国际竞争力。

二、目标要求

经过5年的努力，建设一批新型高水平理工科大学、多主体共建的产业学院和未来技术学院、产业急需的新兴工科专业、体现产业和技术最新发展的新课程等，培养一批工程实践能力强的高水平专业教师，20%以上的工科专业点通过国际实质等效的专业认证，形成中国特色、世界一流工程教育体系，进入高等工程教育的世界第一方阵前列。

三、改革任务和重点举措

1. 深入开展新工科研究与实践。加快新工科建设，统筹考虑“新的工科专业、工科的新要求”，改造升级传统工科专业，发展新兴工科专业，主动布局未来战略必争领域人才培养。深入实施新工科研究与实践项目，更加注重产业需求导向，更加注重跨界交叉融合，更加注重支撑服务，探索建立工程教育的新理念、新标准、新模式、新方法、新技术、新文化。推进分类发展，工科优势高校要对工程科技创新和产业创新发挥关键作用，综合性高校要对催生新技术和孕育新产业发挥引领作用，地方高校要对区域经济发展和产业转型升级发挥支撑作用。

2. 树立工程教育新理念。全面落实“学生中心、产出导向、持续改进”的先进理念，面向全体学生，关注学习成效，建设质量文化，持续提升工程人才培养水平。树立创新型、综合化、全周期工程教育理念，优化人才培养全过程、各环节，培养学生对产品和系统的创新设计、建造、运行和服务能力。着力提升学生解决复杂工程问题的能力，加大课程整合力度，推广实施案例教学、项目式教学等研究性教学方法，注重综合性项目训练。强化学生工程伦理意识与职业道德，融入教学环节，注重文化熏陶，培养以造福人类和可持续发展为理念的现代工程师。

3. 创新工程教育教学组织模式。系统推进教学组织模式、学科专业结构、人才培养机制等方面的综合改革。打破传统的基于学科的学院设置，在科研实力强、学科综合优势明显的高校，面向未来发展趋势建立未来技术学院；在行业特色鲜明、与产业联系紧密的高校，面向产业急需建设与行业企业等共建共管的现代产业学院。推动学科交叉融合，促进理工结合、工工交叉、工文渗透，孕育产生交叉专业，推进跨院系、跨学科、跨专业培养工程人才。

4. 完善多主体协同育人机制。推进产教融合、校企合作的机制创新，深化产学研合作办学、合作育人、合作就业、合作发展。积极推动国家层面“大学生实习条例”立法进程，完善党政机关、企事业单位、社会服务机构等接收高校学生实习实训的制度保障。探索实施工科大学生实习“百万计划”，认定一批工程实践教育基地，布局建设一批集教育、培训及研究为一体的共享型人才培养实践平台，拓展实习实践资源。构建产学合作协同育人项目三级实施体系，搭建校企对接平台，以产业和技术发展的最新需求推动人才培养改革。

5. 强化工科教师工程实践能力。建立高校工科教师工程实践能力标准体系，把行业背景和实践经历作为教师考核和评价的重要内容。实施高校教师与行业人才双向交流“十万计划”，搭建工科教师挂职锻炼、产学研合作等工程实践平台，实现专业教师工程岗位实践全覆盖。实施工学院院长教学领导力提升计划，全面提升工程意识、产业敏感度和教学组织能力。加快开发新兴专业课程体系和新形态数字课程资源，通过多种形式教师培训推广应用最新改革成果。

6. 健全创新创业教育体系。推动创新创业教育与专业教育紧密结合，注重培养工科学生设计思维、工程思维、批判性思维和数字化思维，提升创新精神、创业意识和创新创业能力。深入实施大学生创新创业训练计划，努力使50%以上工科专业学生在校期间参与一项训练项目或赛事活动。高校要整合校内外实践资源，激发工科学生技术创新潜能，为学生创新创业提供创客空间、孵化基地等条件，建立健全帮扶体系，积极引入创业导师、创投资金等社会资源，搭建大学生创新创业项目与社会对接平台，营造创新创业良好氛围。

7. 深化工程教育国际交流与合作。积极引进国外优质工程教育资源，组织学生参与国际交流、到海外企业实习，拓展学生的国际视野，提升学生全球就业能力。推动高校与“走出去”的企业联合，培养熟悉外国文化、法律和标准的国际化工程师，培养认同中国文化、熟悉中国标准的工科留学生。围绕“一带一路”建设需求，探索组建“一带一路”工科高校战略联盟，搭建工程教育国际合作网络，提升工程教育对国家战略的支撑能力。以国际工程教育《华盛顿协议》组织为平台，推动工程教育中国标准成为世界标准，推进注册工程师国际互认，扩大我国在世界高等工程教育中的话语权和决策权。支持工程教育认证机构走出国门，采用中国标准、中国专家、中国方法、中国技术评估认证海外高校和专业。

8. 构建工程教育质量保障新体系。建立健全工科专业类教学质量国家标准、卓越工程师教育培养计划培养标准和新工科专业质量标准。完善工程教育专业认证制度，稳步扩大专业认证总体规模，逐步实现所有工科专业类认证全覆盖。建立认证结果发布与使用制度，在学科评估、本科教学质量报告等评估体系中纳入认证结果。支持行业部门发布人才需求报告，积极参与相关专业人才培养的质量标准制定、毕业生质量评价等工作，汇聚各方力量共同提升工程人才培育水平，加快建设工程教育强国。

四、组织实施

1. 完善实施保障机制。深化与有关部门合作，组建专家组、工作组。充分发挥理工科专业类教学指导委员会作用，统筹各领域卓越工程师教育培养计划2.0实施。充分发挥新工科研究与实践专家组、卓越工程师教育培养计划专家委员会以及各行业卓越工程师教育培养计划专家组的作用，统筹推进计划实施。

2. 加强政策支持。教育部、工业和信息化部、中国工程院等部门在专业设置、人员聘用与评价制度、国际合作交流等方面给予相关高校统筹支持。各省（区、市）有关部门要加强省域内政策协调配套，提供有力的政策保障。各高校要根据本校实际情况，加大国家、省、校政策的衔接、配套、完善、执行力度。

3. 加大经费保障。中央高校应统筹利用中央高校教育教学改革专项等中央高校预算拨款和其他各类资源，结合学校实际，支持计划的实施。各省（区、市）应结合教育教学改革实际情况，统筹地方财政高等教育资金和中央支持地方高校改革发展资金，引导支持地方高校实施好计划。

4. 强化监督检查。教育部会同有关部门指导计划实施，采取适当方式进行绩效评价，建立动态调整机制；加强对典型案例的总结宣传，发挥示范引领作用。各省（区、市）有关部门加强对计划实施过程跟踪，及时发现建设中存在的问题，提出改进意见和建议；加强实施过程管理，强化动态监测，形成激励约束机制，增强建设实效。各高校要对照本校计划实施方案，在实施过程中及时总结，主动发布自评报告、进展情况及标志性成果，接受社会监督，确保各项改革举措落到实处、取得实效。

5.1.2.9　教育部印发关于成立2018—2022年教育部高等学校教学指导委员会的通知

2018年10月26日，教育部以教高函〔2018〕11号文印发了《关于成立2018—2022年教育部高等学校教学指导委员会的通知》，全文如下：

为深入贯彻落实党的十九大精神和全国教育大会精神，全面贯彻党的教育方针，落实立德树人根本任务，全面提高高校人才培养能力，实现高等教育内涵式发展，充分发挥专家组织对高等教育教学改革的研究、咨询和指导作用，经各省（区、市）教育行政部门、中央部门所属高校、部省合建高校、行业部门（协会）和上届教学指导委员会推荐并广泛征求意见，我部决定成立2018—2022年教育部高等学校教学指导委员会，任期自2018年11月1日起至2022年12月31日止。请各高校和有关单位积极支持教学指导委员会的工作，委员所在单位应为委员参加教学指导委员会工作提供必要的支持。

该文件的下发，标志着土建类专业教学指导委员会管理由住房城乡建设部转移至教育部，结束了土建类专业教学指导工作从新中国成立以来由住房城乡建设部管理的历史。新一届土建类教指委包括建筑类专业教学指导委员会及专业分委员会（建筑学、城乡规划和风景园林）、土木类专业教学指导委员会及分委员会（土木工程、建筑环境与能源应用工程、给排水科学与工程和建筑电气与智能化）以及工程管理和工程造价专业教学指导分委员会。具体名单如下：

一、建筑类专业教学指导委员会

主任委员

王建国　东南大学

副主任委员

杨　锐　清华大学　　　吴志强　同济大学
孟建民　深圳大学　　　刘加平　西安建筑科技大学

秘书长

韩冬青　东南大学

委员

张　悦　清华大学　　　庄惟敏　清华大学
李　雄　北京林业大学　　　张大玉　北京建筑大学
陈　天　天津大学　　　孔宇航　天津大学
石铁矛　沈阳建筑大学　　　蔡永洁　同济大学
高　翅　华中农业大学　　　孙一民　华南理工大学
李和平　重庆大学　　　杜春兰　重庆大学
石　楠　中国城市规划学会　　　仲继寿　中国建筑设计研究院有限公司

建筑学专业教学指导分委员会

主任委员

王建国　东南大学

副主任委员

庄惟敏　清华大学　　　孔宇航　天津大学
蔡永洁　同济大学　　　孙一民　华南理工大学
孟建民　深圳大学　　　刘加平　西安建筑科技大学

秘书长

鲍　莉　东南大学

委员

吕品晶	中央美术学院	范　悦	大连理工大学
张成龙	吉林建筑大学	孙　澄	哈尔滨工业大学
吉国华	南京大学	吴永发	苏州大学
吴　越	浙江大学	李　早	合肥工业大学
陈志宏	华侨大学	郝赤彪	青岛理工大学
仝　晖	山东建筑大学	张建涛	郑州大学
李晓峰	华中科技大学	魏春雨	湖南大学
卢　峰	重庆大学	沈中伟	西南交通大学
翟　辉	昆明理工大学	王万江	新疆大学
赵　琦	中国建筑学会	仲继寿	中国建筑设计研究院有限公司

风景园林专业教学指导分委员会

主任委员

杨　锐　清华大学

副主任委员

张大玉	北京建筑大学	李　雄	北京林业大学
高　翅	华中农业大学	杜春兰	重庆大学

秘书长

郑晓笛　清华大学

委员

曹　磊	天津大学	朱　玲	沈阳建筑大学
赵晓龙	哈尔滨工业大学	许大为	东北林业大学
韩　锋	同济大学	成玉宁	东南大学
张青萍	南京林业大学	包志毅	浙江农林大学
邵　健	中国美术学院	董建文	福建农林大学
刘庆华	青岛农业大学	万　敏	华中科技大学
林广思	华南理工大学	郑文俊	桂林理工大学
刘　晖	西安建筑科技大学	金荷仙	中国风景园林学会

城乡规划专业教学指导分委员会

主任委员

吴志强　同济大学

副主任委员

张　悦　清华大学
陈　天　天津大学
石铁矛　沈阳建筑大学
李和平　重庆大学
石　楠　中国城市规划学会

秘书长

孙施文　同济大学

委员

林　坚　北京大学
叶裕民　中国人民大学
张忠国　北京建筑大学
李　翅　北京林业大学
冷　红　哈尔滨工业大学
杨贵庆　同济大学
罗小龙　南京大学
阳建强　东南大学
罗萍嘉　中国矿业大学
杨新海　苏州科技大学
华　晨　浙江大学
储金龙　安徽建筑大学
林从华　福建工程学院
陈有川　山东建筑大学
周　婕　武汉大学
黄亚平　华中科技大学
袁　媛　中山大学
王世福　华南理工大学
王浩锋　深圳大学
毕凌岚　西南交通大学
雷振东　西安建筑科技大学

二、土木类专业教学指导委员会

主任委员

李国强　同济大学

副主任委员

朱颖心　清华大学
李忠献　天津城建大学
李伟光　哈尔滨工业大学
方潜生　安徽建筑大学
周创兵　南昌大学
杨小林　河南理工大学
郑健龙　长沙理工大学

秘书长

赵宪忠　同济大学

委员

冯　鹏　清华大学
李爱群　北京建筑大学
张　欢　天津大学
郑　刚　天津大学
王海龙　河北建筑工程学院
冯国会　沈阳建筑大学
姚　杨　哈尔滨工业大学
孟上九　佳木斯大学

邓慧萍　同济大学　　李峥嵘　同济大学
吴　刚　东南大学　　付保川　苏州科技大学
蔡袁强　浙江工业大学　　罗嗣海　江西理工大学
崔福义　重庆大学　　李百战　重庆大学
于军琪　西安建筑科技大学　　黄廷林　西安建筑科技大学
苏三庆　西安建筑科技大学　　贺拴海　长安大学
张国珍　兰州交通大学

土木工程专业教学指导分委员会

主任委员

孙利民　同济大学

副主任委员

冯　鹏　清华大学　　郑　刚　天津大学
吴　刚　东南大学　　周创兵　南昌大学
杨小林　河南理工大学　　郑健龙　长沙理工大学

秘书长

张伟平　同济大学

委员

杨　娜　北京交通大学　　李爱群　北京建筑大学
刘　波　中国矿业大学（北京）　　马国伟　河北工业大学
李帼昌　沈阳建筑大学　　王晓初　沈阳大学
范　峰　哈尔滨工业大学　　何　建　哈尔滨工程大学
赵金城　上海交通大学　　沈　扬　河海大学
罗尧治　浙江大学　　韦建刚　福建工程学院
于德湖　青岛理工大学　　周学军　山东建筑大学
关　罡　郑州大学　　徐礼华　武汉大学
朱宏平　华中科技大学　　谷　倩　武汉理工大学
陈仁朋　湖南大学　　袁　鸿　暨南大学
季　静　华南理工大学　　梅国雄　广西大学
李正良　重庆大学　　周建庭　重庆交通大学
蒲黔辉　西南交通大学　　郭荣鑫　昆明理工大学
史庆轩　西安建筑科技大学　　吴　涛　长安大学
蔺鹏臻　兰州交通大学　　高延伟　中国建筑工业出版社
韩继云　国家建筑工程质量监督检验中心

建筑环境与能源应用工程专业教学指导分委员会

主任委员

朱颖心　清华大学

副主任委员

张　欢　天津大学

冯国会　沈阳建筑大学

姚　杨　哈尔滨工业大学

王汉青　南华大学

李百战　重庆大学

秘书长

李先庭　清华大学

委员

杜震宇　太原理工大学

端木琳　大连理工大学

李峥嵘　同济大学

陈剑波　上海理工大学

黄志甲　安徽工业大学

胡松涛　青岛理工大学

张林华　山东建筑大学

王劲柏　华中科技大学

杨昌智　湖南大学

周孝清　广州大学

李安桂　西安建筑科技大学

李彦鹏　长安大学

徐　伟　中国建筑科学研究院

杨一凡　中国制冷学会

徐宏庆　北京市建筑设计研究院有限公司

给排水科学与工程专业教学指导分委员会

主任委员

李伟光　哈尔滨工业大学

副主任委员

邓慧萍　同济大学

张学洪　桂林电子科技大学

张　智　重庆大学

黄廷林　西安建筑科技大学

张国珍　兰州交通大学

秘书长

时文歆　哈尔滨工业大学

委员

左剑恶　清华大学

冯萃敏　北京建筑大学

孙井梅　天津大学

岳秀萍　太原理工大学

李亚峰　沈阳建筑大学

林　涛　河海大学

黄天寅　苏州科技大学

张　燕　浙江大学

黄显怀　安徽建筑大学

苑宝玲　华侨大学

张克峰 山东建筑大学　　方 正 武汉大学
王宗平 华中科技大学　　柯水洲 湖南大学
荣宏伟 广州大学　　关清卿 昆明理工大学
韩 旭 陆军工程大学　　张金松 深圳市水务（集团）有限公司
赵 锂 中国建筑设计研究院有限公司

建筑电气与智能化专业教学指导分委员会

主任委员

方潜生 安徽建筑大学

副主任委员

肖 辉 同济大学　　付保川 苏州科技大学
于军琪 西安建筑科技大学

秘书长

杨亚龙 安徽建筑大学

委员

王 佳 北京建筑大学　　苏 刚 天津城建大学
桂 垣 河北建筑工程学院　　栾方军 沈阳建筑大学
魏立明 吉林建筑大学　　方 志 南京工业大学
莫岳平 扬州大学　　项新建 浙江科技学院
郑晓芳 华东交通大学　　周玉国 青岛理工大学
张运楚 山东建筑大学　　雍 静 重庆大学
段晨东 长安大学　　王 静 中国建筑科学研究院有限公司

三、工程管理和工程造价专业教学指导分委员会

主任委员

丁烈云 华中科技大学

副主任委员

方东平 清华大学　　刘伊生 北京交通大学
王雪青 天津大学　　刘贵文 重庆大学
刘晓君 西安建筑科技大学

秘书长

骆汉宾 华中科技大学

委员

姜 军 北京建筑大学　　尹贻林 天津理工大学

王建廷	天津城建大学	陈立文	河北工业大学
李丽红	沈阳建筑大学	宋维佳	东北财经大学
王广斌	同济大学	姚玲珍	上海财经大学
李启明	东南大学	张　宏	浙江大学
张云波	华侨大学	丁荣贵	山东大学
方　俊	武汉理工大学	黄健陵	中南大学
苏　成	华南理工大学	欧立雄	西北工业大学
杜　强	长安大学	沈元勤	中国建筑工业出版社
吴佐民	中国建设工程造价管理协会		

5.1.2.10　教育部印发的新时代高校教师职业行为十项准则

2018年11月8日，教育部以教师〔2018〕16号文印发了《新时代高校教师职业行为十项准则》，全文如下：

教师是人类灵魂的工程师，是人类文明的传承者。长期以来，广大教师贯彻党的教育方针，教书育人，呕心沥血，默默奉献，为国家发展和民族振兴作出了重大贡献。新时代对广大教师落实立德树人根本任务提出新的更高要求，为进一步增强教师的责任感、使命感、荣誉感，规范职业行为，明确师德底线，引导广大教师努力成为有理想信念、有道德情操、有扎实学识、有仁爱之心的好老师，着力培养德智体美劳全面发展的社会主义建设者和接班人，特制定以下准则。

一、坚定政治方向。坚持以习近平新时代中国特色社会主义思想为指导，拥护中国共产党的领导，贯彻党的教育方针；不得在教育教学活动中及其他场合有损害党中央权威、违背党的路线方针政策的言行。

二、自觉爱国守法。忠于祖国，忠于人民，恪守宪法原则，遵守法律法规，依法履行教师职责；不得损害国家利益、社会公共利益，或违背社会公序良俗。

三、传播优秀文化。带头践行社会主义核心价值观，弘扬真善美，传递正能量；不得通过课堂、论坛、讲座、信息网络及其他渠道发表、转发错误观点，或编造散布虚假信息、不良信息。

四、潜心教书育人。落实立德树人根本任务，遵循教育规律和学生成长规律，因材施教，教学相长；不得违反教学纪律，敷衍教学，或擅自从事影响教育教学本职工作的兼职兼薪行为。

五、关心爱护学生。严慈相济，诲人不倦，真心关爱学生，严格要求学生，做学生良师益友；不得要求学生从事与教学、科研、社会服务无关的事宜。

六、坚持言行雅正。为人师表，以身作则，举止文明，作风正派，自重自爱；不得与学生发生任何不正当关系，严禁任何形式的猥亵、性骚扰行为。

七、遵守学术规范。严谨治学，力戒浮躁，潜心问道，勇于探索，坚守学术良知，反对学术不端；不得抄袭剽窃、篡改侵吞他人学术成果，或滥用学术资源和学术影响。

八、秉持公平诚信。坚持原则，处事公道，光明磊落，为人正直；不得在招生、考试、推优、保研、就业及绩效考核、岗位聘用、职称评聘、评优评奖等工作中徇私舞弊、弄虚作假。

九、坚守廉洁自律。严于律己，清廉从教；不得索要、收受学生及家长财物，不得参加由学生及家长付费的宴请、旅游、娱乐休闲等活动，或利用家长资源谋取私利。

十、积极奉献社会。履行社会责任，贡献聪明才智，树立正确义利观；不得假公济私，擅自利用学校名义或校名、校徽、专利、场所等资源谋取个人利益。

5.1.2.11　教育部关于完善教育标准化工作的指导意见

2018年11月8日，教育部以教政法〔2018〕17号文下发了《教育部关于完善教育标准化工作的指导意见》，全文如下：

各省、自治区、直辖市教育厅（教委），新疆生产建设兵团教育局，有关部门（单位）教育司（局），部属各高等学校、部省合建高等学校，部内各司局、各直属单位：

为落实党中央、国务院关于标准化工作的决策部署，强化标准对加快教育现代化、建设教育强国、办好人民满意的教育支撑和引领作用，根据《中华人民共和国标准化法》（以下简称标准化法）、《中华人民共和国教育法》等法律法规，现就完善教育标准化工作提出如下意见。

一、深化对教育标准化工作重要性的认识

标准是可量化、可监督、可比较的规范，是配置资源、提高效率、推进治理体系现代化的工具，是衡量工作质量、发展水平和竞争力的尺度，是一种具有基础性、通用性的语言。近年来，我国教育标准化工作不断加强，制定实施了一系列教育标准，发挥了重要的规范、引领和保障作用。同时，与教育改革发展实践和教育现代化需求相比，教育标准化工作还存在制定标准不够科学规范、组织实施标准不够习惯经常等问题，主要表现在：标准意识不强，标准观念尚未树立，还没有形成事事有标准、按标准办事的习惯；标准体系还不健全，标准供给还存在缺口，部分重点领域标准缺失；标准制定机制不完善，标准化工作的规范性还要进一步提高；标准质量还有待提高，动态调整机制不健全，部分标准存在老化问题；标准实施力度有待加大，实施机制还不完善；教育标准的国际影响力还不强，在国际上认可度不高等。

进入新时代，我国教育事业步入高质量发展阶段，教育标准的重要性愈益凸显。加快教育现代化、建设教育强国、办好人民满意的教育，引导我国教育总体水平逐步进入世界前列，必须增强标准意识和标准观念，形成按标准办事的习惯，提升运用标准的能力和水平，形成可观察、可量化、可比较、可评估的工作机制，充分发挥标准的支撑和引领作用。

二、明确教育标准的分类

根据标准化法，本意见所称教育标准，是指教育领域需要统一的技术要求。

教育标准化工作的任务是制定标准、组织实施标准以及对标准的制定、实施进行监督。

教育标准包括国家标准、行业标准、地方标准和团体标准、企业标准。国家标准分为强制性标准、推荐性标准，行业标准、地方标准是推荐性标准。强制性标准必须执行。推荐性国家标准、行业标准、地方标准、团体标准、企业标准的技术要求不得低于强制性国家标准的相关技术要求。

对需要在全国范围内统一的教育领域的技术要求，应制定国家标准。根据标准化法，教育部依据职责负责教育领域强制性国家标准的项目提出、组织起草、征求意见和技术审查。国务院标准化行政主管部门负责强制性国家标准的立项、编号和对外通报。强制性国家标准由国务院批准发布或者授权批准发布。对满足基础通用、与强制性国家标准配套等需要的技术要求，可以制定推荐性国家标准。推荐性国家标准由国务院标准化行政主管部门制定。“国家标准”是标准化法规定的专属名词，未经过以上程序制定发布的教育标准，不得冠以“国家标准”名称。

对没有推荐性国家标准、需要在全国教育行业范围内统一的技术要求，可以制定行业标准。行业标准由教育部制定，具体包括立项、组织起草、审查、编号、批准发布等。根据《行业标准管理办法》的规定，在行业标准批准发布后30日内，应当将已发布的行业标准及编制说明连同发布文件各一份，送国务院标准化行政主管部门备案。

对没有国家标准和行业标准、需要在特定行政区域内统一的教育领域技术要求，可以制定地方标准。地方标准由省、自治区、直辖市人民政府标准化行政主管部门报国务院标准化行政主管部门备案，由国务院标准化行政主管部门通报教育部。

三、规范教育标准制定程序

制定教育标准应当在科学技术研究成果和教育改革发展实践基础上，深入调查论证，广泛征求意见，保证标准的科学性、规范性、时效性。

制定教育标准要处理好必要性和可行性、统一性和特色化、刚性约束和鼓励创新的关系，充分考虑区域特点和城乡差距，给基层探索创新的空间。要统筹好不同领域的教育标准，保持标准相互衔接，避免标准之间的冲突。强制性标准、教育部规范性文件引用的推荐性标准为底线要求，鼓励地方结合实际出台并实施更高标准。

制定推荐性标准，应当组织由相关方组成的标准化技术委员会，承担标准起草、技术审查工作。制定强制性标准，可以委托相关标准化技术委员会承担标准的起草、技术审查工作。未组成标准化技术委员会的，应当成立专家组承担相关标准的起草、技术审查工作。标准化技术委员会和专家组的组成应当具有广泛代表性。

标准编写参照GB/T 1.1《标准化工作导则 第1部分：标准的结构和编写》规定。标准应当按照编号规则进行编号。编号规则由国务院标准化行政主管部门制定并公布。教育领域的行业标准代号为JY。

建立标准实施信息反馈和评估机制，根据反馈和评估情况对标准进行复审。标准复审周期一般不超过5年。经过复审，对不适应教育改革发展实际的应当及时修订或者废止。

四、完善教育标准体系框架

加快制定、修订各级各类学校设立标准、学校建设标准、教育装备标准、教育信息化标准、教师队伍建设标准、学校运行和管理标准、学科专业和课程标准、教育督导标准、语言文字标准等重点领域标准，加快建成适合中国国情、具有国际视野、内容科学、结构合理、衔接有序的教育标准体系，实现教育标准有效供给。重点加快以下领域标准研制：

学校设立标准。完善设立各级各类学校的基本标准。

学校建设标准。加快制定、修订各级各类学校建设标准。

教育装备标准。完善学校、幼儿园教学装备配置标准，出台教育装备分类标准，组织研制装备标准建设规划，加快完善教育装备配备标准和质量标准体系建设。研制寄宿制学校生活设施标准，加强实验实践、艺术、体育、卫生、心理健康教育教学设备配置标准建设，制定、修订特殊教育资源教室和康复设施设备配备标准并开展无障碍环境改造。

教育信息化标准。研制教育信息化设施与设备标准、软件与数据标准、运行维护与技术服务标准、教育网络安全标准、教育信息化业务标准、在线教育和数字教育资源标准、教师信息技术应用能力标准、学生信息素养评价标准。

学校运行和管理标准。各省（区、市）合理确定各级各类教育生均财政拨款基本标准。完善家庭经济困难学生资助标准。分类制定各级各类学校管理规范。

学科专业和课程标准。以核心素养为依据，修订国家基础教育课程方案和课程标准，明确各学科学业质量要求。完善中等职业学校公共基础课程设置方案和思想政治、语文、历史等国家课程标准。完善职业学校专业目录和专业设置管理办法、专业教学标准、顶岗实习标准、实训教学条件建设标准等。完善普通高等学校本科专业类教学质量标准、研究生教育学术学位和专业学位基本要求。逐步健全特殊教育课程教材体系。

教育督导评价标准。研制督政工作分类标准、地方政府教育等职能部门及各级各类学校督导评估标准、各级各类教育评估监测标准、督学队伍建设标准。研制义务教育县域教育质量、学校办学质量和学生发展质量评价标准。明确国家教育考试考场基本要求。建立来华留学质量标准。逐步建立高等学历继续教育质量标准体系。

教师队伍建设标准。健全教师资格标准、教师编制或配备标准、教师职业道德标准、教师专业标准、教师培养标准、教师培训标准、教师管理信息标准等。研制双语教师任职资格评价标准。

语言文字标准。建设信息化条件下的语言文字规范标准体系。研制相关语音标准、文字标准、语汇标准、语法标准、少数民族语言文字标准和外语应用标准。

五、完善教育标准实施机制

提高运用标准的意识和能力，加大标准执行力度，政策制定、行政许可等要积极引用标准和有效使用标准。强化依据强制性国家标准开展监督检查和行政执法。鼓励将教育改革发展典型提炼总结成教育标准，通过标准方式形成可复制、可推广的经验，发挥示范引领作用。

鼓励各级各类学校、幼儿园向社会公开其执行的教育标准。

鼓励依照《社会团体登记管理条例》等规定成立的学会、协会等社会团体制定教育领域的团体标准，由本团体成员约定采用或者按照本团体规定供社会自愿采用。团体标准实施效果良好，且符合国家标准、行业标准或地方标准制定要求的，团体标准发布机构可以申请转化为国家标准、行业标准或地方标准。

加大教育标准宣传力度，推广教育标准化工作成功经验，解读教育标准文本，让标准化理念在教育领域深入人心，更好地了解标准、自觉使用标准。加大标准公开力度，强制性标准文本应当免费向社会公开，推动免费向社会公开推荐性标准文本。

六、健全教育标准管理机制

按照“管业务必须管标准”原则，将教育标准制定和宣传贯彻实施与业务工作密切结合。不断完善本业务领域标准体系，制定并实施教育标准年度计划。

统筹用好标准与标准类政策文件两种管理方式与手段，根据需要及时将标准类政策文件转化为标准。教育部司局和教育领域标准化技术委员会应加强合作，共同推进国家标准和行业标准的制定、修订工作。

加大教育标准化工作经费保障力度，通过专项支持、政府购买服务等方式，确保对纳入工作计划的标准制定、修订支持力度。

七、深化国际合作与交流

积极参与教育领域国际标准化活动，主动参加国际标准组织技术机构并承担有关职务。加大国际教育标准跟踪、评估和转化力度，注重吸收借鉴国际经验。推动中国教育标准“走出去”，加强与主要国家之间标准互认，做好中国教育标准外文版翻译出版工作。

5.1.3 住房和城乡建设部下发的相关文件

5.1.3.1 造价工程师职业资格制度规定与造价工程师职业资格考试实施办法

2018年7月20日，住房和城乡建设部、交通运输部、水利部和人力资源社会保障部印发了《造价工程师职业资格制度规定》《造价工程师职业资格考试实施办法》，并下发通知，要求有关单位遵照执行。

《造价工程师职业资格制度规定》全文如下

第一章　总　则

第一条　为提高固定资产投资效益，维护国家、社会和公共利益，充分发挥造价工程师在工程建设经济活动中合理确定和有效控制工程造价的作用，根据《中华人民共和国建筑法》和国家职业资格制度有关规定，制定本规定。

第二条　本规定所称造价工程师，是指通过职业资格考试取得中华人民共和国造价工程师职业资格证书，并经注册后从事建设工程造价工作的专业技术人员。

第三条　国家设置造价工程师准入类职业资格，纳入国家职业资格目录。

工程造价咨询企业应配备造价工程师；工程建设活动中有关工程造价管理岗位按需要配备造价工程师。

第四条　造价工程师分为一级造价工程师和二级造价工程师。一级造价工程师英文译为Class1 Cost Engineer，二级造价工程师英文译为Class2 Cost Engineer。

第五条　住房城乡建设部、交通运输部、水利部、人力资源社会保障部共同制定造价工程师职业资格制度，并按照职责分工负责造价工程师职业资格制度的实施与监管。

各省、自治区、直辖市住房城乡建设、交通运输、水利、人力资源社会保障行政主管部门，按照职责分工负责本行政区域内造价工程师职业资格制度的实施与监管。

第二章　考　试

第六条　一级造价工程师职业资格考试全国统一大纲、统一命题、统一组织。

二级造价工程师职业资格考试全国统一大纲，各省、自治区、直辖市自主命题并组织实施。

第七条　一级和二级造价工程师职业资格考试均设置基础科目和专业科目。

第八条　住房城乡建设部组织拟定一级造价工程师和二级造价工程师职业资格考试基础科目的考试大纲，组织一级造价工程师基础科目命审题工作。

住房城乡建设部、交通运输部、水利部按照职责分别负责拟定一级造价工程师和二级造价工程师职业资格考试专业科目的考试大纲，组织一级造价工程师专业科目命审题工作。

第九条　人力资源社会保障部负责审定一级造价工程师和二级造价工程师职业资格考试科目和考试大纲，负责一级造价工程师职业资格考试考务工作，并会同住房城乡建设部、交通运输部、水利部对造价工程师职业资格考试工作进行指导、监督、检查。

第十条　各省、自治区、直辖市住房城乡建设、交通运输、水利行政主管部门会同人力资源社会保障行政主管部门，按照全国统一的考试大纲和相关规定组织实施二级造价工程师职业资格考试。

第十一条　人力资源社会保障部会同住房城乡建设部、交通运输部、水利部确定一级造价工程师职业资格考试合格标准。

各省、自治区、直辖市人力资源社会保障行政主管部门会同住房城乡建设、交通运输、水利行政主管部门确定二级造价工程师职业资格考试合格标准。

第十二条　凡遵守中华人民共和国宪法、法律、法规，具有良好的业务素质和道德品行，具备下列条件之一者，可以申请参加一级造价工程师职业资格考试：

（一）具有工程造价专业大学专科（或高等职业教育）学历，从事工程造价业务工作满 5 年；

具有土木建筑、水利、装备制造、交通运输、电子信息、财经商贸大类大学专科（或高等职业教育）学历，从事工程造价业务工作满 6 年。

（二）具有通过工程教育专业评估（认证）的工程管理、工程造价专业大学本科学历或学位，从事工程造价业务工作满 4 年；

具有工学、管理学、经济学门类大学本科学历或学位，从事工程造价业务工作满5年。

（三）具有工学、管理学、经济学门类硕士学位或者第二学士学位，从事工程造价业务工作满3年。

（四）具有工学、管理学、经济学门类博士学位，从事工程造价业务工作满1年。

（五）具有其他专业相应学历或者学位的人员，从事工程造价业务工作年限相应增加1年。

第十三条　凡遵守中华人民共和国宪法、法律、法规，具有良好的业务素质和道德品行，具备下列条件之一者，可以申请参加二级造价工程师职业资格考试：

（一）具有工程造价专业大学专科（或高等职业教育）学历，从事工程造价业务工作满2年；

具有土木建筑、水利、装备制造、交通运输、电子信息、财经商贸大类大学专科（或高等职业教育）学历，从事工程造价业务工作满3年。

（二）具有工程管理、工程造价专业大学本科及以上学历或学位，从事工程造价业务工作满1年；

具有工学、管理学、经济学门类大学本科及以上学历或学位，从事工程造价业务工作满2年。

（三）具有其他专业相应学历或学位的人员，从事工程造价业务工作年限相应增加1年。

第十四条　一级造价工程师职业资格考试合格者，由各省、自治区、直辖市人力资源社会保障行政主管部门颁发中华人民共和国一级造价工程师职业资格证书。该证书由人力资源社会保障部统一印制，住房城乡建设部、交通运输部、水利部按专业类别分别与人力资源社会保障部用印，在全国范围内有效。

第十五条　二级造价工程师职业资格考试合格者，由各省、自治区、直辖市人力资源社会保障行政主管部门颁发中华人民共和国二级造价工程师职业资格证书。该证书由各省、自治区、直辖市住房城乡建设、交通运输、水利行政主管部门按专业类别分别与人力资源社会保障行政主管部门用印，原则上在所在行政区域内有效。各地可根据实际情况制定跨区域认可办法。

第十六条　各省、自治区、直辖市人力资源社会保障行政主管部门会同住房城乡建设、交通运输、水利行政主管部门应加强学历、从业经历等造价工程师职业资格考试资格条件的审核。对以不正当手段取得造价工程师职业资格证书的，按照国家专业技术人员资格考试有关规定进行处理。

第三章 注 册

第十七条 国家对造价工程师职业资格实行执业注册管理制度。取得造价工程师职业资格证书且从事工程造价相关工作的人员，经注册方可以造价工程师名义执业。

第十八条 住房城乡建设部、交通运输部、水利部按照职责分工，制定相应注册造价工程师管理办法并监督执行。

住房城乡建设部、交通运输部、水利部分别负责一级造价工程师注册及相关工作。各省、自治区、直辖市住房城乡建设、交通运输、水利行政主管部门按专业类别分别负责二级造价工程师注册及相关工作。

第十九条 经批准注册的申请人，由住房城乡建设部、交通运输部、水利部核发《中华人民共和国一级造价工程师注册证》（或电子证书）；或由各省、自治区、直辖市住房城乡建设、交通运输、水利行政主管部门核发《中华人民共和国二级造价工程师注册证》（或电子证书）。

第二十条 造价工程师执业时应持注册证书和执业印章。注册证书、执业印章样式以及注册证书编号规则由住房城乡建设部会同交通运输部、水利部统一制定。执业印章由注册造价工程师按照统一规定自行制作。

第二十一条 住房城乡建设部、交通运输部、水利部按照职责分工建立造价工程师注册管理信息平台，保持通用数据标准统一。住房城乡建设部负责归集全国造价工程师注册信息，促进造价工程师注册、执业和信用信息互通共享。

第二十二条 住房城乡建设部、交通运输部、水利部负责建立完善造价工程师的注册和退出机制，对以不正当手段取得注册证书等违法违规行为，依照注册管理的有关规定撤销其注册证书。

第四章 执 业

第二十三条 造价工程师在工作中，必须遵纪守法，恪守职业道德和从业规范，诚信执业，主动接受有关主管部门的监督检查，加强行业自律。

第二十四条 住房城乡建设部、交通运输部、水利部共同建立健全造价工程师执业诚信体系，制定相关规章制度或从业标准规范，并指导监督信用评价工作。

第二十五条 造价工程师不得同时受聘于两个或两个以上单位执业，不得允许他人以本人名义执业，严禁“证书挂靠”。出租出借注册证书的，依据相关法律法规进行处罚；构成犯罪的，依法追究刑事责任。

第二十六条 一级造价工程师的执业范围包括建设项目全过程的工程造价管理与咨询等，具体工作内容：

（一）项目建议书、可行性研究投资估算与审核，项目评价造价分析；

（二）建设工程设计概算、施工预算编制和审核；

（三）建设工程招标投标文件工程量和造价的编制与审核；

（四）建设工程合同价款、结算价款、竣工决算价款的编制与管理；

（五）建设工程审计、仲裁、诉讼、保险中的造价鉴定，工程造价纠纷调解；

（六）建设工程计价依据、造价指标的编制与管理；

（七）与工程造价管理有关的其他事项。

第二十七条　二级造价工程师主要协助一级造价工程师开展相关工作，可独立开展以下具体工作：

（一）建设工程工料分析、计划、组织与成本管理，施工图预算、设计概算编制；

（二）建设工程量清单、最高投标限价、投标报价编制；

（三）建设工程合同价款、结算价款和竣工决算价款的编制。

第二十八条　造价工程师应在本人工程造价咨询成果文件上签章，并承担相应责任。工程造价咨询成果文件应由一级造价工程师审核并加盖执业印章。

对出具虚假工程造价咨询成果文件或者有重大工作过失的造价工程师，不再予以注册，造成损失的依法追究其责任。

第二十九条　取得造价工程师注册证书的人员，应当按照国家专业技术人员继续教育的有关规定接受继续教育，更新专业知识，提高业务水平。

第五章　附　则

第三十条　本规定印发之前取得的全国建设工程造价员资格证书、公路水运工程造价人员资格证书以及水利工程造价工程师资格证书，效用不变。

第三十一条　专业技术人员取得一级造价工程师、二级造价工程师职业资格，可认定其具备工程师、助理工程师职称，并可作为申报高一级职称的条件。

第三十二条　本规定自印发之日起施行。原人事部、原建设部发布的《造价工程师执业资格制度暂行规定》（人发〔1996〕77号）同时废止。根据该暂行规定取得的造价工程师执业资格证书与本规定中一级造价工程师职业资格证书效用等同。

《造价工程师职业资格考试实施办法》全文如下：

第一条　住房城乡建设部、交通运输部、水利部、人力资源社会保障部共同委托人力资源社会保障部人事考试中心承担一级造价工程师职业资格考试的具体考务工作。住房和城乡建设部、交通运输部、水利部可分别委托具备相应能力的单位承担一级造价工程师职业资格考试工作的命题、审题和主观试题阅卷等具体工作。

各省、自治区、直辖市住房城乡建设、交通运输、水利、人力资源社会保障行政主管部门共同负责本地区一级造价工程师职业资格考试组织工作，具体职责分工由各地协商确定。

第二条 各省、自治区、直辖市住房城乡建设、交通运输、水利行政主管部门会同人力资源社会保障行政主管部门组织实施二级造价工程师职业资格考试。

第三条 一级造价工程师职业资格考试设《建设工程造价管理》《建设工程计价》《建设工程技术与计量》《建设工程造价案例分析》4个科目。其中，《建设工程造价管理》和《建设工程计价》为基础科目，《建设工程技术与计量》和《建设工程造价案例分析》为专业科目。

二级造价工程师职业资格考试设《建设工程造价管理基础知识》《建设工程计量与计价实务》2个科目。其中，《建设工程造价管理基础知识》为基础科目，《建设工程计量与计价实务》为专业科目。

第四条 造价工程师职业资格考试专业科目分为土木建筑工程、交通运输工程、水利工程和安装工程4个专业类别，考生在报名时可根据实际工作需要选择其一。其中，土木建筑工程、安装工程专业由住房城乡建设部负责；交通运输工程专业由交通运输部负责；水利工程专业由水利部负责。

第五条 一级造价工程师职业资格考试分4个半天进行。《建设工程造价管理》《建设工程技术与计量》《建设工程计价》科目的考试时间均为2.5小时；《建设工程造价案例分析》科目的考试时间为4小时。

二级造价工程师职业资格考试分2个半天。《建设工程造价管理基础知识》科目的考试时间为2.5小时，《建设工程计量与计价实务》为3小时。

第六条 一级造价工程师职业资格考试成绩实行4年为一个周期的滚动管理办法，在连续的4个考试年度内通过全部考试科目，方可取得一级造价工程师职业资格证书。

二级造价工程师职业资格考试成绩实行2年为一个周期的滚动管理办法，参加全部2个科目考试的人员必须在连续的2个考试年度内通过全部科目，方可取得二级造价工程师职业资格证书。

第七条 已取得造价工程师一种专业职业资格证书的人员，报名参加其他专业科目考试的，可免考基础科目。考试合格后，核发人力资源社会保障部门统一印制的相应专业考试合格证明。该证明作为注册时增加执业专业类别的依据。

第八条 具有以下条件之一的，参加一级造价工程师考试可免考基础科目：

（一）已取得公路工程造价人员资格证书（甲级）；

（二）已取得水运工程造价工程师资格证书；

（三）已取得水利工程造价工程师资格证书。

申请免考部分科目的人员在报名时应提供相应材料。

第九条　具有以下条件之一的，参加二级造价工程师考试可免考基础科目：

（一）已取得全国建设工程造价员资格证书；

（二）已取得公路工程造价人员资格证书（乙级）；

（三）具有经专业教育评估（认证）的工程管理、工程造价专业学士学位的大学本科毕业生。

申请免考部分科目的人员在报名时应提供相应材料。

第十条　符合造价工程师职业资格考试报名条件的报考人员，按规定携带相关证件和材料到指定地点进行报名资格审查。报名时，各地人力资源社会保障部门会同相关行业主管部门对报名人员的资格条件进行审核。审核合格后，核发准考证。参加考试人员凭准考证和有效证件在指定的日期、时间和地点参加考试。

中央和国务院各部门及所属单位、中央管理企业的人员按属地原则报名参加考试。

第十一条　考点原则上设在直辖市、自治区首府和省会城市的大、中专院校或者高考定点学校。

一级造价工程师职业资格考试每年一次。二级造价工程师职业资格考试每年不少于一次，具体考试日期由各地确定。

第十二条　坚持考试与培训分开的原则。凡参与考试工作（包括命题、审题与组织管理等）的人员，不得参加考试，也不得参加或者举办与考试内容相关的培训工作。应考人员参加培训坚持自愿原则。

第十三条　考试实施机构及其工作人员，应当严格执行国家人事考试工作人员纪律规定和考试工作的各项规章制度，遵守考试工作纪律，切实做好从考试试题的命制到使用等各环节的安全保密工作，严防泄密。

第十四条　对违反考试工作纪律和有关规定的人员，按照国家专业技术人员资格考试违纪违规行为处理规定处理。

各省、自治区、直辖市及新疆生产建设兵团住房城乡建设、交通运输、水利（水务）、人力资源社会保障厅（委、局），国务院有关专业部门建设工程造价管理机构，各有关单位：

根据《国家职业资格目录》，为统一和规范造价工程师职业资格设置和管理，提高工程造价专业人员素质，提升建设工程造价管理水平，现将《造价工程师职业资格制度规定》《造价工程师职业资格考试实施办法》印发给你们，请遵照执行。

5.1.3.2　关于停止住房城乡建设领域现场专业人员统一考核发证工作的通知

2018年12月13日，住房城乡建设部办公厅以建办人〔2018〕60号文下发了《住房城乡建设部办公厅关于停止住房城乡建设领域现场专业人员统一考核发证工作的通知》，全文如下：

各省、自治区住房城乡建设厅，直辖市建委及有关部门，新疆生产建设兵团住房城乡建设局：

为贯彻落实国务院“放管服”改革和职业资格清理规范相关要求，按照国务院第五次大督查反馈意见，经研究，决定自本通知印发之日起，停止各省级住房城乡建设主管部门对住房城乡建设领域现场专业人员统一考核和发放《住房和城乡建设领域专业人员岗位培训考核合格证书》。《关于贯彻实施住房和城乡建设领域现场专业人员职业标准的意见》（建人〔2012〕19号）中相关规定不再执行。

我部将研究制定指导各地规范开展住房城乡建设领域现场专业人员教育培训的相关政策，做好工作衔接，探索建立多元人才评价机制，进一步提高住房城乡建设领域现场专业人员技术水平和综合素质。

5.2　2018年中国建设教育发展大事记

5.2.1　住房城乡建设领域教育大事记

5.2.1.1　高等教育

【2017～2018年度高等学校建筑学专业教育评估工作】2018年，全国高等学校建筑学专业教育评估委员会对清华大学、同济大学、东南大学、天津大学、浙江大学、沈阳建筑大学、北京工业大学、南京工业大学、吉林建筑大学、青岛理工大学、北京交通大学、南京大学、上海交通大学、福州大学、太原理工大学、长安大学、浙江工业大学、广东工业大学、四川大学、内蒙古科技大学、华东交通大学、河南科技大学、贵州大学、石家庄铁道大学、西南民族大学、厦门理工学院等26所学校的建筑学专业教育进行了评估，对河北工程大学、长沙理工大学等2所学校的建筑学专业进行了中期检查。评估委员会全体委员对各学校的自评报告进行了审阅，于5月派遣视察小组进校实地视察。之后，经评估委员会全体会议讨论并投票表决，做出了评估结论并报送国务院学位委员会。2018年高校建筑学专业评估结论见表5-1。

2018 年高校建筑学专业评估结论　　表 5-1

序号	学校	本科合格有效期	硕士合格有效期	备注
1	清华大学	7 年（2018.5 ~ 2025.5）	7 年(2018.5 ~ 2025.5)	本科复评　硕士复评
2	同济大学	7 年（2018.5 ~ 2025.5）	7 年(2018.5 ~ 2025.5)	本科复评　硕士复评
3	东南大学	7 年（2018.5 ~ 2025.5）	7 年(2018.5 ~ 2025.5)	本科复评　硕士复评
4	天津大学	7 年（2018.5 ~ 2025.5）	7 年(2018.5 ~ 2025.5)	本科复评　硕士复评
5	浙江大学	7 年（2018.5 ~ 2025.5）	7 年(2018.5 ~ 2025.5)	本科复评　硕士复评
6	沈阳建筑大学	7 年（2018.5 ~ 2025.5）	7 年(2018.5 ~ 2025.5)	本科复评　硕士复评
7	北京工业大学	4 年（2018.5 ~ 2022.5）	4 年(2018.5 ~ 2022.5)	本科复评　硕士复评
8	南京工业大学	7 年（2018.5 ~ 2025.5）	4 年(2018.5 ~ 2022.5)	本科复评　硕士复评
9	吉林建筑大学	4 年（2018.5 ~ 2022.5）	4 年(2018.5 ~ 2022.5)	本科复评　硕士复评
10	青岛理工大学	7 年（2018.5 ~ 2025.5）	4 年(2018.5 ~ 2022.5)	本科复评　硕士复评
11	北京交通大学	4 年（2018.5 ~ 2022.5）	4 年(2018.5 ~ 2022.5)	本科复评　硕士复评
12	南京大学	—	7 年(2018.5 ~ 2025.5)	硕士复评
13	上海交通大学	4 年（2018.5 ~ 2022.5）	4 年(2018.5 ~ 2022.5)	本科复评　硕士初评
14	福州大学	4 年（2018.5 ~ 2022.5）	4 年(2018.5 ~ 2022.5)	本科复评　硕士初评
15	太原理工大学	4 年（2018.5 ~ 2022.5）	4 年(2018.5 ~ 2022.5)	本科复评　硕士初评
16	长安大学	4 年（2018.5 ~ 2022.5）	4 年(2018.5 ~ 2022.5)	本科复评　硕士初评
17	浙江工业大学	4 年（2018.5 ~ 2022.5）	—	本科复评
18	广东工业大学	4 年（2018.5 ~ 2022.5）	—	本科复评
19	四川大学	4 年（2018.5 ~ 2022.5）	—	本科复评
20	内蒙古科技大学	4 年（2018.5 ~ 2022.5）	—	本科复评
21	华东交通大学	4 年（2018.5 ~ 2022.5）	—	本科初评
22	河南科技大学	4 年（2018.5 ~ 2022.5）	—	本科初评
23	贵州大学	4 年（2018.5 ~ 2022.5）	—	本科初评
24	石家庄铁道大学	4 年（2018.5 ~ 2022.5）	—	本科初评
25	西南民族大学	4 年（2018.5 ~ 2022.5）	—	本科初评
26	厦门理工学院	有条件 4 年（2018.5 ~ 2022.5）	—	本科初评
27	河北工程大学	延续原合格有效期(2016.5 ~ 2020.5)	—	中期检查
28	长沙理工大学	延续原合格有效期(2016.5 ~ 2020.5)	—	中期检查

截至 2018 年 5 月，全国共有 68 所高校建筑学专业通过专业教育评估，授权行使建筑学专业学位（包括建筑学学士和建筑学硕士）授予权，其中具有建筑学学士学位授予权的有 67 个专业点，具有建筑学硕士学位授予权的有 44 个

专业点。详见表 5-2。

建筑学专业评估通过学校和有效期情况统计表　　表 5-2

（截至 2018 年 5 月，按首次通过评估时间排序）

序号	学 校	本科合格有效期	硕士合格有效期	首次通过　评估时间
1	清华大学	2018.5 ～ 2025.5	2018.5 ～ 2025.5	1992.5
2	同济大学	2018.5 ～ 2025.5	2018.5 ～ 2025.5	1992.5
3	东南大学	2018.5 ～ 2025.5	2018.5 ～ 2025.5	1992.5
4	天津大学	2018.5 ～ 2025.5	2018.5 ～ 2025.5	1992.5
5	重庆大学	2013.5 ～ 2020.5	2013.5 ～ 2020.5	1994.5
6	哈尔滨工业大学	2013.5 ～ 2020.5	2013.5 ～ 2020.5	1994.5
7	西安建筑科技大学	2013.5 ～ 2020.5	2013.5 ～ 2020.5	1994.5
8	华南理工大学	2013.5 ～ 2020.5	2013.5 ～ 2020.5	1994.5
9	浙江大学	2018.5 ～ 2025.5	2018.5 ～ 2025.5	1996.5
10	湖南大学	2015.5 ～ 2022.5	2015.5 ～ 2022.5	1996.5
11	合肥工业大学	2015.5 ～ 2022.5	2015.5 ～ 2022.5	1996.5
12	北京建筑大学	2012.5 ～ 2019.5	2012.5 ～ 2019.5	1996.5
13	深圳大学	2016.5 ～ 2023.5	2016.5 ～ 2020.5	本科 1996.5/ 硕士 2012.5
14	华侨大学	2016.5 ～ 2020.5	2016.5 ～ 2020.5	1996.5
15	北京工业大学	2018.5 ～ 2022.5	2018.5 ～ 2022.5	本科 1998.5/ 硕士 2010.5
16	西南交通大学	2014.5 ～ 2021.5	2014.5 ～ 2021.5	本科 1998.5/ 硕士 2004.5
17	华中科技大学	2014.5 ～ 2021.5	2014.5 ～ 2021.5	1999.5
18	沈阳建筑大学	2018.5 ～ 2025.5	2018.5 ～ 2025.5	1999.5
19	郑州大学	2015.5 ～ 2019.5	2015.5 ～ 2019.5	本科 1999.5/ 硕士 2011.5
20	大连理工大学	2015.5 ～ 2022.5	2015.5 ～ 2022.5	2000.5
21	山东建筑大学	2012.5 ～ 2019.5	2016.5 ～ 2020.5	本科 2000.5/ 硕士 2012.5
22	昆明理工大学	2017.5 ～ 2021.5	2017.5 ～ 2021.5	本科 2001.5/ 硕士 2009.5
23	南京工业大学	2018.5 ～ 2025.5	2018.5 ～ 2022.5	本科 2002.5/ 硕士 2014.5
24	吉林建筑大学	2018.5 ～ 2022.5	2018.5 ～ 2022.5	本科 2002.5/ 硕士 2014.5
25	武汉理工大学	2015.5 ～ 2019.5	2015.5 ～ 2019.5	本科 2003.5/ 硕士 2011.5
26	厦门大学	2015.5 ～ 2019.5	2015.5 ～ 2019.5	本科 2003.5/ 硕士 2007.5
27	广州大学	2016.5 ～ 2020.5	2016.5 ～ 2020.5	本科 2004.5/ 硕士 2016.5
28	河北工程大学	2016.5 ～ 2020.5	—	2004.5
29	上海交通大学	2018.5 ～ 2022.5	2018.5 ～ 2022.5	本科 2006.6/ 硕士 2018.5

续表

序号	学　校	本科合格有效期	硕士合格有效期	首次通过　评估时间
30	青岛理工大学	2018.5 ~ 2025.5	2018.5 ~ 2022.5	本科 2006.6/ 硕士 2014.5
31	安徽建筑大学	2015.5 ~ 2019.5	2016.5 ~ 2020.5	本科 2007.5/ 硕士 2016.5
32	西安交通大学	2015.5 ~ 2019.5	2015.5 ~ 2019.5	本科 2007.5/ 硕士 2011.5
33	南京大学	—	2018.5 ~ 2025.5	2007.5
34	中南大学	2016.5 ~ 2020.5	2016.5 ~ 2020.5	本科 2008.5/ 硕士 2012.5
35	武汉大学	2016.5 ~ 2020.5	2016.5 ~ 2020.5	2008.5
36	北方工业大学	2016.5 ~ 2020.5	2016.5 ~ 2020.5	本科 2008.5/ 硕士 2014.5
37	中国矿业大学	2016.5 ~ 2020.5	2016.5 ~ 2020.5	本科 2008.5/ 硕士 2016.5
38	苏州科技大学	2016.5 ~ 2020.5	2017.5 ~ 2021.5	本科 2008.5/ 硕士 2017.5
39	内蒙古工业大学	2017.5 ~ 2021.5	2017.5 ~ 2021.5	本科 2009.5/ 硕士 2013.5
40	河北工业大学	2017.5 ~ 2021.5	—	2009.5
41	中央美术学院	2017.5 ~ 2021.5	2017.5 ~ 2021.5	本科 2009.5/ 硕士 2017.5
42	福州大学	2018.5 ~ 2022.5	2018.5 ~ 2022.5	本科 2010.5/ 硕士 2018.5
43	北京交通大学	2018.5 ~ 2022.5	2018.5 ~ 2022.5	本科 2010.5/ 硕士 2014.5
44	太原理工大学	2018.5 ~ 2022.5	2018.5 ~ 2022.5	本科 2010.5/ 硕士 2018.5
45	浙江工业大学	2018.5 ~ 2022.5	—	2010.5
46	烟台大学	2015.5 ~ 2019.5	—	2011.5
47	天津城建大学	2015.5 ~ 2019.5	2015.5 ~ 2019.5	本科 2011.5/ 硕士 2015.5
48	西北工业大学	2016.5 ~ 2020.5	—	2012.5
49	南昌大学	2017.5 ~ 2021.5	—	2013.5
50	广东工业大学	2018.5 ~ 2022.5	—	2014.5
51	四川大学	2018.5 ~ 2022.5	—	2014.5
52	内蒙古科技大学	2018.5 ~ 2022.5	—	2014.5
53	长安大学	2018.5 ~ 2022.5	2018.5 ~ 2022.5	本科 2014.5/ 硕士 2018.5
54	新疆大学	2015.5 ~ 2019.5	—	2015.5
55	福建工程学院	2015.5 ~ 2019.5	—	2015.5
56	河南工业大学	2015.5 ~ 2019.5	—	2015.5
57	长沙理工大学	2016.5 ~ 2020.5	—	2016.5
58	兰州理工大学	2016.5 ~ 2020.5	—	2016.5
59	河南大学	2016.5 ~ 2020.5	—	2016.5
60	河北建筑工程学院	2016.5 ~ 2020.5	—	2016.5
61	华北水利水电大学	2017.5 ~ 2021.5	—	2017.5

续表

序号	学 校	本科合格有效期	硕士合格有效期	首次通过 评估时间
62	湖南科技大学	2017.5 ~ 2021.5(有条件)	—	2017.5
63	华东交通大学	2018.5 ~ 2022.5	—	2018.5
64	河南科技大学	2018.5 ~ 2022.5	—	2018.5
65	贵州大学	2018.5 ~ 2022.5	—	2018.5
66	石家庄铁道大学	2018.5 ~ 2022.5	—	2018.5
67	西南民族大学	2018.5 ~ 2022.5	—	2018.5
68	厦门理工学院	2018.5 ~ 2022.5(有条件)	—	2018.5

【2017 ~ 2018 年度高等学校城乡规划专业教育评估工作】2018 年，住房和城乡建设部高等教育城乡规划专业评估委员会对西安建筑科技大学、华中科技大学、武汉大学、湖南大学、苏州科技大学、沈阳建筑大学、大连理工大学、浙江工业大学、北京工业大学、华侨大学、云南大学、吉林建筑大学、河南城建学院等 13 所学校的城乡规划专业进行了评估。评估委员会全体委员对各校的自评报告进行了审阅，于 5 月派遣视察小组进校实地视察。经评估委员会全体会议讨论并投票表决，做出了评估结论，见表 5-3。

2018 年高校的城乡规划专业评估结论 **表 5-3**

序号	学校	本科合格有效期	硕士合格有效期	备注
1	西安建筑科技大学	6 年（2018.5 ~ 2024.5）	6 年（2018.5 ~ 2024.5）	本科复评 硕士复评
2	华中科技大学	6 年（2018.5 ~ 2024.5）	6 年（2018.5 ~ 2024.5）	本科复评 硕士复评
3	武汉大学	6 年（2018.5 ~ 2024.5）	6 年（2018.5 ~ 2024.5）	本科复评 硕士复评
4	湖南大学	6 年（2018.5 ~ 2024.5）	2016.5 ~ 2022.5	本科复评
5	苏州科技大学	6 年（2018.5 ~ 2024.5）	6 年（2018.5 ~ 2024.5）	本科复评 硕士复评
6	沈阳建筑大学	6 年（2018.5 ~ 2024.5）	6 年（2018.5 ~ 2024.5）	本科复评 硕士复评
7	大连理工大学	2014.5 ~ 2020.5	4 年（2018.5 ~ 2022.5）	硕士复评
8	浙江工业大学	6 年（2018.5 ~ 2024.5）	—	本科复评
9	北京工业大学	4 年（2018.5 ~ 2022.5）	4 年（2018.5 ~ 2022.5）	本科复评 硕士复评
10	华侨大学	4 年（2018.5 ~ 2022.5）	4 年（2018.5 ~ 2022.5）	本科复评 硕士初评
11	云南大学	4 年（2018.5 ~ 2022.5）	—	本科复评
12	吉林建筑大学	4 年（2018.5 ~ 2022.5）	—	本科复评
13	河南城建学院	有条件 4 年(2018.5 ~ 2022.5)	—	本科初评

截至2018年5月，全国共有47所高校的城乡规划专业通过专业评估，其中本科专业点46个，硕士研究生专业点27个。详见表5-4。

城乡规划专业评估通过学校和有效期情况统计表 **表5-4**

（截至2018年5月，按首次通过评估时间排序）

序号	学　校	本科合格有效期	硕士合格有效期	首次通过　评估时间
1	清华大学	—	2016.5 ~ 2022.5	1998.6
2	东南大学	2016.5 ~ 2022.5	2016.5 ~ 2022.5	1998.6
3	同济大学	2016.5 ~ 2022.5	2016.5 ~ 2022.5	1998.6
4	重庆大学	2016.5 ~ 2022.5	2016.5 ~ 2022.5	1998.6
5	哈尔滨工业大学	2016.5 ~ 2022.5	2016.5 ~ 2022.5	1998.6
6	天津大学	2016.5 ~ 2022.5	2016.5 ~ 2022.5（2006年6月至2010年5月硕士研究生教育不在有效期内）	2000.6
7	西安建筑科技大学	2018.5 ~ 2024.5	2018.5 ~ 2024.5	2000.6
8	华中科技大学	2018.5 ~ 2024.5	2018.5 ~ 2024.5	本科2000.6/硕士2006.6
9	南京大学	2014.5 ~ 2020.5（2006年6月至2008年5月本科教育不在有效期内）	2014.5 ~ 2020.5	2002.6
10	华南理工大学	2014.5 ~ 2020.5	2014.5 ~ 2020.5	2002.6
11	山东建筑大学	2014.5 ~ 2020.5	2014.5 ~ 2020.5	本科2004.6/硕士2012.5
12	西南交通大学	2016.5 ~ 2022.5	2016.5 ~ 2022.5	本科2006.6/硕士2014.5
13	浙江大学	2016.5 ~ 2022.5	2016.5 ~ 2022.5	本科2006.6/硕士2012.5
14	武汉大学	2018.5 ~ 2024.5	2018.5 ~ 2024.5	2008.5
15	湖南大学	2018.5 ~ 2024.5	2016.5 ~ 2022.5	本科2008.5/硕士2012.5
16	苏州科技大学	2018.5 ~ 2024.5	2018.5 ~ 2024.5	本科2008.5/硕士2014.5
17	沈阳建筑大学	2018.5 ~ 2024.5	2018.5 ~ 2024.5	本科2008.5/硕士2012.5
18	安徽建筑大学	2016.5 ~ 2022.5	2016.5 ~ 2020.5	本科2008.5/硕士2016.5
19	昆明理工大学	2016.5 ~ 2020.5	2016.5 ~ 2020.5	本科2008.5/硕士2012.5

续表

序号	学 校	本科合格有效期	硕士合格有效期	首次通过 评估时间
20	中山大学	2017.5 ~ 2021.5	—	2009.5
21	南京工业大学	2017.5 ~ 2023.5	2017.5 ~ 2021.5	本科 2009.5/ 硕士 2013.5
22	中南大学	2017.5 ~ 2021.5	2017.5 ~ 2021.5	本科 2009.5/ 硕士 2013.5
23	深圳大学	2017.5 ~ 2023.5	2017.5 ~ 2021.5	本科 2009.5/ 硕士 2013.5
24	西北大学	2017.5 ~ 2023.5	2017.5 ~ 2021.5	2009.5
25	大连理工大学	2014.5 ~ 2020.5	2018.5 ~ 2022.5	本科 2010.5/ 硕士 2014.5
26	浙江工业大学	2018.5 ~ 2024.5	—	2010.5
27	北京建筑大学	2015.5 ~ 2019.5	2017.5 ~ 2021.5	本科 2011.5/ 硕士 2013.5
28	广州大学	2015.5 ~ 2019.5	—	2011.5
29	北京大学	2015.5 ~ 2021.5	—	2011.5
30	福建工程学院	2016.5 ~ 2020.5	—	2012.5
31	福州大学	2017.5 ~ 2021.5	—	2013.5
32	湖南城市学院	2017.5 ~ 2021.5	—	2013.5
33	北京工业大学	2018.5 ~ 2022.5	2018.5 ~ 2022.5	2014.5
34	华侨大学	2018.5 ~ 2022.5	2018.5 ~ 2022.5	本科 2014.5/ 硕士 2018.5
35	云南大学	2018.5 ~ 2022.5	—	2014.5
36	吉林建筑大学	2018.5 ~ 2022.5	—	2014.5
37	青岛理工大学	2015.5 ~ 2019.5	—	2015.5
38	天津城建大学	2015.5 ~ 2019.5	—	2015.5
39	四川大学	2015.5 ~ 2019.5	—	2015.5
40	广东工业大学	2015.5 ~ 2019.5	—	2015.5
41	长安大学	2015.5 ~ 2019.5	—	2015.5
42	郑州大学	2015.5 ~ 2019.5	—	2015.5
43	江西师范大学	2016.5 ~ 2020.5	—	2016.5
44	西南民族大学	2016.5 ~ 2020.5	—	2016.5
45	合肥工业大学	2017.5 ~ 2021.5	—	2017.5
46	厦门大学	2017.5 ~ 2021.5	—	2017.5
47	河南城建学院	2018.5 ~ 2022.5（有条件）	—	2018.5

【2017 ~ 2018 年度高等学校土木工程专业教育评估工作】2018 年，住房和城乡建设部高等教育土木工程专业评估委员会对华南理工大学、山东建筑大学、福州大学、华北水利水电大学、浙江工业大学、陆军工程大学、西安理工大学、浙江科技学院、湖北工业大学、宁波大学、长春工程学院、南京林业大学、新疆大学、厦门大学、南京航空航天大学、广东工业大学、河南工业大学、黑龙江工程学院、南京理工大学、宁波工程学院、华东交通大学、东北石油大学、江苏科技大学、湖南科技大学、深圳大学、上海应用技术大学等 26 所学校的土木工程本科专业进行了评估。评估委员会全体委员对各校的自评报告进行了审阅，于 5 月派遣视察小组进校实地视察。经评估委员会全体会议讨论并投票表决，做出了评估结论，见表 5-5。

2018 年高校的土木工程专业评估结论　　表 5-5

序号	学校	学位类别	本科合格有效期	评估类型
1	华南理工大学	学士	6 年（2018.5 ~ 2024.12）（有条件）	本科复评
2	山东建筑大学	学士	有效期截止到 2018.5	本科复评
3	福州大学	学士	6 年（2018.5 ~ 2024.12）（有条件）	本科复评
4	华北水利水电大学	学士	6 年（2018.5 ~ 2024.12）（有条件） （2017 年 6 月至 2018 年 5 月不在有效期内）	本科复评
5	浙江工业大学	学士	6 年（2018.5 ~ 2024.12）（有条件）	本科复评
6	陆军工程大学	学士	6 年（2018.5 ~ 2024.12）（有条件）	本科复评
7	西安理工大学	学士	有效期截止到 2018.5	本科复评
8	浙江科技学院	学士	6 年（2018.5 ~ 2024.12）（有条件） （2017 年 6 月至 2018 年 5 月不在有效期内）	本科复评
9	湖北工业大学	学士	6 年（2018.5 ~ 2024.12）（有条件）	本科复评
10	宁波大学	学士	有效期截止到 2018.5	本科复评
11	长春工程学院	学士	6 年（2018.5 ~ 2024.12）（有条件）	本科复评
12	南京林业大学	学士	6 年（2018.5 ~ 2024.12）（有条件）	本科复评
13	新疆大学	学士	6 年（2018.5 ~ 2024.12）（有条件） （2017 年 6 月至 2018 年 5 月不在有效期内）	本科复评
14	厦门大学	学士	2018.5 ~ 2024.12（有条件） （2017 年 6 月至 2018 年 5 月不在有效期内）	本科复评
15	南京航空航天大学	学士	6 年（2018.5 ~ 2024.12）（有条件）	本科复评
16	广东工业大学	学士	6 年（2018.5 ~ 2024.12）（有条件）	本科复评
17	河南工业大学	学士	6 年（2018.5 ~ 2024.12）（有条件）	本科复评
18	黑龙江工程学院	学士	6 年（2018.5 ~ 2024.12）（有条件）	本科复评

续表

序号	学校	学位类别	本科合格有效期	评估类型
19	南京理工大学	学士	6 年（2018.5 ~ 2024.12）（有条件）	本科复评
20	宁波工程学院	学士	6 年（2018.5 ~ 2024.12）（有条件）	本科复评
21	华东交通大学	学士	有效期截止到 2018.5	本科复评
22	东北石油大学	学士	6 年（2018.5 ~ 2024.12）（有条件）	本科初评
23	江苏科技大学	学士	6 年（2018.5 ~ 2024.12）（有条件）	本科初评
24	湖南科技大学	学士	6 年（2018.5 ~ 2024.12）（有条件）	本科初评
25	深圳大学	学士	6 年（2018.5 ~ 2024.12）（有条件）	本科初评
26	上海应用技术大学	学士	6 年（2018.5 ~ 2024.12）（有条件）	本科初评

截至2018年5月，全国共有97所高校的土木工程专业通过评估。详见表5-6。

高校土木工程专业评估通过学校和有效期情况统计表 **表 5-6**

（截至 2018 年 5 月，按首次通过评估时间排序）

序号	学校	本科合格有效期	首次通过评估时间	序号	学校	本科合格有效期	首次通过评估时间
1	清华大学	2013.5 ~ 2021.5	1995.6	13	合肥工业大学	2012.5 ~ 2020.5	1997.6
2	天津大学	2013.5 ~ 2021.5	1995.6	14	武汉理工大学	2017.5 ~ 2020.5	1997.6
3	东南大学	2013.5 ~ 2021.5	1995.6	15	华中科技大学	2013.5 ~ 2021.5（2002 年 6 月至 2003 年 6 月不在有效期内）	1997.6
4	同济大学	2013.5 ~ 2021.5	1995.6	16	西南交通大学	2015.5 ~ 2021.5	1997.6
5	浙江大学	2013.5 ~ 2021.5	1995.6	17	中南大学	2014.5 ~ 2020.5（2002 年 6 月至 2004 年 6 月不在有效期内）	1997.6
6	华南理工大学	2018.5 ~ 2024.12（有条件）	1995.6	18	华侨大学	2017.5 ~ 2023.5	1997.6
7	重庆大学	2013.5 ~ 2021.5	1995.6	19	北京交通大学	2017.5 ~ 2023.5	1999.6
8	哈尔滨工业大学	2013.5 ~ 2021.5	1995.6	20	大连理工大学	2017.5 ~ 2023.5	1999.6
9	湖南大学	2013.5 ~ 2021.5	1995.6	21	上海交通大学	2017.5 ~ 2023.5	1999.6
10	西安建筑科技大学	2013.5 ~ 2021.5	1995.6	22	河海大学	2017.5 ~ 2023.5	1999.6
11	沈阳建筑大学	2012.5 ~ 2020.5	1997.6	23	武汉大学	2017.5 ~ 2023.5	1999.6
12	郑州大学	2017.5 ~ 2023.5	1997.6	24	兰州理工大学	2014.5 ~ 2020.5	1999.6

续表

序号	学校	本科合格有效期	首次通过评估时间	序号	学校	本科合格有效期	首次通过评估时间
25	三峡大学	2016.5 ~ 2022.5（2004 年 6 月至 2006 年 6 月不在有效期内）	1999.6	43	华北水利水电大学	2018.5 ~ 2024.12（有条件）（2017 年 6 月至 2018 年 5 月不在有效期内）	2007.5
26	南京工业大学	2011.5 ~ 2019.5	2001.6	44	四川大学	2017.5 ~ 2023.5	2007.5
27	石家庄铁道大学	2017.5 ~ 2023.5（2006 年 6 月至 2007 年 5 月不在有效期内）	2001.6	45	安徽建筑大学	2017.5 ~ 2023.5	2007.5
28	北京工业大学	2017.5 ~ 2023.5	2002.6	46	浙江工业大学	2018.5 ~ 2024.12（有条件）	2008.5
29	兰州交通大学	2012.5 ~ 2020.5	2002.6	47	解放军理工大学	2018.5 ~ 2024.12（有条件）	2008.5
30	山东建筑大学	有效期截止到 2018.5	2003.6	48	西安理工大学	有效期截止到 2018.5	2008.5
31	河北工业大学	2014.5 ~ 2020.5（2008 年 5 月至 2009 年 5 月不在有效期内）	2003.6	49	长沙理工大学	2014.5 ~ 2020.5	2009.5
32	福州大学	2018.5 ~ 2024.12（有条件）	2003.6	50	天津城建大学	2014.5 ~ 2020.5	2009.5
33	广州大学	2015.5 ~ 2021.5	2005.6	51	河北建筑工程学院	2014.5 ~ 2020.5	2009.5
34	中国矿业大学	2015.5 ~ 2021.5	2005.6	52	青岛理工大学	2014.5 ~ 2020.5	2009.5
35	苏州科技大学	2015.5 ~ 2021.5	2005.6	53	南昌大学	2015.5 ~ 2021.5	2010.5
36	北京建筑大学	2016.5 ~ 2022.5	2006.6	54	重庆交通大学	2015.5 ~ 2021.5	2010.5
37	吉林建筑大学	2017.5 ~ 2023.5（2016 年 6 月至 2017 年 5 月不在有效期内）	2006.5	55	西安科技大学	2015.5 ~ 2021.5	2010.5
38	内蒙古科技大学	2016.5 ~ 2022.5	2006.6	56	东北林业大学	2015.5 ~ 2021.5	2010.5
39	长安大学	2016.5 ~ 2022.5	2006.6	57	山东大学	2016.5 ~ 2022.5	2011.5
40	广西大学	2016.5 ~ 2022.5	2006.6	58	太原理工大学	2016.5 ~ 2022.5	2011.5
41	昆明理工大学	2017.5 ~ 2023.5	2007.5	59	内蒙古工业大学	2017.5 ~ 2023.5	2012.5
42	西安交通大学	2017.5 ~ 2020.5	2007.5	60	西南科技大学	2017.5 ~ 2023.5	2012.5

续表

序号	学校	本科合格有效期	首次通过评估时间	序号	学校	本科合格有效期	首次通过评估时间
61	安徽理工大学	2017.5 ~ 2023.5	2012.5	78	福建工程学院	2017.5 ~ 2023.5	2014.5
62	盐城工学院	2017.5 ~ 2023.5	2012.5	79	南京航空航天大学	2018.5 ~ 2024.12（有条件）	2015.5
63	桂林理工大学	2017.5 ~ 2023.5	2012.5	80	广东工业大学	2018.5 ~ 2024.12（有条件）	2015.5
64	燕山大学	2017.5 ~ 2023.5	2012.5	81	河南工业大学	2018.5 ~ 2024.12（有条件）	2015.5
65	暨南大学	有效期截止到2017.5	2012.5	82	黑龙江工程学院	2018.5 ~ 2024.12（有条件）	2015.5
66	浙江科技学院	2018.5 ~ 2024.12（有条件）（2017年6月至2018年5月不在有效期内）	2012.5	83	南京理工大学	2018.5 ~ 2024.12（有条件）	2015.5
67	湖北工业大学	2018.5 ~ 2024.12（有条件）	2013.5	84	宁波工程学院	2018.5 ~ 2024.12（有条件）	2015.5
68	宁波大学	有效期截止到2018.5	2013.5	85	华东交通大学	有效期截止到2018.5	2015.5
69	长春工程学院	2018.5 ~ 2024.12（有条件）	2013.5	86	山东科技大学	2016.5 ~ 2019.5	2016.5
70	南京林业大学	2018.5 ~ 2024.12（有条件）	2013.5	87	北京科技大学	2016.5 ~ 2019.5	2016.5
71	新疆大学	2018.5 ~ 2024.12（有条件）（2017年6月至2018年5月不在有效期内）	2014.5	88	扬州大学	2016.5 ~ 2019.5	2016.5
72	长江大学	2017.5 ~ 2023.5	2014.5	89	厦门理工学院	2016.5 ~ 2019.5	2016.5
73	烟台大学	2017.5 ~ 2023.5	2014.5	90	江苏大学	2016.5 ~ 2019.5	2016.5
74	汕头大学	2017.5 ~ 2023.5	2014.5	91	安徽工业大学	2017.5 ~ 2020.5	2017.5
75	厦门大学	2018.5 ~ 2024.12（有条件）（2017年6月至2018年5月不在有效期内）	2014.5	92	广西科技大学	2017.5 ~ 2020.5	2017.5
76	成都理工大学	2017.5 ~ 2023.5	2014.5	93	东北石油大学	2018.5 ~ 2024.12（有条件）	2018.5
77	中南林业科技大学	2017.5 ~ 2023.5	2014.5	94	江苏科技大学	2018.5 ~ 2024.12（有条件）	2018.5

续表

序号	学校	本科合格有效期	首次通过评估时间	序号	学校	本科合格有效期	首次通过评估时间
95	湖南科技大学	2018.5 ~ 2024.12（有条件）	2018.5	97	上海应用技术大学	2018.5 ~ 2024.12（有条件）	2018.5
96	深圳大学	2018.5 ~ 2024.12（有条件）	2018.5	—	—	—	—

【2017 ~ 2018 年度高等学校建筑环境与能源应用工程专业教育评估工作】2018 年，住房和城乡建设部高等教育建筑环境与能源应用工程专业评估委员会对陆军工程大学、东华大学、湖南大学、长安大学、西南交通大学、东北林业大学、重庆科技学院、安徽工业大学、广东工业大学、河南科技大学、福建工程学院等 11 所学校的建筑环境与能源应用工程专业进行了评估。评估委员会全体委员对学校的自评报告进行了审阅，于 5 月份派遣视察小组进校实地视察。经评估委员会全体会议讨论并投票表决，做出了评估结论，见表 5-7。

2018 年高校的建筑环境与能源应用工程专业评估结论　　表 5-7

序号	学　校	学位类别	本科合格有效期	评估类型
1	陆军工程大学	学士	5 年（2018.5 ~ 2023.5）	本科复评
2	东华大学	学士	5 年（2018.5 ~ 2023.5）	本科复评
3	湖南大学	学士	5 年（2018.5 ~ 2023.5）	本科复评
4	长安大学	学士	5 年（2018.5 ~ 2023.5）	本科复评
5	西南交通大学	学士	5 年（2018.5 ~ 2023.5）	本科复评
6	东北林业大学	学士	5 年（2018.5 ~ 2023.5）	本科初评
7	重庆科技学院	学士	5 年（2018.5 ~ 2023.5）	本科初评
8	安徽工业大学	学士	5 年（2018.5 ~ 2023.5）	本科初评
9	广东工业大学	学士	5 年（2018.5 ~ 2023.5）	本科初评
10	河南科技大学	学士	5 年（2018.5 ~ 2023.5）	本科初评
11	福建工程学院	学士	5 年（2018.5 ~ 2023.5）	本科初评

截至 2018 年 5 月，全国共有 45 所高校的建筑环境与能源应用工程专业通过评估。详见表 5-8。

高校建筑环境与能源应用工程评估通过学校和有效期情况统计表 **表 5-8**

（截至 2018 年 5 月，按首次通过评估时间排序）

序号	学校	本科合格有效期	首次通过评估时间	序号	学校	本科合格有效期	首次通过评估时间
1	清华大学	2017.5 ～ 2022.5	2002.5	24	南京理工大学	2015.5 ～ 2020.5	2010.5
2	同济大学	2017.5 ～ 2022.5	2002.5	25	西安交通大学	2016.5 ～ 2021.5	2011.5
3	天津大学	2017.5 ～ 2022.5	2002.5	26	兰州交通大学	2016.5 ～ 2021.5	2011.5
4	哈尔滨工业大学	2017.5 ～ 2022.5	2002.5	27	天津城建大学	2016.5 ～ 2021.5	2011.5
5	重庆大学	2017.5 ～ 2022.5	2002.5	28	大连理工大学	2017.5 ～ 2022.5	2012.5
6	陆军工程大学	2018.5 ～ 2023.5	2003.5	29	上海理工大学	2017.5 ～ 2022.5	2012.5
7	东华大学	2018.5 ～ 2023.5	2003.5	30	西南交通大学	2018.5 ～ 2023.5	2013.5
8	湖南大学	2018.5 ～ 2023.5	2003.5	31	中国矿业大学	2014.5 ～ 2019.5	2014.5
9	西安建筑科技大学	2014.5 ～ 2019.5	2004.5	32	西南科技大学	2015.5 ～ 2020.5	2015.5
10	山东建筑大学	2015.5 ～ 2020.5	2005.6	33	河南城建学院	2015.5 ～ 2020.5	2015.5
11	北京建筑大学	2015.5 ～ 2020.5	2005.6	34	武汉科技大学	2016.5 ～ 2021.5	2016.5
12	华中科技大学	2016.5 ～ 2021.5(2010 年 5 月至 2011 年 5 月不在有效期内）	2005.6	35	河北工业大学	2016.5 ～ 2021.5	2016.5
13	中原工学院	2016.5 ～ 2021.5	2006.6	36	南华大学	2017.5 ～ 2022.5	2017.5
14	广州大学	2016.5 ～ 2021.5	2006.6	37	合肥工业大学	2017.5 ～ 2022.5	2017.5
15	北京工业大学	2016.5 ～ 2021.5	2006.6	38	太原理工大学	2017.5 ～ 2022.5	2017.5
16	沈阳建筑大学	2017.5 ～ 2022.5	2007.6	39	宁波工程学院	2017.5 ～ 2022.5（有条件）	2017.5
17	南京工业大学	2017.5 ～ 2022.5	2007.6	40	东北林业大学	2018.5 ～ 2023.5	2018.5
18	长安大学	2018.5 ～ 2023.5	2008.5	41	重庆科技学院	2018.5 ～ 2023.5	2018.5
19	吉林建筑大学	2014.5 ～ 2019.5	2009.5	42	安徽工业大学	2018.5 ～ 2023.5	2018.5
20	青岛理工大学	2014.5 ～ 2019.5	2009.5	43	广东工业大学	2018.5 ～ 2023.5	2018.5
21	河北建筑工程学院	2014.5 ～ 2019.5	2009.5	44	河南科技大学	2018.5 ～ 2023.5	2018.5
22	中南大学	2014.5 ～ 2019.5	2009.5	45	福建工程学院	2018.5 ～ 2023.5	2018.5
23	安徽建筑大学	2014.5 ～ 2019.5	2009.5	—	—	—	—

【2017 ～ 2018 年度高等学校给排水科学与工程专业教育评估工作】2018 年，住房和城乡建设部高等教育给排水科学与工程专业评估委员会对长安大学、桂林理工大学、武汉理工大学、扬州大学、山东建筑大学、太原理工大学、合肥工业大学、济南大学、武汉科技大学等 9 所学校的给排水科学与工程专业进行了评估。评估委员会全体委员对各校的自评报告进行了审阅，于 5 月派遣视察

小组进校实地视察。经评估委员会全体会议讨论并投票表决，做出了评估结论，见表 5-9。

2018 年高校的给排水科学与工程专业评估结论　　表 5-9

序号	学校	学位类别	本科合格有效期	评估类型
1	长安大学	学士	6 年（2018.5 ~ 2024.5）	本科复评
2	桂林理工大学	学士	6 年（2018.5 ~ 2024.5）	本科复评
3	武汉理工大学	学士	6 年（2018.5 ~ 2024.5）	本科复评
4	扬州大学	学士	6 年（2018.5 ~ 2024.5）	本科复评
5	山东建筑大学	学士	6 年（2018.5 ~ 2024.5）	本科复评
6	太原理工大学	学士	6 年（2018.5 ~ 2024.5）	本科复评
7	合肥工业大学	学士	6 年（2018.5 ~ 2024.5）	本科复评
8	济南大学	学士	6 年（2018.5 ~ 2024.5）（2017 年 6 月至 2018 年 5 月不在有效期内）	本科复评
9	武汉科技大学	学士	3 年（2018.5 ~ 2021.5）	本科初评

截至 2018 年 5 月，全国共有 39 所高校的给排水科学与工程专业通过评估。详见表 5-10。

高校给排水科学与工程专业评估通过学校和有效期情况统计表　　表 5-10

（截至 2018 年 5 月，按首次通过评估时间排序）

序号	学校	本科合格有效期	首次通过评估时间	序号	学校	本科合格有效期	首次通过评估时间
1	清华大学	2014.5 ~ 2019.5	2004.5	13	安徽建筑大学	2017.5 ~ 2023.5	2007.5
2	同济大学	2014.5 ~ 2019.5	2004.5	14	沈阳建筑大学	2017.5 ~ 2023.5	2007.5
3	重庆大学	2014.5 ~ 2019.5	2004.5	15	长安大学	2018.5 ~ 2024.5	2008.5
4	哈尔滨工业大学	2014.5 ~ 2019.5	2004.5	16	桂林理工大学	2018.5 ~ 2024.5	2008.5
5	西安建筑科技大学	2015.5 ~ 2020.5	2005.6	17	武汉理工大学	2018.5 ~ 2024.5	2008.5
6	北京建筑大学	2015.5 ~ 2020.5	2005.6	18	扬州大学	2018.5 ~ 2024.5	2008.5
7	河海大学	2016.5 ~ 2021.5	2006.6	19	山东建筑大学	2018.5 ~ 2024.5	2008.5
8	华中科技大学	2016.5 ~ 2021.5	2006.6	20	武汉大学	2014.5 ~ 2019.5	2009.5
9	湖南大学	2016.5 ~ 2021.5	2006.6	21	苏州科技大学	2014.5 ~ 2019.5	2009.5
10	南京工业大学	2017.5 ~ 2023.5	2007.5	22	吉林建筑大学	2014.5 ~ 2019.5	2009.5
11	兰州交通大学	2017.5 ~ 2023.5	2007.5	23	四川大学	2014.5 ~ 2019.5	2009.5
12	广州大学	2017.5 ~ 2023.5	2007.5	24	青岛理工大学	2014.5 ~ 2019.5	2009.5

续表

序号	学校	本科合格有效期	首次通过评估时间	序号	学校	本科合格有效期	首次通过评估时间
25	天津城建大学	2014.5 ~ 2019.5	2009.5	33	河北建筑工程学院	2015.5 ~ 2020.5	2015.5
26	华东交通大学	2015.5 ~ 2020.5	2010.5	34	河南城建学院	2016.5 ~ 2021.5	2016.5
27	浙江工业大学	2015.5 ~ 2020.5	2010.5	35	盐城工学院	2016.5 ~ 2021.5	2016.5
28	昆明理工大学	2016.5 ~ 2021.5	2011.5	36	华侨大学	2016.5 ~ 2021.5	2016.5
29	济南大学	2018.5 ~ 2024.5（2017 年 6 月至 2018 年 5 月不在有效期内）	2012.5	37	北京工业大学	2017.5 ~ 2020.5	2017.5
30	太原理工大学	2018.5 ~ 2024.5	2013.5	38	福建工程学院	2017.5 ~ 2020.5	2017.5
31	合肥工业大学	2018.5 ~ 2024.5	2013.5	39	武汉科技大学	2018.5 ~ 2021.5	2018.5
32	南华大学	2014.5 ~ 2019.5	2014.5	—	—	—	—

【2017 ~ 2018 年度高等学校工程管理专业教育评估工作】2018 年，住房和城乡建设部高等教育工程管理专业评估委员会对广州大学、东北财经大学、北京建筑大学、山东建筑大学、安徽建筑大学、昆明理工大学、嘉兴学院、石家庄铁道大学、长春工程学院、广西科技大学等 10 所学校的工程管理专业进行了评估。评估委员会全体委员对各校的自评报告进行了审阅，于 5 月派遣视察小组进校实地视察。经评估委员会全体会议讨论并投票表决，做出了评估结论，见表 5-11。

2018 年高校的工程管理专业评估结论 **表 5-11**

序号	学校	学位类别	本科合格有效期	评估类型
1	广州大学	学士	6 年（2018.5 ~ 2024.5）	本科复评
2	东北财经大学	学士	6 年（2018.5 ~ 2024.5）	本科复评
3	北京建筑大学	学士	6 年（2018.5 ~ 2024.5）	本科复评
4	山东建筑大学	学士	6 年（2018.5 ~ 2024.5）	本科复评
5	安徽建筑大学	学士	6 年（2018.5 ~ 2024.5）	本科复评
6	昆明理工大学	学士	4 年（2018.5 ~ 2022.5）	本科初评
7	嘉兴学院	学士	4 年（2018.5 ~ 2022.5）	本科初评
8	石家庄铁道大学	学士	4 年（2018.5 ~ 2022.5）	本科初评
9	长春工程学院	学士	4 年（2018.5 ~ 2022.5）	本科初评
10	广西科技大学	学士	4 年（2018.5 ~ 2022.5）	本科初评

截至2018年5月，全国共有52所高校的工程管理专业通过评估。详见表5-12。

高校工程管理专业评估通过学校和有效期情况统计表 表5-12

（截至2018年5月，按首次通过评估时间排序）

序号	学校	本科合格有效期	首次通过评估时间	序号	学校	本科合格有效期	首次通过评估时间
1	重庆大学	2014.5 ~ 2019.5	1999.11	27	兰州交通大学	2015.5 ~ 2020.5	2010.5
2	哈尔滨工业大学	2014.5 ~ 2019.5	1999.11	28	河北建筑工程学院	2015.5 ~ 2020.5	2010.5
3	西安建筑科技大学	2014.5 ~ 2019.5	1999.11	29	中国矿业大学	2016.5 ~ 2022.5	2011.5
4	清华大学	2014.5 ~ 2019.5	1999.11	30	西南交通大学	2016.5 ~ 2022.5	2011.5
5	同济大学	2014.5 ~ 2019.5	1999.11	31	华北水利水电大学	2017.5 ~ 2023.5	2012.5
6	东南大学	2014.5 ~ 2019.5	1999.11	32	三峡大学	2017.5 ~ 2023.5	2012.5
7	天津大学	2016.5 ~ 2022.5	2001.6	33	长沙理工大学	2017.5 ~ 2023.5	2012.5
8	南京工业大学	2016.5 ~ 2022.5	2001.6	34	大连理工大学	2014.5 ~ 2019.5	2014.5
9	广州大学	2018.5 ~ 2024.5	2003.6	35	西南科技大学	2014.5 ~ 2019.5	2014.5
10	东北财经大学	2018.5 ~ 2024.5	2003.6	36	解放军理工大学	2015.5 ~ 2020.5	2015.5
11	华中科技大学	2015.5 ~ 2020.5	2005.6	37	广东工业大学	2015.5 ~ 2020.5	2015.5
12	河海大学	2015.5 ~ 2020.5	2005.6	38	兰州理工大学	2016.5 ~ 2020.5	2016.5
13	华侨大学	2015.5 ~ 2020.5	2005.6	39	重庆科技学院	2016.5 ~ 2020.5	2016.5
14	深圳大学	2015.5 ~ 2020.5	2005.6	40	扬州大学	2016.5 ~ 2020.5	2016.5
15	苏州科技大学	2015.5 ~ 2020.5	2005.6	41	河南城建学院	2016.5 ~ 2020.5	2016.5
16	中南大学	2016.5 ~ 2022.5	2006.6	42	福建工程学院	2016.5 ~ 2020.5	2016.5
17	湖南大学	2016.5 ~ 2022.5	2006.6	43	南京林业大学	2016.5 ~ 2020.5	2016.5
18	沈阳建筑大学	2017.5 ~ 2023.5	2007.6	44	东北林业大学	2017.5 ~ 2021.5	2017.5
19	北京建筑大学	2018.5 ~ 2024.5	2008.5	45	西安理工大学	2017.5 ~ 2021.5	2017.5
20	山东建筑大学	2018.5 ~ 2024.5	2008.5	46	辽宁工程技术大学	2017.5 ~ -2021.5	2017.5
21	安徽建筑大学	2018.5 ~ 2024.5	2008.5	47	徐州工程学院	2017.5 ~ 2021.5	2017.5
22	武汉理工大学	2014.5 ~ 2019.5	2009.5	48	昆明理工大学	2018.5 ~ 2022.5	2018.5
23	北京交通大学	2014.5 ~ 2019.5	2009.5	49	嘉兴学院	2018.5 ~ 2022.5	2018.5
24	郑州航空工业管理学院	2014.5 ~ 2019.5	2009.5	50	石家庄铁道大学	2018.5 ~ 2022.5	2018.5
25	天津城建大学	2014.5 ~ 2019.5	2009.5	51	长春工程学院	2018.5 ~ 2022.5	2018.5
26	吉林建筑大学	2014.5 ~ 2019.5	2009.5	52	广西科技大学	2018.5 ~ 2022.5	2018.5

5.2.1.2　干部教育培训工作

【党的十九大精神集中轮训工作】住房和城乡建设部组织部机关处级以上干部、部直属单位领导班子成员开展学习贯彻党的十九大精神集中轮训工作。举办两期机关处级以上干部和直属单位领导班子成员集中轮训班，每期脱产学习5天，参训306人，占应训人数的99.7%。15家部属单位自行组织处级干部专题培训，312人参加集中轮训，占应训人数的98.6%。

【2018年度领导干部调训工作】2018年，根据中央组织部、中央和国家机关工委等部门下达住房和城乡建设部的领导干部专题培训和专题研修计划，住房和城乡建设部按照相关要求全年共选派部领导6人次参加省部级干部专题培训班，司局级干部58人次参加专题培训班和研修班，处级干部9人次参加相关培训。

【举办市长培训班】2018年，受中组部委托，住房和城乡建设部共承办8期市长专题研究班，包括1期境外培训班，培训学员240人，其中举办一期地级市正职领导培训班，调训一把手书记市长36人。部领导高度重视市长培训工作，王蒙徽部长多次对市长培训作出重要指示，对相关课程设置提出明确要求，易军、倪虹、黄艳等部领导到培训班授课，并与学员座谈交流。

【印发培训计划并开展领导干部及专业技术人才培训】2018年3月，住房和城乡建设部印发了《住房城乡建设部办公厅关于印发2018年部机关及直属单位培训计划的通知》（建办人〔2018〕12号），根据部计划安排，部机关、直属单位和部管社团举办各类培训班304个，共培训42331人。部人事司举办支援新疆培训班、支援青海及大别山片区定点扶贫培训班共3期，培训相关地区领导干部和管理人员420名，住房和城乡建设部补贴经费40余万元。

【全国市长研修学院（部干部学院）国家级专业技术人员继续教育基地积极开展专业技术人员培训工作】市长学院使用国家级专业技术人员继续教育基地专项资金，共举办10期专题培训班，共计培训学员886人，专项补贴经费约113万元，实现了行业内高层次、骨干专业技术人员的知识更新。

【举办全国专业技术人才知识更新工程高级研修班】根据人力资源社会保障部全国专业技术人才知识更新工程高级研修项目计划，2018年住房和城乡建设部在北京举办"装配式建筑应用技术""可持续性城市水系统构建"高级研修班，培训各地相关领域高层次专业技术人员140名，经费由人力资源社会保障部全额资助。

【加强干部教育培训教材建设】适应新时代干部教育培训转型发展需要，住房和城乡建设部印发《住房城乡建设部关于成立市长培训教材编写委员会的通知》，组建由部长担任主任、副部长担任副主任、机关司局主要负责人及知名专家为成员的教材编委会。召开教材编委会第一次全体会议，研究制定教材编写方案。按照中央组织部的部署，组织有关直属单位的专家参与第五批全国干部学习培训教材《改善民生和创新社会治理》《推进生态文明建设美丽中国》的编写工作。

5.2.1.3　职业资格管理工作

【住房城乡建设领域职业资格考试情况】2018年，全国共有168万人次报名参加住房城乡建设领域职业资格全国统一考试（不含二级），共有26万人次通过考试并取得职业资格证书。详见表5-13。

2018年住房城乡建设领域职业资格全国统一考试情况统计表　　表5-13

序号	专业	2018年参加考试人数	2018年取得资格人数
1	一级注册建筑师	54593	2091
2	二级注册建筑师	15451	707
3	一级建造师	939763	132315
4	一级注册结构工程师	16111	2245
5	二级注册结构工程师	4748	933
6	注册土木工程师（岩土）	11880	1541
7	注册公用设备工程师	16970	3325
8	注册电气工程师	10924	1355
9	注册化工工程师	1547	448
10	注册土木工程师（水利水电工程）	1734	565
11	注册土木工程师（港口与航道工程）	552	121
12	注册环保工程师	1822	1021
13	注册城乡规划师	38025	4241
14	一级造价工程师	223941	37110
15	房地产估价师	16717	3982
16	房地产经纪人	53819	18540
17	监理工程师	73256	22459
18	注册安全工程师	202069	27058
合计		1683922	260057

【住房城乡建设领域职业资格及注册情况】截至2018年底，住房城乡建设领域取得各类职业资格人员共179.8万（不含二级），注册人数133.5万。详见表5-14。

住房城乡建设领域职业资格人员专业分布及注册情况统计表 **表 5-14**

（截至 2018 年 12 月 31 日）

行业	类别	专业	取得资格人数	注册人数	备注
勘察设计	（一）注册建筑师（一级）		36660	34843	
勘察设计	注册建筑师（二级）		21408	22927	
勘察设计	（二）勘察设计注册工程师	1. 土木工程 岩土工程	23347	20249	
勘察设计	（二）勘察设计注册工程师	1. 土木工程 水利水电工程	10497	—	未注册
勘察设计	（二）勘察设计注册工程师	1. 土木工程 港口与航道工程	403	—	未注册
勘察设计	（二）勘察设计注册工程师	1. 土木工程 道路工程	2411	—	未注册
勘察设计	（二）勘察设计注册工程师	2. 结构工程（一级）	54907	50613	
勘察设计	（二）勘察设计注册工程师	3. 公用设备工程	38787	32148	
勘察设计	（二）勘察设计注册工程师	4. 电气工程	28326	24177	
勘察设计	（二）勘察设计注册工程师	5. 化工工程	9058	6795	
勘察设计	（二）勘察设计注册工程师	6. 环保工程	7642	—	未注册
勘察设计	（二）勘察设计注册工程师	7. 机械工程	3458	—	未注册
勘察设计	（二）勘察设计注册工程师	8. 冶金工程	1502	—	未注册
勘察设计	（二）勘察设计注册工程师	9. 采矿 / 矿物工程	1461	—	未注册
勘察设计	（二）勘察设计注册工程师	10. 石油 / 天然气工程	438	—	未注册
建筑业	（三）建造师（一级）		826768	648000	
建筑业	（四）监理工程师		314420	208618	
建筑业	（五）造价工程师（一级）		239420	170696	
房地产业	（六）房地产估价师		62902	56570	
房地产业	（七）房地产经纪人		84196	34889	
城乡规划	（八）注册城市规划师		30245	24031	登记类 2791
总　计			1798256	1334556	

【与交通部、水利部、人社部联合印发造价工程师职业资格文件】2018 年 7 月，住房和城乡建设部联合交通部、水利部、人社部印发了《住房城乡建设部 交通运输部 水利部 人力资源社会保障部关于印发〈造价工程师职业资格制度规定〉〈造价工程师职业资格考试实施办法〉的通知》（建人〔2018〕67 号），对造价工程师职业资格制度的实施作出调整和部署。

5.2.1.4　人才工作

【指导行业从业人员职业技能培训工作】印发《住房城乡建设部人事司关于印发 2018 年全国建设职业技能培训工作任务的通知》，通报 2017 年各地培训工作情况。2018年12月印发了《住房城乡建设部人事司关于正式运行住房城乡建设行业从业人员培训管理信息系统的通知》（建人才〔2018〕74号），住房和城乡建设行业从业人员培训管理信息系统经过一年多试运行，正式上线运行。委托中国建设教育协会组织举办了45届世界技能大赛住建行业选拔赛，设有砌筑、木工、精细木工、花艺、园艺、抹灰与隔墙系统、管道与制暖、瓷砖贴面、混凝土建筑、油漆与装饰、水处理技术共11个项目。选拔出各赛项的第一名代表行业参加全国选拔赛，其中砌筑等八个赛项选手进入国家集训队。为世赛选拔工作推荐了11个赛项的专家和裁判。推荐的江苏城乡建设职业学院入选混凝土赛项国家集训基地。指导中国物业管理协会、中国建设劳动学会、中国建设教育协会举办了物业管理员、电工等多个工种的国家二类（行业）职业技能竞赛。与全国总工会等六部门联合举办第六届全国职工职业技能大赛（砌筑工项目）。

【指导行业职业技能鉴定工作】住房和城乡建设部人事司与部执业资格注册中心一道，深入各地开展调研，研究住建行业职业技能鉴定相关工作，与人力资源社会保障部职业能力建设司、鉴定指导中心进行多轮沟通协调。2019年1月印发了《住房和城乡建设部关于做好住房和城乡建设行业职业技能鉴定工作的通知》（建人〔2019〕5号），指导各地开展行业职业技能鉴定工作。

【做好高技能人才选拔推荐工作】按照人社部统一部署，组织各地按照条件推荐候选人。经司务会讨论，部党组会审议，确定推荐刘克敏（杭萧钢构、焊工）、黄鹏（成都市第四建筑、钢筋工）、杨德兵（重庆永和建筑、架子工）为全国技术能手候选人，上海市城市建设工程学校（上海市园林学校）为国家技能人才培育突出贡献候选单位，王建辉（北京燃气集团）为国家技能人才培育突出贡献候选个人。经人力资源社会保障部组织评审，上述个人和单位均获得相应荣誉称号。

【改进现场专业人员教育培训】为贯彻落实国务院“放管服”改革和职业资格清理规范相关要求，2018年12月印发了《住房城乡建设部办公厅关于停止住房城乡建设领域现场专业人员统一考核发证工作的通知》（建办人〔2018〕60号），停止各省级住房城乡建设主管部门对住房城乡建设领域现场专业人员统一考核和发放《住房和城乡建设领域专业人员岗位培训考核合格证书》。为进一步提高施工现场专业人员技术水平和综合素质，保证工程质量安全，2019年1月印发了《住房和城乡建设部关于改进住房和城乡建设领域施工现场专业人员职业培训工作的指导意见》（建人〔2019〕9号），转变培训考核工作模式，建立施工现场专业人员职业培训体系，加强从业人员职业培训及知识更新教育。升级了住房城乡建设行业从业人员培训管理信息系统施工现场专业人员模块，运用信息化管理手段加强培训监管服务。组织建立了全国统一的施工现场专业人员培训测试题库，免费供各地使用，推动培训证书全国互认。施工现场专业人员培训工作正在选取试点，在总结试点经验的基础上，稳步推进。

【加强职业教育指导】与教育部联合举办了全国职业院校职业技能竞赛，分别由中国建设教育协会、全国住房和城乡建设教育教学指导委员会承办了建筑工程识图、建筑CAD、建筑智能化系统安装与调试、工程测量等赛项。指导住建行指委于2018年12月举办产教对话论坛活动，开展建设行业人才培养课题研究。积极参与国办、教育部推动的职教改革，实施职业院校毕业生“1+X”证书试点等工作。加强对行指委监督指导，组织行指委秘书处起草了《全国住房和城乡建设职业教育教学指导委员会印章使用管理办法》，规范印章使用管理。

【深化职称制度改革】组织部人力资源开发中心开展职称评审专家换届相关工作。按照深化职称改革等要求，研究规范部职称评审工作。2018年11月印发了《住房城乡建设部办公厅关于组建新一届建设工程（科研）系列专业技术职务任职资格评审委员会的通知》（建办人〔2018〕54号），建立职称评审专家库，职称评审系统，实现评审专家随机抽取动态管理。2018年度部职称评审工作各项工作顺利完成。

【做好特贴等人才选拔推荐管理服务工作】按照人社部2018年享受政府特殊津贴人员选拔部署安排，对部属单位推荐的特贴候选人组织专家进行评审打分，经司务会讨论，部党组会审议后，推荐孔令斌等6人作为国家特贴候选人。经人力资源社会保障部组织评审，上述个人均获得当选。组织部属单位做好博士后科研流动站申报工作，中国建筑工业出版社提出建站申请，已经提交人社部审核。根据中组部人才局工作安排，2018年选派部属单位3名同志作为第19批博士服务团成员，按计划完成第18批博士服务团5名成员考核工作。

5.2.2 中国建设教育协会大事记

【工作概况】2018年，协会在上级部门的关心和指导下，在协会各专业委员会的配合下、在各地方建设教育协会的支持下，在秘书处全体员工的共同努力下，会员发展数量保持持续增长；科研工作扎实推进；各类论坛成果丰硕；竞赛和活动增加了知名度和吸引力；培训工作推陈出新；内引外联工作取得积极进展；新兴项目展示了良好的发展前景。

【秘书处会议】协会组织召开了五届四次理事会、五届七次常务理事会、五届八次常务理事会通讯会议、第十六届地方建设教育协会联席会议、《中国建设教育》编委会工作会议、《中国建设教育发展年度报告》编写工作会议、“改革开放与中国特色社会主义建设教育”理论研讨会、第二届全国建筑信息化教育论坛等，并参加了各专业委员会的年会、分会、评审会等。通过各类会议有效推动了协会工作的开展。

【协会分支机构工作】2018年，协会新成立了建筑工程病害防治技术教育专业委员会，现中国建设教育协会下属13个分支机构。协会各分支机构积极发挥主体作用，各项工作成绩显著，发展空间不断上升。

一是常规工作常抓不懈。各分支机构先后召开了会员大会、常委扩大会、主任办公会等。普通高等教育委员会、高等职业与成人教育专业委员会、院校德育工作专业委员会、中等职业教育专业委员会、技工教育委员会、建设机械职业教育专业委员会完成了换届工作。协会各专委会在开展合作交流、教学研究、教育培训以及各类竞赛活动中发挥主力军作用，同时参与了《中国建设教育发展年度报告》相关章节的起草工作。

二是重点工作精心策划，各具特色。普通高等教育委员会开办中国建设领域土建类专业卓越工程师教育校企联盟2018年暑期国际学校。高等职业与成人教育专业委员会举办首期中国古建筑技术师资培训班、装配式建筑骨干教师培训等，受到参培教师普遍好评。院校德育工作专业委员会组织召开了“改革开放与中国特色社会主义建设教育”理论研讨会暨中国建设教育协会2018学术年会。建设机械职业教育专业委员会加强制度建设与风险防控，明确主体责任，规范培训行为，探索新型服务模式，积极开展公益事业。继续教育委员会组织召开了“住建行业人才培养工作研讨会”。技工教育委员会完成了《建设技工教育》的更名、编辑和发行工作。教育技术专业委员会在组织大赛及活动方面表现突出，举办的全国高等院校学生BIM应用技能网络大赛、高等院校装配式建筑专业建设研讨会具有相当的影响力。

【地方联席会议】2018年7月，中国建设教育协会组织、江苏省建设教育协会主办的第十六届地方建设教育协会联席会议在南京召开。这是制定《地方建设教育协会联席会议工作规程》以后，为促进各地方建设教育协会之间的信息沟通和工作交流，实现资源共享和相互支持，为全国住房和城乡建设领域高质量发展提供人才支撑而举行的第一次会议。各方在探索大协会与地方协会合作的新模式、新机制、合作内容与方式方面达成了统一共识。

【协会科研工作】2018年，协会教育科研活动取得了以下成绩：

《中国建设教育发展报告（2017）》顺利完成出版发行工作。

教育教学科研工作。协会加大了课题按期结题的催缴力度，通过各种渠道、会议等宣传协会的科研工作，帮助会员单位做好课题的结题验收。对于验收合格的课题，做到随到随结，努力为会员单位做好服务工作。根据2009年以来教育教学科研课题结题情况统计，平均结题率为53%。

住房和城乡建设部交办的课题研究工作。协会与住房和城乡建设部人力资源开发中心共同承担《装配式建筑职业技能标准》编制工作，已形成初稿。受住房和城乡建设部人事司委托，开展了《建筑技能人才培养研究》课题工作；组织完成了《市政公用设施运行管理人员职业标准》2018 年的复审工作；开展了建筑业从业人员职业培训情况调查工作。

【协会刊物编辑工作】2018 年，《中国建设教育》杂志全年有偿发行 5080 册。为了不断提高会刊和简报的质量，协会编辑部在突出协会特色方面狠下功夫，紧密围绕协会的中心工作、品牌产品和突出业绩进行及时报道和宣传。此外，协会出台了《〈中国建设教育〉杂志管理办法》。

2018 年，由中国建设教育协会主管的《高等建筑教育》杂志全年发行 6000 册。获得教育部科技发展中心“中国科技论文在线优秀期刊”一等奖、第十届重庆市期刊综合质量考核一级期刊称号。在《高等建筑教育》上发表的文章获得重庆市十八届期刊优秀作品一等奖 1 篇、二等奖 1 篇、三等奖 3 篇。《高等建筑教育》编辑部主任梁远华荣获第三届重庆市期刊十佳青年编辑称号。

2018 年编辑部主任梁远华荣获第三届重庆市期刊十佳青年编辑称号。

【协会主题论坛】2018 年，协会成功举办以下论坛。

2018 年 8 月，协会主办、高等职业与成人教育专业委员会组织的第十届全国建设类高职院校书记、院长论坛在山东城建职业学院举办，来自 56 个会员单位的 114 位代表参加了本届论坛。论坛的主题是“融合，转型，创新，发展”。

2018 年 9 月，协会主办、普通高等教育委员会组织的第十四届全国建筑类高校书记、校（院）长论坛暨第五届中国高等建筑教育高峰论坛在沈阳建筑大学举行，来自全国 23 所建筑类高校的书记、校（院）长和来自英国、德国、罗马尼亚 3 所高校的校（院）长出席会议。论坛的主题为“新时代、新工科、新发展—建筑类高校内涵建设与发展”。

2018 年 11 月，中等职业教育专业委员会首届书记校长论坛在广西桂林召开。来自全国各地 40 余家学校及企业代表、教育专家 90 余人参加会议。论坛的主题是“职业教育内涵发展与质量提升”。协会副理事长兼秘书长王凤君作了《职业教育改革、建设与发展的思考》，全国职业院校诊断与改进专家委员会秘书长、常州工程职业技术学院原书记袁洪志作了《职业学校教学工作诊断与改进制度建设的认识与实践》两场讲座。6 所中职院校的领导围绕中等建设职业教育内涵建设与质量提升，结合各自的办学实践作了大会交流发言。

【大赛与活动】2018 年，协会成功举办以下主题活动：

2018 年 4 月，协会顺利协办“第 45 届技能大赛住房城乡建设行业选拔赛”，来自全国 61 家单位（院校）的 220 名选手参加了选拔赛。

2018 年 5 月，协会主办的第九届全国高等院校“斯维尔杯”BIM 大赛总决赛在北京、上海两地隆重开赛。共有449所院校的453支代表队参加决赛。期间举办了“BIM及绿色建筑技术发展与教育交流论坛”“用人单位与学生双选交流会”。

2018年6月，协会组织开展的2018年度全国职业院校技能大赛中职组建设职业技能比赛在江苏南京举行。来自全国36个省（自治区、直辖市）229支代表队的676名选手同场竞技。比赛设工程测量、建筑CAD和建筑智能化系统安装与调试3个赛项。

2018年7～8月，协会在广州、珠海、深圳三地主办了2018年“大国工匠•建设未来”夏令营活动，来自全国76所院校的85名青年教师和优秀学生代表参加了此项活动。

2018年10月，协会组团参加第十八届中国国际城市建设博览会。展会上，协会携会员单位及合作单位组建行业教育专区，展示了各单位的办学成果、科研成果及产品、课程资源成果、新型教具、教育技术成果及系列教材等内容。

【BIM工作】2018年3月，由协会联合同济大学共同主办的第二届全国建筑信息化教育论坛在同济大学成功举办。论坛围绕“整合、创新、跨界、共享”的主题开展交流，来自全国28个省（市、区）的500余位建筑信息化负责人和代表参加了本次论坛。该论坛以引领和推动全国BIM技术人才培养为目标，是全国教育技术创新合作组织，更是中国建设教育协会举办的又一个特色平台，将全国范围内的信息化工作者凝聚在一起。

2018年5月与11月，协会积极开展全国BIM应用技能考评工作。举办住房城乡建设领域BIM应用专业技能培训考试（统考），同时新增有计划的“随报随考”方式，截止2018年底约有1.7万余人参加考试。通过对考生实际工作能力考核，达到提高BIM从业人员的知识结构与能力的目的。

协会积极组织开展全国BIM应用技能师资培训工作。2018年共计开展了5个师资培训班。分别为：第十届全国高等院校学生“斯维尔杯”建筑信息模型（BIM）应用技能大赛暑期师资培训班、2018年全国高等院校BIM应用技能暑期师资培训班、2018绿色建筑模拟技术应用暑期师资培训班、第三届全国建筑类院校虚拟建造综合实践大赛暑期师资培训班、2018年第一期BIM应用技能师资培训班，共计培训454人。

此外，协会受教育部委托，2018年启动了建设领域“1+X”试点工作。

【学分银行工作】2018年协会的学分银行工作取得新进展。一是学分银行的开户量在2017年的基础上逐步增加。二是设在协会的学分银行建筑分中心加入学习成果互认联盟。三是协会与国家开放大学学分银行签订学习成果认证、积累与转换项目-BIM建模应用技能证书认证单元制定项目。

【培训工作】2018年协会培训工作呈现出一系列新特点，主要表现在：传统培训项目稳中有升；短期培训项目受较大影响，数量减少。为了扩大影响力，协会继续挖掘新的培训项目，探索新的培训方式，加强横向交流沟通，不断拓展国际合作新项目，取得了较好成效。

在传统培训项目方面，与2018年同期比较，现场专业技术人员（几大员）培训量人数上涨35%左右，继续教育培训人数增长25%，监理工程师培训人数增长54%。在短期培训项目方面，2018年，协会成功举办58期短训班，共培训2088人。

基于市场需求，协会与高职专委会、北京房地集团三方合作，举办了“首期中国古建筑技术师资培训班”；与IBM公司合作开发了部分基于全息投影平台的可视化课程，得到广泛认可；联合专家共同搭建了部分培训项目的后期咨询服务，这种由教育培训延伸的定制化的咨询服务获得了参培企业和学员的好评。

在加强横向联系方面，协会积极主动与其他部委主管的单位进行了横向交流沟通，包括教育部学校规划发展中心（签订战略合作协议）、财政部财政经济出版社、中国城市轨道交通协会、北京市轨道交通建设管理有限公司等；住房和城乡建设部部属单位中国建筑装饰协会、中国建设劳动学会、市长研修学院、中国建筑业协会、住房和城乡建设部人力资源中心、文化中心、中国勘察设计协会、中国市政协会、中国建筑金属结构协会等。

在中外合作方面，协会与德国汉斯赛德尔基金会签订了新一阶段的合作计划，于2018年5月中旬举办了“中德汽车新技术师资培训班”。协会和高职专委会与加拿大木业协会合作，开展现代轻型木结构技术推广。目前有20多个会员单位参与该项目，在教师培训，院校开设课程，实训基地建设，教学资源开发方面开展活动。